代数・解析
パーフェクト・マスター

めざせ, 数学オリンピック

鈴木晋一

編著

日本評論社

|JCOPY| <(社)出版者著作権管理機構 委託出版物>

本書の無断複写は著作権法上での例外を除き禁じられています．
複写される場合は，そのつど事前に，
　(社) 出版者著作権管理機構
　TEL：03-5244-5088，FAX：03-5244-5089，E-mail：info@jcopy.or.jp
の許諾を得てください．
また，本書を代行業者等の第三者に依頼してスキャニング等の行為によりデジタル化することは，個人の家庭内の利用であっても，一切認められておりません．

まえがき

　数学オリンピックでは，初期の段階から，初等幾何・初等整数・代数と解析・組合せ数学の4大分野からの出題が中心でした．本書は，この代数と解析分野の問題を集めて分類したものです．ただし，数学オリンピックでいう「代数」と「解析」とは，数学の専門分野でいうところの代数学や解析学ではなく，高等学校までで学ぶ数式や方程式の処理が主体であり，抽象代数学や微分積分は扱わないことになっています．それだけに問題は雑多で，どのように解決するかについては定番の方法がないといえます．問題ごとに，知識とセンスを総動員して解答を導くことになります．

　そんなわけで，分類もあくまで便宜的なものと考えてください．入門・解説的な第1章を含めて，全体を11の章に分けましたが，章ごとのページ数に随分と差があります．これは出題分野に差があることを意味しますので，そこも汲み取って頂ければと思います．

　また，問題もあまりに多くて，選ぶのに苦労しましたが，日本の問題を中心にしました．一応，初級・中級・上級と分けてみました．初級は基本的なもの，中級はジュニア数学オリンピックの問題程度，上級は日本数学オリンピックや国際数学オリンピック程度の問題というのが目安です．ただし，この分類はあくまで編者の主観によるもので，厳密な基準はありません．まずは，例題と初級問題に当たってみてください．

　この問題集が，数学オリンピックへの挑戦の足がかりになることを念じつつ．

　収録した問題の収集には，数学オリンピック財団の資料を最大限に活用しました．

　本書の作成に当たっては，亀井英子氏が細かな計算を含めて，丁寧な校正を行ってくださいました．また出版に当たっては，亀書房の亀井哲治郎氏に終始お世話になりました．お二人には心から御礼申し上げます．

2017年1月10日

鈴木晋一

目次

まえがき　　　　　　　　　　　　　　　　　　　　　　　　　　　　　i

問題の出典の略記号　　　　　　　　　　　　　　　　　　　　　　　　v

第 1 章　数と式　　　　　　　　　　　　　　　　　　　　　　　　　　1

第 2 章　高次方程式　　　　　　　　　　　　　　　　　　　　　　　　8

第 3 章　分数方程式　　　　　　　　　　　　　　　　　　　　　　　17

第 4 章　無理方程式　　　　　　　　　　　　　　　　　　　　　　　28

第 5 章　複素数　　　　　　　　　　　　　　　　　　　　　　　　　33

第 6 章　連立方程式系　　　　　　　　　　　　　　　　　　　　　　41

第 7 章　不等式の証明　　　　　　　　　　　　　　　　　　　　　　48

第 8 章　数列　　　　　　　　　　　　　　　　　　　　　　　　　　62

第 9 章　指数関数・対数関数　　　　　　　　　　　　　　　　　　　70

第 10 章　関数方程式（離散型）　　　　　　　　　　　　　　　　　　76

第 11 章　関数方程式（連続型）　　　　　　　　　　　　　　　　　　83

練習問題の解答　　　　　　　　　　　　　　　　　　　　　　　　　89
　　第 1 章の解答 ………………………………………………………　89
　　第 2 章の解答 ………………………………………………………　96

第 3 章の解答 …………………………………………………… 105
第 4 章の解答 …………………………………………………… 122
第 5 章の解答 …………………………………………………… 131
第 6 章の解答 …………………………………………………… 142
第 7 章の解答 …………………………………………………… 156
第 8 章の解答 …………………………………………………… 176
第 9 章の解答 …………………………………………………… 196
第 10 章の解答 ………………………………………………… 204
第 11 章の解答 ………………………………………………… 221

問題の出典の略記号

AIME	American Invitational Mathematics Examination
AMC	American Mathematics Contest
APMO	Asia Pacific Mathematics Olympiad
AUSTRALIAN MO	Australian Mathematical Olympiad
AUSTRIAN MO	Austrian Mathematical Olympiad
BALKAN MO	Balkan Mathematical Olympiad
BRITISH MO	British Mathematical Olympiad
BULGARIAN MO	Bulgarian Mathematical Olympiad
CANADA MO	Canada Mathematical Olympiad
CGMO	China Girls Math Olympiad
CHINA MC	China Mathematical Competition
CHINA MO	China Mathematical Olympiad
DUTCH MO	Dutch Mathematical Olympiad
EUROPEAN GIRLS' MO	European Girls' Mathematical Olympiad
GERMAN MO	German Mathematical Olympiad
HANGARY MO	Hangary Mathematical Olympiad
HELLENIC MO	Hellenic Mathematical Olympiad
IMO	International Mathematical Olympiad
IRISH MO	Irish Mathematical Olympiad
JJMO	Japan Junior Mathematical Olympiad
JMO	Japan Mathematical Olympiad
KOREAN MO	Korenan Mathematical Olympiad
ROMANIAN MC	Romanian Mathematical Competition
ROMANIAN MO	Romanian Mathematical Olympiad
SMO	Singapore Mathematical Olympiad
SSSMO	Singapore Secondary Schools Mathematical

	Olympiad
THAILAND MO	Thailand Mathematical Olympiad
USAMO	United States of American Mathematical Olympiad
USSR	Union of Soviet Socialist Republic Mathematical Olympiad
VIETNAM MO	Vietnamese Mathematical Olympiad

なお，TST は Team Selection Test の略で，その国（値域）の代表チームの選手を選抜するための試験および関連するトレーニング試験を示す．また Shortlist は提案問題（不採用）を示す．

第 1 章　数と式

初めに，本書で使用する文字や記号などをまとめておく．

$\mathbb{N}$：自然数の全体．正整数の全体ともいう．
$\mathbb{N}_0 = \{0\} \cup \mathbb{N}$：非負整数の全体．
$\mathbb{Z}$：整数の全体．
$\mathbb{Q}$：有理数の全体．
$\mathbb{R}$：実数の全体．
$\mathbb{C}$：複素数の全体．

単項式

いくつかの数といくつかの文字の積を**単項式**という．特に，数だけや文字だけのものもまた単項式である．例えば，$15,\ 35x,\ 2ax^2y$, 等々．

単項式において，数や定数を表す文字を，その**係数**という．例えば，$35x$ においては 35 が係数，$2ax^2y$ においては $2a$ が係数である．一般に，定数を表す文字はアルファベットの前半の文字を使用する．

単項式において，変数を表す文字（定数ではない文字）の指数の総和を，その単項式の**次数** (degree) という．例えば，15 の次数は 0，$3abx^2$ の次数は 2，$9a^3xy^2$ の次数は 3 である；次数は $\deg(3abx^2) = 2, \deg(9a^3xy^2) = 3$ のように示す．また，0 も単項式の仲間とし，その次数は考えないものとする（次数を $-\infty$ とすることもある）．

多項式

いくつかの単項式の和で表される式を**多項式**といい，各単項式をその**項**という．

項の次数の最大値を，その多項式の**次数** (degree) といい，deg で示す．例えば，$3x^2 + 2x^2y^3 + 2y + 1$ は 4 項からなる多項式で $\deg(3x^2 + 2x^2y^3 + 2y + 1) = 5$ である．すべての項の次数が等しい多項式を**斉次型**または**同次型**であるという．

多項式では，それを構成する項の順序は問わないものとする．例えば，
$$x^3y^3 - 1 - 2xy^2 - x^3y = x^3y^3 - x^3y - 2xy^2 - 1 = -1 - 2xy^2 - x^3y + x^3y^3$$
である．次数の高い順に項を書き並べることを**降冪順**，低い順に項を書き並べることを**昇冪順**に表すという．

多項式において，$4ax^2y$ と $5bx^2y$ のように，それらの係数部分を除いて，変数部分が同じ構成である 2 つの項は**同類項**といわれる．2 つの同類項は，それらの係数の計算を行うという意味で，まとめることができる．例えば，
$$4ax^2y + 5bx^2y = (4a + 5b)x^2y, \quad 4ax^2y - 5bx^2y = (4a - 5b)x^2y.$$

多項式間の演算

和（加法） 多項式 P と Q の和 $P + Q$ を，P の項の後に続けて Q の項を書き並べて得られる多項式と定める．

多項式 P と Q の差 $P - Q$ は，Q のすべての項の符号を変えて得られる多項式 $-Q$ をつくり，$P - Q = P + (-Q)$ と定める．

括弧の除去や括弧での括りは，分配法則により行う．例えば，次のようになる：
$$-2x(x^3y - 4x^2y^2 + 4) = -2x^4y + 8x^3y^2 - 8x,$$
$$-4x^5y^2 + 6x^4y - 8x^2y^2 = -2x^2y(2x^3y - 3x^2 + 4y).$$

積（乗法） （ⅰ）（指数法則） 自然数 m, n について，
$$x^m \cdot x^n = x^{m+n}, \quad (x^m)^n = x^{mn}, \quad (xy)^m = x^m y^m.$$

（ⅱ） 2 つの単項式 P, Q の積 $P \times Q = P \cdot Q = PQ$ は，P の係数と Q の係数の積を係数とし，P の変数部分と Q の変数部分の積を (ⅰ) によって定めて得られる単項式とする．

（ⅲ） 2 つの多項式 P, Q の積 $P \times Q = P \cdot Q = PQ$ は，P の各項 A と Q の積 AQ の和に分解し，P の各項 A と Q の積 AQ は，再び分配法則により，A と Q の各項 B の積 AB の和として定まる多項式とする．

> **注** 多項式の割り算については，第 3 章の定理 3.2 を参照のこと．

展開公式・因数分解

(1) $(a-b)(a+b) = a^2 - b^2$.

(2) $(a \pm b)^2 = a^2 \pm 2ab + b^2$.

(3) $(a \pm b)(a^2 \mp ab + b^2) = a^3 \pm b^3$.

(4) $(a \pm b)^3 = a^3 \pm 3a^2 b + 3ab^2 \pm b^3$.

(5) $(a+b+c)^2 = a^2 + b^2 + c^2 + 2ab + 2bc + 2ca$.

以下は，これらの一般化である．

(6) $(a-b)(a^3 + a^2 b + ab^2 + b^3) = a^4 - b^4$.

(7) $(a-b)(a^4 + a^3 b + a^2 b^2 + ab^3 + b^4) = a^5 - b^5$.

(8) $(a-b)(a^{n-1} + a^{n-2}b + \cdots + ab^{n-2} + b^{n-1}) = a^n - b^n$.

(9) $n \in \mathbb{N}$ が奇数のとき，
$$(a+b)(a^{n-1} - a^{n-2}b + \cdots - ab^{n-2} + b^{n-1}) = a^n + b^n.$$

(10) $(a_1 + a_2 + \cdots + a_n)^2 = a_1^2 + a_2^2 + \cdots + a_n^2$
$$+ 2a_1 a_2 + 2a_1 a_3 + \cdots + 2a_1 a_n$$
$$+ 2a_2 a_3 + \cdots + 2a_2 a_n$$
$$+ \cdots + 2a_{n-1} a_n.$$

(11) $(a_1 + a_2 + \cdots + a_n)^m = \sum_{i_1 + \cdots + i_n = m} \frac{m!}{i_1! \cdots i_n!} a_1^{i_1} a_2^{i_2} \cdots a_n^{i_n}$.

(12) $a^2 + b^2 = (a \pm b)^2 \mp 2ab$.

(13) $(a+b)^2 - (a-b)^2 = 4ab$.

(14) $a^3 \pm b^3 = (a \pm b)^3 \mp 3ab(a \pm b)$.

(15) $a^3 + b^3 + c^3 - 3abc = (a+b+c)(a^2 + b^2 + c^2 - ab - bc - ca)$.

(16) $a^4 + a^2 b^2 + b^4 = (a^2 - ab + b^2)(a^2 + ab + b^2)$.

(17) $(ax + by)^2 + (bx - ay)^2 = (a^2 + b^2)(x^2 + y^2)$.

無理式の計算

根号を含む式を無理式という．

例題 1 (JMO/1994/予選 2)　$a = \sqrt{2} + \sqrt{3}$ とするとき，$\sqrt{2}$ をできるだけ次数の低い a の有理数係数多項式で表せ．

解答　次を得る：
$$a = \sqrt{2} + \sqrt{3},$$
$$a^2 = 5 + 2\sqrt{2}\sqrt{3},$$
$$a^3 = 2\sqrt{2} + 6\sqrt{3} + 9\sqrt{2} + 3\sqrt{3} = 9(\sqrt{2} + \sqrt{3}) + 2\sqrt{2}.$$

これより，次を得る：
$$2\sqrt{2} = a^3 - 9a.$$

よって，求める多項式は，次のようになる：
$$\sqrt{2} = \frac{1}{2}a^3 - \frac{9}{2}a. \qquad \square$$

例題 2 (JMO/1993/予選 10)　$\dfrac{1}{1 + \sqrt[5]{64} - \sqrt[5]{4}}$ を有理化したときの分母の最小値を求めよ．
(ここで分母の有理化とは，分母を正の整数で，分子を整数と整数の累乗根のいくつかの和，差および積で表すことである．)

解答　$p = \sqrt[5]{2}$ とおくと，与式の分母は，
$$1 + \sqrt[5]{64} - \sqrt[5]{4} = 1 + 2\sqrt[5]{2} - (\sqrt[5]{2})^2 = 1 + 2p - p^2$$
となる．そこで，
$$M = (1 + 2p - p^2)(1 + a_1 p + a_2 p^2 + a_3 p^3 + a_4 p^4)$$
が有理数となるように，有理数 a_1, a_2, a_3, a_4 を定める．そのために，$p^5 = 2$ を考慮しながら，M の右辺を展開し，p, p^2, p^3, p^4 の係数がすべて 0 になるように，a_1, a_2, a_3, a_4 についての連立方程式をたてて，解けばよい．

$$M = (1 + 4a_4 - 2a_3) + (a_1 + 2 - 2a_4)p + (a_2 + 2a_1 - 1)p^2$$
$$+ (a_3 + 2a_2 - a_1)p^3 + (a_4 + 2a_3 - a_2)p^4$$

だから，連立方程式
$$\begin{cases} a_1 + 2 - 2a_4 = 0 \\ a_2 + 2a_1 - 1 = 0 \\ a_3 + 2a_2 - a_1 = 0 \\ a_4 + 2a_3 - a_2 = 0 \end{cases}$$
を解いて，$a_1 = \dfrac{8}{25}$, $a_2 = \dfrac{9}{25}$, $a_3 = -\dfrac{10}{25}$, $a_4 = \dfrac{29}{25}$.

よって，$M = 1 + 4a_4 - 2a_3 = \dfrac{161}{25}$.

よって，分母が最小の正整数となるように有理化した式は，
$$\dfrac{25 + 8\sqrt[5]{2} + 9\sqrt[5]{4} - 10\sqrt[5]{8} + 29\sqrt[5]{16}}{161}.$$

これより，答は，161. □

第1章 練習問題（初級）

1. (BRITISH MO/2013/Round 1) 以下の計算をせよ．
$$\dfrac{2014^4 + 4 \times 2013^4}{2013^2 + 4027^2} - \dfrac{2012^4 + 4 \times 2013^4}{2013^2 + 4025^2}.$$

2. (SSSMO/2000) 任意の実数 a, b, c について，次の数式が表し得る最小の値を求めよ：
$$3a^2 + 27b^2 + 5c^2 - 18ab - 30c + 237.$$

3. (ROMANIAN MO/2015/Grade 8 改)
(a) 次の式を計算し，値を整数で答えよ．
$$\sqrt{9 - \sqrt{77}} \cdot \sqrt{2} \cdot (\sqrt{11} - \sqrt{7}) \cdot (9 + \sqrt{77}).$$
(b) $p, q, \sqrt{2p - q}, \sqrt{2p + q}$ がいずれも整数ならば，q は偶数であることを証明せよ．
(c) $\sqrt{2p + 4030}$ と $\sqrt{2p - 4030}$ が共に整数となるような正整数 p をすべて求めよ．

4. (JMO/2016/予選1) 次の式を計算し，値を整数で答えよ．

$$\sqrt{\frac{11^4 + 100^4 + 111^4}{2}}.$$

5. (SSSMO/1998)　a, b は実数で，次の等式をみたす：
$$a^2 + b^2 + 8a - 14b + 65 = 0.$$
このとき，$a^2 + ab + b^2$ の値を求めよ．

6. (JMO/2015/予選 5)　以下の式の値を，有理数 a, b を用いて，$a + b\sqrt{2}$ の形で表せ．
$$\frac{(1 \times 4 + \sqrt{2})(2 \times 5 + \sqrt{2}) \cdots (10 \times 13 + \sqrt{2})}{(2 \times 2 - 2)(3 \times 3 - 2) \cdots (11 \times 11 - 2)}.$$

7. (JMO/2009/予選 10)　以下を計算せよ．
$$\frac{\sqrt{10 + \sqrt{1}} + \sqrt{10 + \sqrt{2}} + \cdots + \sqrt{10 + \sqrt{99}}}{\sqrt{10 - \sqrt{1}} + \sqrt{10 - \sqrt{2}} + \cdots + \sqrt{10 - \sqrt{99}}}.$$
ただし，分母は $\sqrt{10 - \sqrt{n}}$ において，n が 1 以上 99 以下の整数値を動くときの和，分子は $\sqrt{10 + \sqrt{n}}$ において，n が 1 以上 99 以下の整数値を動くときの和である．

第 1 章 練習問題（中級）

1. (CHINA MC/2005 改)　実数 x, y について，次を証明せよ：
$$M(x, y) = 3x^2 - 8xy + 9y^2 - 4x + 6y + 13 > 0.$$

2. (CHINA MC/2004)　実数 a, b が $a^3 + b^3 + 3ab = 1$ みたす．$a + b$ の値を求めよ．

3. (AIME/1996(3))　$(xy - 3x + 7y - 21)^n$ を展開して，同類項をまとめたとき，項の数が 1996 以上になるような最小の自然数 n を求めよ．

4. (VIETNAM MO/1994(6))　$P(x), Q(x), R(x)$ は非負整数を係数とする多項式で，

$$P(x) = (x^2 - 3x + 3)Q(x) = \Big(\frac{x^2}{20} - \frac{x}{15} + \frac{1}{12}\Big)R(x)$$
をみたすという．

このような $P(x), Q(x), R(x)$ は存在するか．

5. (JMO/2013/予選 4)　多項式 $(x+1)^3(x+2)^3(x+3)^3$ における x^k の係数を a_k とおく．このとき，$a_2 + a_4 + a_6 + a_8$ の値を求めよ．

第 1 章 練習問題（上級）

1. (JMO/2014/予選 3)　$10!$ の正の約数 d すべてについて，$\dfrac{1}{d+\sqrt{10!}}$ を足し合わせたものを計算せよ．

2. (HELLENIC MO/2016(2))　$P(x), Q(x)$ は実数係数多項式で，定数ではなく，最大次数の係数が 1 で，次の条件をみたすとする：
$$P(1) = 1, \quad 2P(x) = Q\Big(\frac{(x+1)^2}{2}\Big) - Q\Big(\frac{(x-1)^2}{2}\Big) \quad (x \in \mathbb{R}).$$
$P(x), Q(x)$ を決定せよ．

3. (VIETNAM MO/2006)　実数係数の多項式 $P(x)$ で，次の等式をみたすものをすべて求めよ：
$$P(x^2) + x(3P(x) + P(-x)) = P^2(x) + 2x^2 \quad (\forall x \in \mathbb{R}).$$

第2章　高次方程式

文字 x に関する実数係数の多項式
$$f(x) = a_n x^n + a_{n-1} x^{n-1} + \cdots + a_1 x + a_0 \quad (a_n, a_{n-1}, \cdots, a_1, a_0 \in \mathbb{R})$$
の全体を $\mathbb{R}[x]$ で表す.

また, $a_n, a_{n-1}, \cdots, a_1, a_0 \in \mathbb{Q}$, および, $\in \mathbb{Z}$ のとき, 多項式 $f(x)$ を, それぞれ, 有理数係数多項式, 整数係数多項式といい, その全体を $\mathbb{Q}[x]$, $\mathbb{Z}[x]$ で表す. $\mathbb{Z}[x] \subset \mathbb{Q}[x] \subset \mathbb{R}[x]$ である.

$a_n \neq 0$ のとき, $f(x)$ を n 次の多項式, または単に n 次式といい, n を多項式 $f(x)$ の**次数** (degree) といい, $\deg f(x) = n$ と表す.

定数項のみの多項式 $f(x) = a_0$ $(a_0 \neq 0)$ は 0 次の多項式である. また, 係数がすべて 0 である多項式を零 (または零多項式) といい, 通常 0 で表し, $\mathbb{R}[x]$ の要素に加える. 0 の次数は考えない ($-\infty$ と定めることもある).

文字 $x_1, x_2, \cdots, x_m$ に関する実数係数の多項式の全体を, 同様に, $\mathbb{R}[x_1, x_2, \cdots, x_m]$ で表す. その多項式の次数は, その最高次数の項の次数である.

文字 z に関する複素数係数の多項式
$$f(z) = a_n z^n + a_{n-1} z^{n-1} + \cdots + a_1 z + a_0 \quad (a_n, a_{n-1}, \cdots, a_1, a_0 \in \mathbb{C})$$
の全体を $\mathbb{C}[x]$ で表す. $a_n \neq 0$ のとき, $f(x)$ を n 次の多項式, または単に n 次式といい, n を多項式 $f(x)$ の**次数** (degree) といい, $\deg f(z) = n$ と表す.

代数学の基本定理

複素数係数の n 次多項式 $(n \geq 1)$
$$f(z) = a_n z^n + a_{n-1} z^{n-1} + \cdots + a_1 z + a_0 \in \mathbb{C}[z]$$

について，方程式 $f(z) = 0$ は n 個の解（根）をもつ；つまり，n 個の複素数 $\alpha_1, \alpha_2, \cdots, \alpha_n$ が存在して，
$$f(z) = (z - \alpha_1)(z - \alpha_2) \cdots (z - \alpha_n)$$
と1次式の積に分解される．

注 日本では解(solutions)に統一したが，根(roots)も多用される．本書では併用する．

この定理で存在を示した n 個の根の中には，重複しているものもあり得る．実際，
$$f(z) = (z - \alpha_1)^{k_1}(z - \alpha_2)^{k_2} \cdots (z - \alpha_s)^{k_s},$$
$$(\alpha_1, \cdots, \alpha_s \text{は相異なる複素数}, k_1 + \cdots + k_s = n)$$
と分解できる．このとき，k_j を α_j の**重複度**という．また，$z = \alpha_j$ は $f(z) = 0$ の k_j **重根**であるという．

覚書 この定理を，実数係数の n 次多項式 $(n \geq 1)$
$$f(x) = a_n x^n + a_{n-1} x^{n-1} + \cdots + a_1 x + a_0 \in \mathbb{R}[x]$$
に対して適用すると，$\mathbb{R} \subset \mathbb{C}$ であるから，方程式 $f(x) = 0$ は n 個の複素数解をもつことが結論される．2次方程式，3次方程式で予測されるように，n が偶数の場合は，n 個の根がすべて虚数（実数でない複素数）のこともあるし，n が奇数の場合には少なくとも1つの実数根があることなどもわかる．

また，方程式 $f(x) = 0$ が虚根（実数でない複素数根）α をもつ場合，α の共役複素数 $\overline{\alpha}$ について，$f(\overline{\alpha}) = 0$ であることが簡単に確かめられる．すなわち，$\overline{\alpha}$ も $f(x) = 0$ の根となる．（複素数については，第5章を参照のこと．）

同様に，有理数係数多項式 $f(x) \in \mathbb{Q}[x]$ において，$m + \sqrt{n}$ が $f(x) = 0$ の根ならば，$m - \sqrt{n}$ も根である $(m, n \in \mathbb{Q})$．

解と係数の関係

複素数係数の2次方程式 $ax^2 + bx + c = 0$ の2つの解を α, β とすると，
$$\frac{b}{a} = -(\alpha + \beta), \quad \frac{c}{a} = \alpha\beta.$$

複素数係数の 3 次方程式 $ax^3 + bx^2 + cx + d = 0$ の 3 つの解を α, β, γ とすると,
$$\frac{b}{a} = -(\alpha + \beta + \gamma), \quad \frac{c}{a} = \alpha\beta + \beta\gamma + \gamma\alpha, \quad \frac{d}{a} = -\alpha\beta\gamma.$$

複素数係数の n 次方程式 $a_n x^n + a_{n-1} x^{n-1} + \cdots + a_1 x + a_0 = 0$ の解(根)を $\alpha_1, \alpha_2, \cdots, \alpha_n$ とする.このとき,次が成り立つ:
$$\sum_{i=1}^n \alpha_i = -\frac{a_{n-1}}{a_n}, \quad \sum_{1 \le i < j \le n} \alpha_i \alpha_j = \frac{a_{n-2}}{a_n}, \quad \cdots, \quad \alpha_1 \alpha_2 \cdots \alpha_n = (-1)^n \frac{a_0}{a_n}.$$

解の公式

2 次方程式 $ax^2 + bx + c = 0$ の解(根)は $x = \dfrac{-b \pm \sqrt{b^2 - 4ac}}{2a}$.

参考 3 次方程式と 4 次方程式については解の公式が存在するが,5 次以上の方程式については存在しない.

判別式

実数係数の 2 次の多項式 $f(x) = ax^2 + bx + c \ (a \ne 0)$ について,2 次方程式 $f(x) = 0$ の 2 根を α, β とするとき,
$$D = b^2 - 4ac = a^2(\alpha - \beta)^2$$
を,$f(x) = 0$ の判別式という.$D > 0$ のとき実数根,$D = 0$ のとき重根 $(\alpha = \beta)$,$D < 0$ のとき虚根であることがわかる.

参考 この判別式の定義を一般の代数方程式 $f(x) = a_n x^n + a_{n-1} x^{n-1} + \cdots + a_1 x + a_0 = 0$ に拡張する.$f(x) = 0$ の根を $\alpha_1, \alpha_2, \cdots, \alpha_n$ とするとき,
$$D = a_n^{n(n-1)} \prod_{i<j} (\alpha_j - \alpha_i)^2$$
を,$f(x) = 0$ の判別式として定める.方程式 $f(x) = 0$ が重根をもつための必要十分条件は,$D = 0$ となることである.

なお,3 次方程式 $x^3 + bx^2 + cx + d = 0$ の判別式は,$p = (3c - b^2)/9$, $q = (2b^3 - $

$9bc + 27d)/27$ とおくとき, $D = -27(q^2 + 4p^3)$ となるが, これを使用することはない.

注 2次方程式の解の公式は, 複素数係数の2次方程式についても正しいが, 判別式は複素係数の場合には使えない. 例題1を参照のこと.

例題1 k を実数の定数とする. 次の2次方程式が実数解をもつように k の値を定めよ. また, そのときの解を求めよ.
$$x^2 + (2k - 3i)x + (8 + 6i) = 0.$$
ただし, $i = \sqrt{-1}$ (虚数単位).

解答 実数解 α をもつとすると,
$$\alpha^2 + (2k - 3i)\alpha + (8 + 6i) = 0. \quad \therefore \quad (\alpha^2 + 2k\alpha + 8) - 3(\alpha - 2)i = 0.$$
α, k は実数だから, 次を得る:
$$\alpha^2 + 2k\alpha + 8 = 0 \cdots (1), \quad -3(\alpha - 2) = 0 \cdots (2)$$
(2) より, $\alpha = 2$.
これを (1) に代入して, $k = -3$ を得る.
このとき, 与えられた方程式は, 次のようになる:
$$x^2 - 6x + 8 - 3(x - 2)i = 0. \quad \therefore \quad (x - 2)(x - 4 - 3i) = 0.$$
よって, $x = 2, 4 + 3i$.   □

例題2 (JMO/1997/予選6) $a^3 - a - 1 = 0$ のとき, 最高次の係数が1である整数係数の多項式 $f(x)$ で, $f(x) = 0$ が $a + \sqrt{2}$ を解にもつものを求めよ.

解答 $x^3 - x - 1 = 0$ の解を α, β, γ とすると,
$$x^3 - x - 1 = (x - \alpha)(x - \beta)(x - \gamma)$$

$$= x^3 - (\alpha + \beta + \gamma)x^2 + (\alpha\beta + \beta\gamma + \gamma\alpha)x - \alpha\beta\gamma$$

だから，次を得る：

$$\alpha + \beta + \gamma = 0, \quad \alpha\beta + \beta\gamma + \gamma\alpha = -1, \quad \alpha\beta\gamma = 1 \quad \cdots (1)$$

$\alpha + \sqrt{2}$, $\beta + \sqrt{2}$, $\gamma + \sqrt{2}$ を解にもつ方程式は，

$$\{x - (\alpha + \sqrt{2})\}\{x - (\beta + \sqrt{2})\}\{x - (\gamma + \sqrt{2})\}$$
$$= x^3 - (\alpha + \beta + \gamma)x^2$$
$$\quad + \{(\alpha + \sqrt{2})(\beta + \sqrt{2}) + (\beta + \sqrt{2})(\gamma + \sqrt{2}) + (\gamma + \sqrt{2})(\alpha + \sqrt{2})\}x$$
$$\quad - (\alpha + \sqrt{2})(\beta + \sqrt{2})(\gamma + \sqrt{2})$$
$$= x^3 + (\alpha + \beta + \gamma + 3\sqrt{2})x^2 + \{\alpha\beta + \beta\gamma + \gamma\alpha + 2\sqrt{2}(\alpha + \beta + \gamma) + 6\}x$$
$$\quad - \alpha\beta\gamma - \sqrt{2}(\alpha\beta + \beta\gamma + \gamma\alpha) - 2(\alpha + \beta + \gamma) - 2\sqrt{2}$$
$$= x^3 - 3\sqrt{2}x^2 + 5x - 1 + \sqrt{2} - 2\sqrt{2} \quad (\because \text{(1) を代入})$$
$$= 0.$$

これより，$x^3 + 5x - 1 = 3\sqrt{2}x^2 + \sqrt{2} = \sqrt{2}(3x^2 + 1)$ を得る．
両辺を平方して，

$$(x^3 + 5x - 1)^2 = 2(3x^2 + 1)^2.$$

これを展開して整理することにより，求める多項式を得る：

$$f(x) = x^6 - 8x^4 - 2x^3 + 13x^2 - 10x - 1. \qquad \square$$

例題 3 (JMO/1997/予選 8)　$f(x)$ は 5 次の多項式で，5 次方程式 $f(x) + 1 = 0$ は $x = -1$ を 3 重根にもち，方程式 $f(x) - 1 = 0$ は $x = 1$ を 3 重根にもつ．$f(x)$ を求めよ．

解答　条件から，次のようにおける：

$$f(x) + 1 = (x+1)^3(ax^2 + bx + c) = 0,$$
$$f(x) - 1 = (x-1)^3(px^2 + qx + r) = 0.$$
$$\therefore \quad f(x) = (x+1)^3(ax^2 + bx + c) - 1 = (x-1)^3(px^2 + qx + r) + 1.$$

この式を展開して，次を得る：

$$ax^5 + (3a+b)x^4 + (c+3b+3a)x^3$$
$$+ (3c+3b+a)x^2 + (3c+b)x + c - 1$$
$$= px^5 + (q-3p)x^4 + (r-3q+3p)x^3$$
$$+ (3q-3r-p)x^2 + (3r-q)x + 1 - r.$$

各次数の係数を等しいとおいて，次を得る：

$$a = p, \quad 3a+b = q-3p, \quad c+3b+3a = r-3q+3p,$$
$$3c+3b+a = 3q-3r-p, \quad 3c+b = 3r-q, \quad c-1 = 1-r.$$

この連立方程式を解いて，次を得る：

$$a = \frac{3}{8}, \quad b = -\frac{9}{8}, \quad c = 1 \quad \left(p = \frac{3}{8}, \ q = \frac{9}{8}, \ r = 1\right).$$

よって，求める多項式は，次のようになる：

$$f(x) = \frac{1}{8}(x+1)^3(3x^2 - 9x + 8) - 1 = \frac{3}{8}x^5 - \frac{5}{4}x^3 + \frac{15}{8}x. \qquad \square$$

[別解]（微積分を使った解答）

$f'(x) = 0$ は $x = \pm 1$ を 2 重解としてもち，4 次式だから，

$$f'(x) = k(x-1)^2(x+1)^2, \quad (k \text{ は定数})$$

と表すことができる．不定積分により，

$$f(x) = k\left(\frac{x^5}{5} - \frac{2x^3}{3} + x\right) + C, \quad (C \text{ は積分定数})$$

を得る．条件より，

$$f(1) = k\left(\frac{1}{5} - \frac{2}{3} + 1\right) + C = 1,$$
$$f(-1) = k\left(\frac{(-1)}{5} - 2\frac{(-1)}{3} - 1\right) + C = -1.$$

これを解いて，$k = \dfrac{15}{8}$, $C = 0$ を得るから，

$$f(x) = \frac{15}{8} \cdot \frac{x^5}{5} - \frac{15}{8} \cdot \frac{2x^3}{3} + \frac{15}{8}x = \frac{3}{8}x^5 - \frac{5}{4}x^3 + \frac{15}{8}x. \qquad \square$$

参考 数学オリンピックでは，基本的に微分積分は取り扱わないことになっている．

しかし，多項式関数の微分積分は簡単なので（日本では高等学校の「数学 II」で学ぶ），多重根に関する問題などに利用すると有効なことがある．

$$f(x) = a_n x^n + a_{n-1} x^{n-1} + \cdots + a_k x^k + \cdots + a_1 x + a_0 \in \mathbb{R}[x]$$

に対し，

$$f'(x) = na_n x^{n-1} + (n-1)a_{n-1} x^{n-2} + \cdots + ka_k x^{k-1} + \cdots + a_1 \in \mathbb{R}[x]$$

を，$f(x)$ の導関数という．このとき，通常の微分の公式

$$(f(x)g(x))' = f'(x)g(x) + f(x)g'(x),$$
$$(f(g(x)))' = g'(x)f'(g(x)),$$
$$\left(\frac{f(x)}{g(x)}\right)' = \frac{f'(x)g(x) - f(x)g'(x)}{g(x)^2}$$

等々が成立する．したがって，もし，

$$f(x) = (x-\alpha)^k g(x), \quad (g(\alpha) \neq 0, \ k \geq 2)$$

と書ければ，$h(x) = kg(x) + (x-\alpha)g'(x)$ として，

$$f'(x) = (x-\alpha)^{k-1} h(x), \quad (h(\alpha) \neq 0)$$

となる．したがって，$x = \alpha$ が方程式 $f(x) = 0$ の k 重根ならば，$x = \alpha$ は $f'(x) = 0$ の $(k-1)$ 重根となる．

特に，$f(x) = 0$ が重根をもたないための必要十分条件は，$\mathrm{GCD}(f(x), f'(x)) = 1$ である．$\mathrm{GCD}(f(x), g(x))$ については，第 3 章を参照のこと．

第 2 章 練習問題（初級）

1. (JJMO/2006(10)) 次の方程式を考える：
$$x^2 + xy + y^2 + 3x + 6y + 6 = 0 \cdots (*)$$

(1) 方程式 $(*)$ をみたす整数の組 (x,y) であって，$x=1$ なるものをすべて求めよ．

(2) 方程式 $(*)$ をみたす整数の組 (x,y) をすべて求めよ．

2. (JMO/1991/予選 2) 方程式 $x^{199} + 10x - 5 =$ のすべての解（199 個）の 199 乗の和を求めよ．

3. (AIME/1995(5))　ある実数 a, b, c, d に対して，方程式
$$x^4 + ax^3 + bx^2 + cx + d = 0$$
が，4つの虚根（実数でない複素数解）をもつ．それらの中の 2 つの積が $13+i$ で，他の 2 つの和が $3+4i$ である．このとき，b を求めよ．

4. (JMO/2000/予選 6)　n を自然数とする．有理数係数の $2n$ 次方程式
$$x^{2n} + a_1 x^{2n-1} + a_2 x^{2n-2} + \cdots + a_{2n-1} x + a_{2n} = 0$$
の解は，すべて
$$x^2 + 5x + 7 = 0$$
の解にもなっている．このとき，係数 a_1 の値を求めよ．

5. (IRISH MO/2016/Shortlist)　3 次方程式 $t^3 + at^2 + bt + c = 0$ の根はすべて負の実数であるという．次の不等式を証明し，等号が成立するための必要十分条件は，その 3 根が等しい場合であることを示せ．
$$27ac \leq 9b^2 \leq a^4.$$

6. (ROMANIAN MO/2016/Grade 8)
(a)　すべての整数 k について，方程式
$$x^3 - 24x + k = 0$$
は高々 1 つの整数解をもつことを示せ．
(b)　方程式
$$x^3 + 24x - 2016 = 0$$
はちょうど 1 つの整数解をもつことを示せ．

第 2 章 練習問題（中級）

1. (JMO/1995/予選 4)　方程式 $x^2 - 3x + 3 = 0$ の根を $x = \alpha$ とし，この α と正整数 n，および実数 k が $\alpha^{1995} = k\alpha^n$ をみたしているとする．このような n の最小値と，そのときの k の値を求めよ．

2. (JMO/1996/予選 4)　a が $x^3 - x - 1 = 0$ の解であるとき，a^2 を解とする整数係数の 3 次方程式を 1 つ求めよ．

3. (ROMANIAN MO/2007/Grade 9)　$a_i \in \mathbb{N}$, $1 \leq i \leq n+1$, $a_{n+1} = a_1$, $n \in \mathbb{N}$ について，方程式
$$P(x) = x^2 - \Big(\sum_{i=1}^{n} a_i^2 + 1\Big)x + \sum_{i=1}^{n} a_i a_{i+1} = 0$$
は 1 つの整数根をもつ．もし，n が平方数ならば，$P(x) = 0$ の 2 つの根は平方数であることを証明せよ．

4. (VIETNAM MO/2003)　2 つの多項式
$$P(x) = 4x^3 - 2x^2 - 15x + 9, \qquad Q(x) = 12x^3 + 6x^2 - 7x + 1$$
について，以下の問に答えよ．

(A)　方程式 $P(x) = 0$, $Q(x) = 0$ は，いずれも，3 つの相異なる実数根をもつことを証明せよ．

(B)　$P(x) = 0$ の最大の根を α, $Q(x) = 0$ の最大の根を β とする．$\alpha^2 + 3\beta^2 = 4$ であることを証明せよ．

■　**第 2 章 練習問題（上級）**　■

1. (KOREAN MO/2016(3))　次の等式をみたす有理数の組 (x, y) は存在しないことを証明せよ：
$$x - \frac{1}{x} + y - \frac{1}{y} = 4.$$

2. (VIETNAM MO/1997)　(1)　有理数係数の多項式 $f(x)$ で，次の条件をみたすもので，次数が最小のものをすべて求めよ：
$$f(\sqrt[3]{3} + \sqrt[3]{9}) = 3 + \sqrt[3]{3}.$$

(2)　次の条件をみたす整数係数の多項式 $F(x)$ は存在するか．
$$F(\sqrt[3]{3} + \sqrt[3]{9}) = 3 + \sqrt[3]{3}.$$

第3章　分数方程式

　2つの多項式 $f(x)$, $g(x)$ により，$f(x)/g(x)$ と表される数式を**有理式**または**分数式**という．ここでは，多項式の除法の原理を示した後，再び高次方程式と分数式で与えられる方程式や不等式を扱う．

　整数の割り算に関する基本定理から始める．

> **定理 3.1 (除法の定理)**　$a, b \in \mathbb{Z}$, $b > 0$ に対して，
> $$a = bq + r, \quad 0 \leq r < b \cdots (*)$$
> をみたすような，$q, r \in \mathbb{Z}$ がただ一組だけ存在する．

　なお，q を，a を b で割ったときの**整商** (integral quotient) または**商** (quotient)，r を**剰余**または**余り** (residue) という．

　証明 [存在の証明]　$S = \mathbb{N}_0 \cap \{a - bx \mid x \in \mathbb{Z}\}$ とおく．まず，$S \neq \emptyset$ であることを確認する：

　$a \geq 0$ の場合には，$x = 0$ とすれば，$a = a - b \cdot 0 \in S \neq \emptyset$.

　$a < 0$ の場合には，$x = a$ とすれば，$a - b \cdot a = (-a)(b-1) \geq 0$ であるから，$a - b \cdot a \in S \neq \emptyset$.

　さて，$S \neq \emptyset$ は整列集合 $\mathbb{N}_0$ の部分集合であるから，S には最小数がある．それを r とし，r を与える x の値を q とすれば，
$$a = bq + r, \quad 0 \leq r$$
である．もし，$r \geq b$ であるとすると，
$$0 \leq r - b = a - b(q+1) \text{ より，} r - b \in S$$

となるが，これは r が S の最小数であることに反する．よって，$r < b$ である．以上から，
$$a = bq + r, \quad 0 \leq r < b \cdots (*)$$
となる整数 q, r の存在が示された．

[**一意性の証明**] (q, r) と (q', r') を定理の条件 $(*)$ をみたす整数の組とする：
$$a = bq + r = bq' + r', \quad 0 \leq r < b, \quad 0 \leq r' < b.$$
そこで，$q \neq q'$ とする；$q > q'$ と仮定して一般性を失わない．上の左の等式から，
$$b(q - q') = r' - r$$
を得る．ところが，$(q, q'$ は整数であるから) $q - q' \geq 1$ だから，$r' - r \geq b$ を得る．これから，$r' \geq r + b \geq b$ となって，r' の条件に矛盾する．よって，$q = q'$ である．このことから，$r = r'$ も成り立つ． □

上の定理で，$r = 0$ のとき，つまり，$a = bq$ が成り立つとき，a は b で**割り切れる**といい，さらに，b は a の**約数**または**因数**であるといい，a は b の**倍数**であるという．

b が a を割り切ることを $b \mid a$ で，割り切らないことを $b \nmid a$ で表す．上の定理にならって，次が成り立つ：

> **定理 3.2** (**多項式に関する除法の原理**)
> $f(x), g(x) \in \mathbb{R}[x]$, $\deg g(x) \geq 1$ とする．このとき，
> $$f(x) = g(x)q(x) + r(x), \quad 0 \leq \deg r(x) < \deg g(x) \text{ または } r(x) = 0$$
> となる $q(x), r(x) \in \mathbb{R}[x]$ がただ一組存在する．

証明 [$q(x), r(x)$ **の存在の証明**] $A = \{f(x) - g(x)h(x) \mid h(x) \in \mathbb{R}[x]\}$ とする．

(1) $0 \in A$ の場合：

このとき，$h_0(x) \in \mathbb{R}[x]$ が存在して，$f(x) - g(x)h_0(x) = 0$ だから，$q(x) = h_0(x)$ とおけば，$f(x) = g(x)q(x), r(x) = 0$ とすることができる．

(2) $0 \notin A$ の場合：（以下の証明は，定理 3.1 の証明を参照のこと）

このときは，A に次数が最小の多項式 $r(x)$ がある．実際，
$$S = \{\deg\,(f(x) - g(x)h(x)) \mid h(x) \in \mathbb{R}[x]\}$$
とすれば，S は $\mathbb{N}_0$ の部分集合である．$\mathbb{N}_0$ の整列性により，S に最小の非負整数がある．それを与える A の多項式を $r(x)$ とすれば，$q(x) \in \mathbb{R}[x]$ が存在して，
$$r(x) = f(x) - g(x)q(x), \quad 0 \leq \deg r(x)$$
と表すことができる．ここで，$\deg r(x) = m \geq \deg g(x) = n$ であるとすると，
$$r(x) = ax^m + \cdots \ (a \neq 0), \quad g(x) = bx^n + \cdots \ (b \neq 0)$$
と表すことができる．すると，次の多項式を作ることができる：
$$r(x) - g(x) \cdot \frac{a}{b}x^{m-n} = f(x) - g(x)\Big(q(x) + \frac{a}{b}x^{m-n}\Big) \in A.$$
仮定の $0 \notin A$ により，この多項式は 0 ではなく，しかも，
$$\deg\Big(r(x) - g(x) \cdot \frac{a}{b}x^{m-n}\Big) < \deg r(x)$$
である．これは $r(x)$ が A に属する次数最小の多項式であることに反する．ゆえに，$m < n$ である．以上から，$0 \leq \deg r(x) < \deg g(x)$ も示された．

[$r(x), q(x)$ の一意性の証明] $(q(x), r(x)), (q'(x), r'(x))$ を命題の条件をみたす多項式の組とする：
$$f(x) = g(x)q(x) + r(x), \quad 0 \leq \deg r(x) < \deg g(x) \ \text{または} \ r(x) = 0$$
$$f(x) = g(x)q'(x) + r'(x), \quad 0 \leq \deg r'(x) < \deg g(x) \ \text{または} \ r'(x) = 0$$

上の左の等式を辺々引いて，
$$g(x)(q'(x) - q(x)) = r(x) - r'(x) \quad \cdots \ (*)$$
を得る．$q'(x) \neq q(x)$ と仮定すると，$q'(x) - q(x) \neq 0$ であるから，$(*)$ 式の両辺の次数を調べることができる．実際，次を得る：
$$\begin{aligned}
\deg\,(r(x) - r'(x)) &\leq \max\{\deg r(x),\, \deg r'(x)\} \\
&< \deg g(x) \leq \deg g(x) + \deg\,(q'(x) - q(x)) \\
&= \deg\,(g(x)(q'(x) - q(x))).
\end{aligned}$$
ただし，$\max\{\deg r(x),\, \deg r'(x)\}$ は小さくない方の次数を表し，$r(x), r'(x)$

の一方が 0 のときは 0 でない方の次数を表すものとする．

ところが，これは等式 (∗) に矛盾する．よって，$q(x) = q'(x)$ である．これより，$r(x) = r'(x)$ も結論される． □

覚書　上の証明から，次がわかる：
(i)　$f(x), g(x) \in \mathbb{Z}[x] \implies q(x), r(x) \in \mathbb{Q}[x]$.
(ii)　$f(x), g(x) \in \mathbb{Z}[x]$, $g(x)$ の最高次の係数が $\pm 1 \implies q(x), r(x) \in \mathbb{Z}[x]$.
最高次の係数が 1 の多項式を**単多項式** (monic polynomial) という．

実数の場合にならい，次の言葉を導入する．$f(x) = g(x)q(x) + r(x)$ において，$q(x)$ を，$f(x)$ を $g(x)$ で割ったときの**商**，$r(x)$ を**剰余**という．また，$r(x) = 0$ のとき，$g(x)$ は $f(x)$ を**割り切る**または $f(x)$ は $g(x)$ で**割り切れる**といい，$f(x)$ は $g(x)$ の**倍数**，また $g(x)$ は $f(x)$ の**約数**または**因数，因子**であるといい，$g(x) \mid f(x)$ で表す．$f(x)$ が $g(x)$ で割り切れないことを $g(x) \nmid f(x)$ で表す．
$f(x) \in \mathbb{R}[x]$ が

$$f(x) = g(x)h(x), \quad g(x), h(x) \in \mathbb{R}[x], \quad g(x) \neq \pm 1, h(x) \neq \pm 1$$

と表されるとき，$f(x)$ は**可約**であるといい，そうでないとき，すなわち，

$$f(x) = g(x)h(x), \quad g(x), h(x) \in \mathbb{R}[x] \implies g(x) = \pm 1 \text{ または } h(x) = \pm 1$$

がみたされるとき，$f(x)$ は**既約**であるという．

$f(x), g(x), d(x) \in \mathbb{R}[x]$, $d(x) \neq 0$ とする．$d(x) \mid f(x)$, $d(x) \mid g(x)$ であるとき，$d(x)$ を $f(x)$ と $g(x)$ の**公約数**または**共通因子**という．$d(x)$ が公約数ならば，$-d(x)$ も公約数となる．

$f(x), g(x) \in \mathbb{R}[x]$ が ± 1 以外に公約数をもたないとき，$f(x)$ と $g(x)$ は**互いに素**であるという．

$f(x), g(x) \in \mathbb{R}[x]$ で，少なくとも一方は 0 でないとする．$d(x) \in \mathbb{R}[x]$ が $f(x)$ と $g(x)$ の**最大公約数** (greatest common divisor, GCD) であるとは，次の 3 つの性質をもつ場合をいう：

(0)　$\deg(d(x)) \geq 0$.
(i)　$d(x)$ は $f(x)$ と $g(x)$ の公約数である．
(ii)　$f(x)$ と $g(x)$ の任意の公約数 $d'(x)$ は $d(x)$ の約数である．

このとき，$d(x)$ を $\mathrm{GCD}\,(f(x),\,g(x))$ と表す．
次が成り立つ．

定理 3.3 $f(x),\,g(x) \in \mathbb{R}[x]$ で，少なくとも一方は 0 でないとする．このとき，$\mathrm{GCD}(f(x),\,g(x))$ が存在し，それは一意的である．

覚書 第 1 章で示した多項式間の演算により，$\mathbb{R}[x]$ は 0 を零元，1 を乗法単位元とする可換環の構造をもつが，この定理 3.2 により，UFD（一意分解整域）であることがわかる．$\mathbb{C}[z]$, $\mathbb{Q}[x]$ も UFD であるが，$\mathbb{Z}[x]$ は UFD ではない．この辺の事情については，代数学の専門書を参照されたい．

定理 3.2 より，次の有効な定理が得られる．

剰余の定理

$K = \mathbb{R},\,\mathbb{C},\,\mathbb{Q}$ とする．
多項式 $f(x) \in K[x]$ を $x - \alpha\,(\alpha \in K)$ で割った余りは，$f(\alpha)$ に等しい．
多項式 $f(x) \in K[x]$ を $ax + b\,(a,\,b \in K)$ で割った余りは，$f\left(-\dfrac{b}{a}\right)$ に等しい．

因数定理

$K = \mathbb{R},\,\mathbb{C},\,\mathbb{Q}$ とする．多項式 $f(x) \in K[x]$ について，次を得る．
$\alpha \in K$ が方程式 $f(x) = 0$ の根であるための必要十分条件は，$x - \alpha$ が $f(x)$ の因子であることである．
$-\dfrac{b}{a} \in K$ が $f(x) = 0$ の根であるための必要十分条件は，$ax + b$ が $f(x)$ の因子であることである．

この定理は，$\mathbb{R}[x]$, $\mathbb{C}[z]$, $\mathbb{Q}[x]$ が UFD であることから保証されるので，整数係数多項式環 $\mathbb{Z}[x]$ では成立しない．多くの場合，$f(x) \in \mathbb{Z}[x]$ を $f(x) \in \mathbb{Q}[x]$ または $f(x) \in \mathbb{R}[x]$ とみなして，因数定理を適用し，適当な吟味を行えばよい．
また，多変数の多項式，例えば $f(x,\,y) \in K[x,\,y]$ についても成立する．

参考 因数定理において，$f(x) = 0$ となる α は，次のようにして探せばよい．

$x - \alpha$ が $f(x)$ の因子 $\iff f(\alpha) = 0 \implies \alpha$ は $f(x)$ の定数項の約数．

$ax + b$ が $f(x)$ の因子 $\iff f\left(-\dfrac{b}{a}\right) = 0$

$\implies -\dfrac{b}{a} = \dfrac{\text{定数項の約数}}{\text{最高次の係数の約数}}$.

例題 1 (JMO/1999/本選 2) $f(x) = x^3 + 17$ とする．2 以上の任意の自然数 n の各々に対して，$f(x)$ が 3^n で割り切れ，3^{n+1} では割り切れないような自然数 x が存在することを証明せよ．

証明 n に関する数学的帰納法によって証明する．
$n = 2$ に対しては，$x = 1$ とすると，$f(1) = 1^3 + 17$ で，

$$3^2 \mid (1^3 + 17), \quad 3^3 \nmid (1^3 + 17)$$

だから，条件をみたす自然数 $x = 1$ が存在する．

$n \geq 2$ に対して，$3^n \mid (x^3 + 17)$ でかつ $3^{n+1} \nmid (x^3 + 17)$ となる自然数 x が存在すると仮定し，$n+1$ に対しても成り立つことを証明する．

もし，$3 \mid x$ であるとすると，$3^n \mid (x^3 + 17)$ より，$3 \mid 17$ となり，矛盾する．よって，x は 3 では割り切れない．したがって，x^2 を 3 で割った余りは 1 である ($x^2 - 1$ は 3 で割り切れる．)

$x^3 + 17 = 3^n(3m + r)$, ただし，r は 1 か 2 とすると，次を得る：

$$(x + 3^{n-1}s)^3 + 17 = 3^n(r + sx^2) + 3^{n+1}m + 3^{2n-1}s^2 x + 3^{3n-3}s^3.$$

ここで，$n \geq 2$ より，$2n - 1 > n$ かつ $3n - 3 > n$ である．
よって，$s = 3 - r$ とすれば，

$$r + sx^2 = r + (3-r)x^2 = r + 3x^2 - rx^2 = r(x^2 - 1) + 3x^2$$

は 3 で割り切れ，$y = x + 3^{n-1}s$ に対して，$3^{n+1} \mid (y^3 + 17)$ となる．もしも，$3^{n+2} \nmid (y^3 + 17)$ ならば，この y を x とすればよい．

一方，$y^3 = 3^{n+1} m'$ のとき，

$$(y + 3^n s')^3 + 17 = 3^{n+1}(s'y^2) + 3^{n+2}m' + 3^{2n+1}(s')^2 y + 3^{3n}(s')^3$$

であるが，$n \geq 2$ より，$2n+1 > n+1$ で $3n > n+1$ であるから，$s' = 1$ とすれば，$3 \nmid y^2$ だから，$x = y + 3^n$ に対して，$3^{n+1} \mid (x^3 + 17)$, $3^{n+2} \nmid (x^3 + 17)$.

これで，$n+1$ のときにも条件をみたす自然数の存在が示されたので，数学的帰納法により証明が完結した． □

例題 2 (JMO/1994/予選 11)　次の条件をみたす x, y に関する 1 次以上の多項式 $f(x, y)$ で，次数が最小のものを 1 つ見つけよ．
$$\begin{cases} f(x, y) + f(y, x) = 0 \\ f(x, x+y) + f(y, x+y) = 0 \end{cases}$$

解答　　$f(x, y) + f(y, x) = 0 \cdots (1)$
$\qquad\qquad f(x, x+y) + f(y, x+y) = 0 \cdots (2)$
とする．(1) で $x = y$ とおくと，$2f(x, x) = 0$. ゆえに，$f(x, x) = 0$.
因数定理により，次を得る：

$$f(x, y) = (x - y)f_1(x, y) \cdots (3)$$

ここで，$f_1(x, y) = f_1(y, x)$，すなわち，$f_1(x, y)$ は対称式である．
(3) を (2) に代入すると，

$$yf_1(x, x+y) + xf_1(y, x+y) = 0 \cdots (4)$$

ここで $x = 0$ とすると，$yf_1(0, y) = 0$ より，$f_1(0, y) = 0$. すなわち，$f_1(x, y)$ は x で割り切れる．$f_1(x, y)$ は対称式なので，y でも割り切れる．よって，

$$f_1(x, y) = xyf_2(x, y) \cdots (5)$$

とおける．ここで，$f_2(x, y)$ も対称式である．
(5) を (4) に代入して，$xy(x+y)$ で割ると，

$$f_2(x, x+y) + f_2(y, x+y) = 0 \cdots (6)$$

(6) で $x = y$ とすると，$2f_2(x, 2x) = 0$. ゆえに，$f_2(x, 2x) = 0$. よって，$f_2(x, y)$ は $2x - y$ を因数にもつ．対称性より，$2y - x$ も因数にもつから，次のよ

うにおける：
$$f_2(x, y) = (2x - y)(2y - x)f_3(x, y) \cdots (7)$$
ここで，$f_3(x, y)$ は対称式である．
(3), (5), (7) より，次を得る：
$$f(x, y) = (x - y)xy(2x - y)(2y - x)f_3(x, y) \cdots (8)$$
ここで，$f_3(x, y) = ax + by + c$ とおいてみる．(2) に代入して，
$$f(x, x + y) + f(y, x + y)$$
$$= -xy(x + y)(x - y)\{(a - b)x^2 + (b - a)y^2 - c(x - y)\} = 0.$$
これより，$c = 0, b = a$ を得る．特に $a = 1$ とすると，$f_3(x, y) = x + y$ となるので，(8) は次のように書き換えられる：
$$f(x, y) = (x - y)xy(2x - y)(2y - x)(x + y) \cdots (9)$$
したがって，解は，(9) の定数倍である． □

ユークリッドの互除法

多項式環 $\mathbb{R}[x]$, $\mathbb{Q}[x]$, $\mathbb{C}[z]$ は UFD であるので，GCD を求めるアルゴリズムが存在する．$\mathbb{R}[x]$ で記述する．
$$f(x), g(x) \in \mathbb{R}[x] \text{について，} f_0(x) = f(x), \quad g_0(x) = g(x)$$
とおき，帰納的に，$f_k(x)$ を $g_k(x)$ で割った商を $q_k(x)$，余りを $r_k(x)$ とし，
$$f_{k+1}(x) = g_k(x), \quad g_{k+1}(x) = r_k(x)$$
とおいて，$f_k(x), g_k(x), q_k(x), r_k(x)$ $(k = 0, 1, 2, \cdots)$ を定める．

$r_{n+1}(x) = 0$ となる最小の n をとると，$r_n(x)$ が $f(x)$ と $g(x)$ の最大公約数である；$\mathrm{GCD}(f(x), g(x)) = r_n(x)$．

さらに，
$$a_n(x) = 1, \quad b_n(x) = -q_n(x)$$
として，帰納的に，
$$a_k(x) = b_{k+1}(x), \quad b_k(x) = a_{k+1}(x) - b_{k+1}(x)q_k(x)$$

として，$a_k(x), b_k(x)$ $(k = 0, 1, 2, \cdots, n)$ を定めると，
$$a_0(x)f(x) + b_0(x)g(x) = \mathrm{GCD}\,(f(x), g(x))$$
をみたす．

第 3 章 練習問題（初級）

1. (JJMO/2015/本選 2)　x, y が実数全体を動くとき，
$$\frac{(xy + x + y - 1)^2}{(x^2 + 1)(y^2 + 1)}$$
の取り得る最大の値を求めよ．

2. (AIME/1990(4))　次の方程式の正の解を求めよ：
$$\frac{1}{x^2 - 10x - 29} + \frac{1}{x^2 - 10x - 45} - \frac{2}{x^2 - 10x - 69} = 0.$$

3. (CHINA MC/2001)　$x^2 + 2x + 5$ が $x^4 + ax^2 + b$ の因子であるとき，$a + b$ の値を求めよ．

4. (AIME/2014/I(14) 改)　次の方程式の実数解をすべて求めよ：
$$\frac{3}{x-3} + \frac{5}{x-5} + \frac{17}{x-17} + \frac{19}{x-19} = x^2 - 11x - 4.$$

5. (JMO/2008/本選 1)　整数係数多項式 $P(x)$ は，ある 0 でない整数 n について，$P(n^2) = 0$ をみたす．このとき，0 でない任意の有理数 a に対して，$P(a^2) \neq 1$ であることを示せ．

第 3 章 練習問題（中級）

1. (JJMO/2007(4))　実数を係数とする 3 次の 3 変数多項式 $f(x, y, z)$ であって，次の条件をみたすものを 1 つ求めよ．
- $f(x, y, z) + x$ は $y + z$ で割り切れる．
- $f(x, y, z) + y$ は $z + x$ で割り切れる．
- $f(x, y, z) + z$ は $x + y$ で割り切れる．

ただし，多項式 $P(x, y, z)$ が多項式 $Q(x, y, z)$ で割り切れるとは，$P(x, y, z) = Q(x, y, z)R(x, y, z)$ となる多項式 $R(x, y, z)$ が存在することをいう．

2. (JMO/1998/予選12)　$a_n = n^3 - 5n^2 + 6n$, $b_n = n^2 + 5$ $(n = 1, 2, 3, \cdots)$ とし，a_n と b_n の最大公約数を d_n とする．ただし，$a_n = 0$ のときは，$d_n = b_n$ とする．また，$d_1, d_2, d_3, \cdots$ の最大値を d とする．
$d_n = d$ をみたす最小の正整数 n を求めよ．

3. (AIME/1997(12))　関数 f を，$f(x) = \dfrac{ax+b}{cx+d}$ で定義する．ただし，a, b, c, d は 0 でない実数である．
f は，$f(19) = 19$, $f(97) = 97$ をみたし，かつ $x = -\dfrac{d}{c}$ 以外のすべての実数 x に対して，$f(f(x)) = x$ をみたす．
f がとり得ない唯一の値を求めよ．

4. (JMO/2009/予選8)　$f(x)$ と $g(x)$ は実数を係数とする 0 でない多項式で，
$$f(x^3) + g(x) = f(x) + x^5 g(x)$$
をみたす．このような $f(x)$ としてあり得るもののうち，次数が最も小さいものを 1 つ求めよ．

5. (JMO/1999/本選4)　n を任意の自然数とするとき，多項式
$$f(x) = (x^2 + 1^2)(x^2 + 2^2)(x^2 + 3^2) \cdots (x^2 + n^2) + 1$$
は，2 つの 1 次以上の整数係数多項式の積として表せないことを証明せよ．

第 3 章 練習問題（上級）

1. (IMO/1993(1))　$f(x) = x^n + 5x^{n-1} + 3$ とおき，n は 1 より大きな整数とする．このとき，$f(x)$ を 1 次以上の整数係数多項式 2 つの積に分解することは不可能であることを証明せよ．

2. (JMO/1995/本選2)　x の定数でない有理式 $f(x)$ と実数 a は，
$$\{f(x)\}^2 - a = f(x^2)$$

をみたしている．このような a と $f(x)$ をすべて求めよ．

ただし，x の有理式とは，2 つの多項式の比で表される式のことである．

3. (IMO/2008(2))

(a)　$xyz = 1$ をみたす 1 ではない実数 x, y, z に対し，
$$\frac{x^2}{(x-1)^2} + \frac{y^2}{(y-1)^2} + \frac{z^2}{(z-1)^2} \geq 1$$
が成り立つことを証明せよ．

(b)　$xyz = 1$ をみたす 1 ではない有理数の組 (x, y, z) であって，上の不等式の等号を成立させるものが無数に存在することを示せ．

4. (JMO/1995/予選 12)　$f(x, y, z)$ は x, y, z に関する多項式で，x について 4 次式であり，次の 2 つの条件をみたす．このような多項式 $f(x, y, z)$ を 1 つ求めよ．
$$\begin{cases} f(x, z^2, y) + f(x, y^2, z) = 0 \\ f(z^3, y, x) + f(x^3, y, z) = 0 \end{cases}$$

5. (ROMANIAN MO/2003/TST)　$f \in \mathbb{Z}[X]$ は既約多項式で，その最高次の係数は 1 であり，$|f(0)|$ は整数の平方ではない．

$g(X) = f(X^2)$ で定義される多項式 $g \in \mathbb{Z}[X]$ もまた既約であることを証明せよ．

6. (JMO/2003/予選 12)　$f(x)$ は整数係数の多項式であり，最高次の係数は 1 である．また，1 次以上の整数係数多項式 $g(x), h(x)$ で，
$$\{f(x)\}^3 - 2 = g(x)h(x)$$
となるものが存在するという．このような $f(x)$ のうち，次数が最小であるものを 1 つ求めよ．

第4章 無理方程式

根号を含む数式を無理式という．無理方程式や無理不等式の解法は，上手に根号をはずすことである．ただし，等式，あるいは不等式の両辺を何乗かする変形は，ほとんどすべての場合に，同値変形ではない．実際，得られた解を元の無理式に代入すると，根号内が負になったりするので，吟味が必要である．

例えば，2次の無理不等式ついては，

（ⅰ）$\sqrt{P} > Q$ の解は，$Q < 0$ かつ $P \geq 0$，または，$Q \geq 0$ かつ $P > Q^2$ を解けばよい．

（ⅱ）$\sqrt{P} < Q$ の解は，$P \geq 0$ かつ $Q \geq 0$ かつ $P < Q^2$ を解けばよい．

例題 1 (JMO/1995/予選 1)　次の等式をみたす数 a を求めよ：
$$\sqrt[3]{\sqrt[3]{2}-1} = \frac{1}{\sqrt[3]{a}}(1 - \sqrt[3]{2} + \sqrt[3]{4}).$$
ただし，$\sqrt[3]{x}$ は3乗すれば x になるような実数を表すものとする．

解答　両辺を3乗すると，
$$\sqrt[3]{2} - 1 = \frac{1}{a}(1 - \sqrt[3]{2} + \sqrt[3]{4})^3 = \frac{1}{a}(1 - \sqrt[3]{2} + (\sqrt[3]{2})^2)^3.$$
ここで，$\sqrt[3]{2} = y$ とおくと，$y^3 = 2$ で，上の等式は次のようになる：
$$\begin{aligned}
a(y-1) &= (1 - y + y^2)^3 \\
&= (1 + y^2 + y^4 - 2y + 2y^2 - 2y^3)(1 - y + y^2) \\
&= (1 + 3y^2 + 2y - 2y - 4)(1 - y + y^2)
\end{aligned}$$

$$= (3y^2 - 3)(1 - y + y^2)$$
$$= 3(y-1)(y+1)(y^2 - y + 1)$$
$$= 3(y-1)(y^3 + 1) = 9(y-1).$$

したがって，$a = 9$．これは与式をみたすので，確かに解である． □

例題 2 (AUSTRALIAN MO/2004)　次の方程式の実数解をすべて求めよ．
$$\sqrt{4 - x\sqrt{4 - (x-2)\sqrt{1 + (x-5)(x-7)}}} = \frac{5x - 6 - x^2}{2}.$$

解答　$\dfrac{5x - 6 - x^2}{2} \geq 0$ より，$x^2 - 5x + 6 \leq 0$ であるから，与えられた方程式の実数解は $2 \leq x \leq 3$ の範囲にある．

まず，与えられた方程式の左辺を考察する．$2 \leq x \leq 3$ だから，
$$\sqrt{4 - x\sqrt{4 - (x-2)\sqrt{1 + (x-5)(x-7)}}}$$
$$= \sqrt{4 - x\sqrt{4 - (x-2)(6-x)}} = \sqrt{4 - x(4-x)}$$
$$= \sqrt{(x-2)^2} = x - 2.$$

したがって，与えられた方程式は $x - 2 = \dfrac{5x - 6 - x^2}{2}$，すなわち，
$$x^2 - 3x + 2 = 0. \quad (x-1)(x-2) = 0$$

と単純化される．これより，$x = 1, 2$ を得るが，$x = 1$ は解の範囲にないので，$x = 2$ が方程式の唯一の解である． □

第 4 章 練習問題（初級）

1. (JJMO/2015/予選 7)　次の等式をみたす正の実数 x を求めよ．
$$x + \sqrt{x(x+1)} + \sqrt{x(x+2)} + \sqrt{(x+1)(x+2)} = 2.$$

2. (JMO/1990/予選 2)　方程式

$$x^2 + 25x + 52 = 3\sqrt{x^2 + 25x + 80}$$

のすべての実数解の積を求めよ．

3. (ROMANIAN MC/1995/Grade 7)
$$\frac{1}{998}\left(\sum_{k=1}^{1995} \sqrt{2\sqrt{2}x - x^2 + k^2 - 2}\right) = 1995$$

の実数解をすべて求めよ．

4. (VIETNAM MO/2002)　次の方程式を解け：
$$\sqrt{4 - 3\sqrt{10 - 3x}} = x - 2.$$

5. (ROMANIAN MC/2016/Grade 7)　$\sqrt{n+3} + \sqrt{n+\sqrt{n+3}}$ が整数となるような非負整数 n をすべて求めよ．

6. (CHINA MC/2005)　x に関する無理方程式
$$a\sqrt{x^2} + \frac{1}{2}\sqrt[4]{x^2} - \frac{1}{3} = 0$$

がちょうど 2 つの異なる根をもつように，実数 a の範囲を定めよ．

7. (ROMANIAN MC/2016/Grade 7)　次の方程式をみたす正整数の対 (x, y) をすべて求めよ．
$$x + y = \sqrt{x} + \sqrt{y} + \sqrt{xy}.$$

■ 第 4 章 練習問題（中級） ■

1. (CROATIAN MO/2007)　次の方程式の実数解をすべて求めよ．
$$\sqrt{2x+1} + \sqrt{x+3} = 3 + \sqrt{x+7}.$$

2. (IRISH MO/2014/Shortlist)　次の方程式の実数解をすべて求めよ：
$$\sqrt{2x^2 + 2x + 3} + \sqrt{2x^2 + 2} = \sqrt{3x^2 + 2x - 1} + \sqrt{x^2 + 6}.$$

3. (DUTCH MO/2014/TST)　a, b, c は有理数で，$a + bc \neq 0$, $b + ac \neq$

0, $a+b \neq 0$ であり，次の等式をみたす：
$$\frac{1}{a+bc} + \frac{1}{b+ac} = \frac{1}{a+b}.$$
このとき，$\sqrt{(c-3)(c+1)}$ は有理数であることを証明せよ．

4. (VIETNAM MO/1995)　次の方程式を解け：
$$x^3 - 3x^2 - 8x + 40 - 8\sqrt[4]{4x+4} = 0.$$

5. (ROMANIAN MC/2004/Grade 9)　a, b, c を実数とする．
$$\sqrt[3]{a} + \sqrt[3]{b} + \sqrt[3]{c} = \sqrt[3]{a+b+c}$$
が成り立つための必要十分条件は，
$$a^3 + b^3 + c^3 = (a+b+c)^3$$
であることを証明せよ．

6. (VIETNAM MO/2007)　次の連立方程式系を解け：
$$\begin{cases} 1 - \dfrac{12}{y+3x} = \dfrac{2}{\sqrt{x}} \\ 1 + \dfrac{12}{y+3x} = \dfrac{6}{\sqrt{y}} \end{cases}$$

7. (BULGARIAN MO/2007)　次の連立方程式系を解け：
$$\begin{cases} \sqrt{x^2+y^2-16(x+y)-9y+7} = y-2 \\ x + 13\sqrt[4]{x-y} = y + 42 \end{cases}$$

── 第 4 章 練習問題（上級） ──

1. (ROMANIAN MO/2003/TST)　n を正整数とする．次の不等式をみたす正整数 x, y は存在しないことを証明せよ：
$$\sqrt{n} + \sqrt{n+1} < \sqrt{x} + \sqrt{y} < \sqrt{4n+2}.$$

2. (USAMO/2001/TST)　a, b を実数の定数とする．次の連立方程式系を解け．

$$\frac{x - y\sqrt{x^2 - y^2}}{\sqrt{1 - x^2 + y^2}} = a, \qquad \frac{y - x\sqrt{x^2 - y^2}}{\sqrt{1 - x^2 + y^2}} = b.$$

3. (VIETNAM MO/2009)　次の連立方程式系を解け：

$$\begin{cases} \dfrac{1}{\sqrt{1 + 2x^2}} + \dfrac{1}{\sqrt{1 + 2y^2}} = \dfrac{2}{\sqrt{1 + 2xy}} \\ \sqrt{x(1 - 2x)} + \sqrt{y(1 - 2y)} = \dfrac{2}{9} \end{cases}$$

第5章 複素数

　本格的な複素関数は取り扱わないので，数学オリンピックで登場する複素数は，そのほとんどが，複素数の基本性質を問うものと，実数係数多項式 $f(x)$ について，方程式 $f(x) = 0$ の複素数解である．したがって，複素数そのものの性質とともに，複素数解としての性質が問われる．

複素数

　$i = \sqrt{-1}$（虚数単位），a, b を実数として，$z = a + bi$ という形の数を**複素数**という．$i^2 = (\sqrt{-1})^2 = -1$ である．複素数の全体を $\mathbb{C}$ で表す．$b = 0$ のとき，$z = a$ は実数であるから，$\mathbb{R} \subset \mathbb{C}$ である．実数でない複素数を**虚数**といい，$z = ib$ という形の虚数を**純虚数**という．

　複素数 $z = a + bi$ に対し，a を z の**実部**といい，$\mathrm{Re}(z)$ と書き，b を z の**虚部**といい，$\mathrm{Im}(z)$ と書く．また，$|z| = \sqrt{a^2 + b^2}$ を z の**絶対値**という．

複素数の相等

　a, b, c, d が実数のとき，
$$a + bi = c + di \iff a = c,\ b = d.$$
とくに，
$$a + bi = 0 \iff a = 0,\ b = 0.$$

複素数の四則計算

　複素数 $a + bi$ に関する四則計算は，多項式 $a + bx$ に関する四則計算と同様にして行い，i^2 は -1 で置き換える．

和・差　　$(a+bi) \pm (c+di) = (a \pm c) + (b \pm d)i$　　（複号同順）

積　　　　$(a+bi)(c+di) = (ac-bd) + (ad+bc)i$

商　　　　$\dfrac{a+bi}{c+di} = \dfrac{ac+bd}{c^2+d^2} + \dfrac{bc-ad}{c^2+d^2}i \quad (c+di \neq 0)$

複素数 α, β について，$\alpha\beta = 0 \iff \alpha = 0$ または $\beta = 0$．

> **注**　$\alpha, \beta \in \mathbb{C}$ については，$\alpha^2 + \beta^2 = 0$ であっても，$\alpha = \beta = 0$ とは限らない．
> （例：$\alpha = 1, \beta = i$）

$z = a + bi \neq 0 \in \mathbb{C}$ のとき，
$$\cos\theta = \frac{a}{|z|}, \quad \sin\theta = \frac{b}{|z|}$$
をみたす角度 θ が定まるが，この θ を z の**偏角**といい，$\theta = \arg(z)$ と表す．角度に関しては，$\theta + 2n\pi = \theta \ (n \in \mathbb{Z})$ という同一視がなされる．

$z, w \in \mathbb{C}$ に対し，次が成り立つ：
$$|zw| = |z| \cdot |w|, \quad |z+w| \leq |z| + |w|,$$
$$\arg(zw) = \arg(z) + \arg(w), \quad \arg\left(\frac{1}{z}\right) = -\arg(z).$$

共役複素数

$z = a + bi \in \mathbb{C}$ に対し，$\overline{z} = a - bi \in \mathbb{C}$ を z の**共役複素数**という．次が成り立つ：

$z, w \in \mathbb{C}$ について，
$$z\overline{z} = |z|^2, \quad \overline{z} + \overline{w} = \overline{z+w}, \quad \overline{z} \cdot \overline{w} = \overline{zw}.$$

複素平面

平面に直交座標系（x–y 座標系）を導入したものを座標平面といい，$\mathbb{R}^2$ で表すとき，複素数 $z = x + iy \in \mathbb{C}$ に点 $(x, y) \in \mathbb{R}^2$ を対応させる．この対応 $\mathbb{C} \to \mathbb{R}^2$ は全単射である．この対応により，$\mathbb{R}^2$ を複素数を表す平面とみなしたとき，これを**複素（数）平面**（**ガウス平面**）といい，x–軸を**実軸**，y–軸を**虚軸**という．

複素平面上では，点 z について，$|z|$ は z と原点 0 の距離を，$\arg(z)$ は原点 0

を始点として z を通る半直線と実軸の正の部分とのなす角を表し，$\bar{z}$ は実軸に関する z の対称点である．また，z に対し，iz は z を原点のまわりに反時計回りに $90°$ だけ回転した点である．

$z \in \mathbb{C}$ に対して，指数関数と三角関数は次の式で定義される：

$$e^z = \sum_{n=0}^{\infty} \frac{z^n}{n!} = \lim_{n \to \infty} \left(1 + \frac{z}{n}\right)^n.$$

$$\cos z = \sum_{n=0}^{\infty} (-1)^n \frac{z^{2n}}{(2n)!}, \quad \sin z = \sum_{n=0}^{\infty} (-1)^n \frac{z^{2n+1}}{(2n+1)!}.$$

次に挙げるのがオイラーの関係式である．$z = x + yi \in \mathbb{C}$ に対し，次が成り立つ：

$$e^z = e^x (\cos y + i \sin y),$$
$$\cos z = \frac{e^{iz} + e^{-iz}}{2} = \frac{e^y + e^{-y}}{2} \cos x - i \cdot \frac{e^y - e^{-y}}{2} \sin x,$$
$$\sin z = \frac{e^{iz} - e^{-iz}}{2i} = \frac{e^y + e^{-y}}{2} \sin x + i \cdot \frac{e^y - e^{-y}}{2} \cos x.$$

ここで，e は自然対数の底である（第 9 章を参照のこと）．指数関数や三角関数に対して，実数のときに成立する公式は，複素数でもほぼそのまま成立する．

ド・モアブルの定理

任意の角度 θ および正整数 n について，

$$(\cos \theta + i \sin \theta)^n = \cos n\theta + i \sin n\theta.$$

オイラーの関係式より，$\arg(e^{i\theta}) = \theta$, $|e^{i\theta}| = 1$ だから，$z = e^{2\pi i/n}$ は $z^n = 1$ をみたす．逆に，n 次方程式 $z^n - 1 = 0$ の n 個の根は，

$$e^{2k\pi i/n} \quad (k = 0, 1, 2, \cdots, n-1)$$

である．この n 点は，複素平面上の単位円周 $|z| = 1$ の n 等分点であり，そのうちの 1 点は実数 1 を表す点 $(1, 0)$ である．k と n が互いに素であるとき，$e^{2k\pi i/n}$ を **1 の原始 n 乗根**という．

このうち，**原始 3 乗根**（原始立方根）がよく登場する．

$$e^0 = 1, \quad e^{2\pi i/3} = \frac{-1+\sqrt{3}i}{2}, \quad e^{4\pi i/3} = \frac{-1-\sqrt{3}i}{2}.$$

これらのうち，虚数のものの 1 つを ω とすると，$\omega^3 = 1$, $\omega^2 + \omega + 1 = 0$ であり，よく利用される．

例題 1 (AIME/1999(9)) $\mathbb{C}$ を複素数の全体とする．正の実数 a, b について，関数 $f: \mathbb{C} \to \mathbb{C}$ を，任意の $z \in \mathbb{C}$ に対して，

$$f(z) = (a+bi)z, \quad i = \sqrt{-1}$$

と定める．複素平面上で，任意の点 z に対し，$f(z)$ と原点 0 の間の距離は $f(z)$ と z の間の距離に等しい．また，$|a+bi| = 8$ である．b^2 を求めよ．

解答 $|f(z) - z| = |f(z) - 0| = |f(z)|$ に $z = 1$ を代入すると，

$$(a-1)^2 + b^2 = a^2 + b^2$$

だから，$a = \dfrac{1}{2}$ である．$|a+bi| = 8$ だから，$b^2 = 8^2 - a^2 = \dfrac{255}{4}$ である． □

例題 2 (IRISH MO/2014/Shortlist) $n > 2$ を整数とし，

$$f(x) = x^n + x^{n-1} - x^{n-2} - 3$$

とする．$f(x)$ が次数 n 未満の 2 つの整数係数多項式の積には分解されないことを証明せよ．

解答 背理法で証明する．$f(x) = g(x)h(x)$, $g(x), h(x) \in \mathbb{Z}[x]$, $\deg(g(x)) \geq 1$, $\deg(h(x)) \geq 1$ と分解されたと仮定する．

$$f(0) = g(0)h(0) = -3$$

であるから，$g(0), h(0)$ の一方は ± 1 である；$g(0) = \pm 1$ とする．方程式 $g(x) = 0$ の根の積の絶対値は $|g(0)| = 1$ であるから，複素数 z, $|z| \leq 1$, が存在して，$g(z) = 0$ となる．このとき，$f(z) = 0$ であるから，$z^n + z^{n-1} - z^{n-2} = 3$ となる．

ところが，$|z^n + z^{n-1} - z^{n-2}| \leq |z^n| + |z^{n-1}| + |z^{n-2}| \leq 3$ であって，等号は $|z| = 1$ で z^n, z^{n-1}, z^{n-2} の偏角が等しいときに成立する．しかし，このような事態は起こり得ないので，求める矛盾が導かれた． □

例題 3 (ROMANIAN MO/2009/Grade 10)　$n \geq 3$ を正整数とし，
$$U_n = \{z \in \mathbb{C} \mid z^n = 1\}$$
とする．U_n の部分集合 A を次のように定める：
$$A = \{z \in U_n \mid z_1 + z_2 + z_3 \neq 0 \ (z_1, z_2, z_3 \in A)\}.$$
A の元の個数の最大値を求めよ．

解答　$z \in \mathbb{C}$ と複素平面上で z を表す点を同一視すると，次がわかる：
$z_1, z_2, z_3 \in \mathbb{C}$ が $|z_1| = |z_2| = |z_3|$，$z_1 + z_2 + z_3 = 0$ をみたすことと，3点 z_1, z_2, z_3 を頂点とする複素平面上の三角形が正三角形であることは，同値である．

n が 3 の倍数でないときは，U_n の点を頂点とする三角形には正三角形は現れないので，この場合には，最大値は n である．

$n = 3k$ の場合には，U_{3k} の点を頂点とする k 個の正三角形が存在する．これらの各正三角形の頂点から高々 2 頂点を選ぶことができるので，高々 $2k$ 個の元が残る．たとえば，$\omega = \cos(2\pi/n) + i\sin(2\pi/n)$（1 の原始 n 乗根）として，
$$A = \{\omega^3, \omega^6, \cdots, \omega^{3k}\} \cup \{\omega^2, \omega^5, \cdots, \omega^{3k-1}\}$$
とすればよい．よって，条件をみたす U_n の元の個数は，$2k$ である． □

参考　複素平面上で本格的な図形を取り扱う問題は出ないが，$z \in \mathbb{C}$ の複素平面上での位置などをイメージすると有効なことがある．

第5章 練習問題（初級）

1. (JMO/1992/予選2)　方程式 $x^2 + x + 1 = 0$ の1つの解を ω とする． $\omega^{2k} + 1 + (\omega + 1)^{2k} = 0$ をみたす 100 以下の正整数はいくつあるか．

2. (IRISH MO/2014/Shortlist)　$0 < a < 1$ を実数とする．複素数平面において，単位円周の上半円周上の点 z で，和 $|z+a|+|z-a|$ が最大になるものは何か？

3. (AIME/1996(11 改))　次の方程式を解け：
$$z^6 + z^4 + z^3 + z^2 + 1 = 0.$$

4. (ROMANIAN MO/2016/Grade 10)　α, β を実数とする．次の各々の場合について，
$$|\alpha x + \beta y| + |\alpha x - \beta y|$$
の最大値を求めよ．
  (a)　$x, y \in \mathbb{R}$, $|x| \leq 1$, $|y| \leq 1$;
  (b)　$x, y \in \mathbb{C}$, $|x| \leq 1$, $|y| \leq 1$.

5. (ROMANIAN MO/2008/Grade 10)　$n \geq 3$ を整数とし，$z = \cos\dfrac{2\pi}{n} + i\sin\dfrac{2\pi}{n}$ とする．次の2つの集合を考える：
$A = \{1, z, z^2, \cdots, z^{n-1}\}, \quad B = \{1, 1+z, 1+z+z^2, \cdots, 1+z+\cdots+z^{n-1}\}.$
集合 $A \cap B$ を決定せよ．

第5章 練習問題（中級）

1. (JMO/1999/予選 11)　n を自然数とし，$i = \sqrt{-1}$, $\alpha = \cos\left(\dfrac{2\pi}{n}\right) + i\sin\left(\dfrac{2\pi}{n}\right)$ とする．m を自然数で，$1 \leq m \leq n$ とする．
このとき，次の和を計算して，1つの分数式で表せ．
$$\sum_{k=0}^{n-1} \frac{\alpha^{mk}}{x - \alpha^k}.$$

2. (ROMANIAN MO/2007/Grade 10)　n を正整数とする．次を証明せよ．
絶対値 1 の複素数が $z^n + z + 1 = 0$ の解となるための必要十分条件は，ある正整数 m が存在して，$n = 3m + 2$ となることである．

3. (AIME/1994(13))　方程式 $x^{10} + (13x-1)^{10} = 0$ は 10 個の根 $r_1, \overline{r_1}, r_2, \overline{r_2}, r_3, \overline{r_3}, r_4, \overline{r_4}, r_5, \overline{r_5}$ をもつ．ただし，$\overline{r}$ は，r の複素共役を表す．次の値を求めよ．
$$\frac{1}{r_1\overline{r_1}} + \frac{1}{r_2\overline{r_2}} + \frac{1}{r_3\overline{r_3}} + \frac{1}{r_4\overline{r_4}} + \frac{1}{r_5\overline{r_5}}.$$

4. (ROMANIAN MO/2008/Grade 10)　a, b を複素数とする．次の不等式を証明せよ：
$$|1 + ab| + |a + b| \geq \sqrt{|a^2 - 1| \cdot |b^2 - 1|}.$$

5. (ROMANIAN MC/2003/Grade 10)　整数係数多項式
$$f(X) = X^n + 2X^{n-1} + 3X^{n-2} + \cdots + nX + (n+1)$$
と複素数 $\varepsilon = \cos\dfrac{2\pi}{n+2} + i\sin\dfrac{2\pi}{n+2}$ が与えられている．次を証明せよ：
$$f(\varepsilon)f(\varepsilon^2)\cdots f(\varepsilon^{n+1}) = (n+2)^n.$$

■■ 第 5 章 練習問題（上級）■■

1. (ROMANIAN MO/2015/Grade 10)　零でない複素数の 3 組 (a, b, c) で，次の 2 条件をみたすものをすべて求めよ：
 (1)　$|a| = |b| = |c|$,
 (2)　$\dfrac{a}{b} + \dfrac{b}{c} + \dfrac{c}{a} + 1 = 0$.

2. (IRISH MO/2016/Shortlist)　複素数 z は，ある正整数 k について，$z^k = 1$ であるとき，1 の原始根とよばれる．
　正整数 n に対して，S_n を $\dfrac{a + bi}{\sqrt{n}}$ の形で表される 1 の原始根全体の集合とする．ただし，$i = \sqrt{-1}$ で，a, b は正整数とする．
 (1)　S_n の相異なる元の個数は $\sqrt{n}$ 未満であることを証明せよ．

(2) S_5 は空集合であることを証明せよ．

3. (ROMANIAN MO/2003/TST) a, b, m, n を整数とし，$m > n > 1$ とする．多項式 $f(X) = X^n + aX + b$ が多項式 $g(X) = X^m + aX + b$ を割り切るような整数の組 (a, b, m, n) をすべて求めよ．

4. (CHINA MO/2007) a, b, c は複素数で，$|a+b| = m$, $|a-b| = n$ とし，$mn \neq 0$ であるとする．次を証明せよ：
$$\max\{|ac+b|, |a+bc|\} \geq \frac{mn}{\sqrt{m^2+n^2}}.$$

第6章　連立方程式系

　いくつかの方程式の共通の解を求める問題であり，すでに何題か登場している．一般の高次方程式は，それだけではほとんど解けないので，数学オリンピックでは連立という形で条件を与えて解くという形になる．代入法や消去法で未知数と方程式の数を減らすというのが基本であるが，多少の工夫を要するものが多い．得点を稼ぐ問題として扱うとよい．

> **例題 1** (DUTCH MO/2013)　次の連立方程式の実数解 (x, y, z) をすべて求めよ：
> $$x + y - z = -1, \quad x^2 - y^2 + z^2 = 1, \quad -x^3 + y^3 + z^3 = -1.$$

解答　第1の方程式を変形して，$z = x + y + 1$．これを第2の方程式に代入して，
$$x^2 - y^2 + (x + y + 1)^2 = 1. \quad \therefore \ 2x^2 + 2xy + 2x + 2y = 0.$$
$$\therefore \ 2(x + y)(x + 1) = 0. \quad \therefore \ x + y = 0, \ \text{または，} x + 1 = 0.$$

(1)　$x + y = 0$ のとき，第1の方程式は，$z = 1$ となる．これを第3の方程式に代入して，$-x^3 + (-x)^3 + 1^3 = -1$．これより，$(x, y, z) = (1, -1, 1)$ を得る．

(2)　$x + 1 = 0$ のとき，第1の方程式は，$y = z$ となる．これらを第3の方程式に代入して，$-(-1)^3 + y^3 + y^3 = -1$ となるから，$y^3 = -1$．よって，$y = -1$．したがって，$(x, y, z) = (-1, -1, -1)$ を得る．

(1), (2) の結果を与えられた方程式に代入してみると，いずれも方程式をみたすので，$(x, y, z) = (1, -1, 1), (-1, -1, -1)$ は求める解である．　　□

例題 2 (USAMO/2001/TST)　次の 2 つの方程式をみたす実数解 (x, y) をすべて求めよ：
$$\begin{cases} (1+x)(1+x^2)(1+x^4) = 1 + y^7 \\ (1+y)(1+y^2)(1+y^4) = 1 + x^7 \end{cases}$$

解答　(x, y) の変域を，次の 5 つの場合に分けて考察する．
(1)　$xy = 0$ のとき：
$x = y = 0$ は明らかに与式をみたすので，$(x, y) = (0, 0)$ は解である．
(2)　$xy < 0$ のとき：
対称性から，$x > 0 > y$ と仮定できる．すると，
$$(1+x)(1+x^2)(1+x^4) > 1, \quad 1 + y^7 < 1$$
だから，この場合は解は存在しない．
(3)　$x > 0$, $y > 0$, $x \neq y$ のとき：
対称性から，$x > y > 0$ と仮定できる．すると，次を得る：
$$(1+x)(1+x^2)(1+x^4) > 1 + x^7 > 1 + y^7.$$
これより，この場合は解は存在しない．
(4)　$x < 0$, $y < 0$, $x \neq y$ のとき：
対称性から，$x < y < 0$ と仮定できる．第 1 の等式の両辺を $1 - x$ 倍し，第 2 の等式の両辺を $1 - y$ 倍して，次の連立方程式系を得る：
$$1 - x^8 = (1 + y^7)(1 - x) = 1 - x + y^7 - xy^7 \cdots \text{①}$$
$$1 - y^8 = (1 + x^7)(1 - y) = 1 - y + x^7 - x^7 y \cdots \text{②}$$
② − ① より，次を得る：
$$x^8 - y^8 = (x - y) + (x^7 - y^7) - xy(x^6 - y^6) \cdots \text{③}$$
ところで，$x < y < 0$ だから，次がわかる：
$$x^8 - y^8 > 0, \quad x - y < 0, \quad x^7 - y^7 < 0, \quad -xy < 0, \quad x^6 - y^6 > 0.$$
したがって，③の左辺は正であるが，③の右辺は負である．
したがって，この場合は解は存在しない．

(5) $x = y$ のとき：
与えられた方程式は，次のようになる：
$$1 - x^8 = 1 - x + y^7 - xy^7 = 1 - x + x^7 - x^8.$$

これを解いて，$x = 0, 1, -1$ を得る．これらを与式に代入して確認すると，$(x, y) = (0, 0)$ と $(x, y) = (-1, -1)$ が解であることがわかる．

以上により，求める解は，$(x, y) = (0, 0), (-1, -1)$ の2つである． □

■■ 第6章 練習問題（初級） ■■

1. (JJMO/2003(2))　次の3つの式をすべてみたすような数 x, y, z を求めよ．
$$\begin{cases} y + z = 3 \\ x + z = 5 \\ x + y = 4 \end{cases}$$

2. (JJMO/2004(4))　次の条件をみたす正整数の組 (m, n) を求めよ．
$$\begin{cases} 3m - 1 = n \\ (n - 7)m = 16 \end{cases}$$

3. (JMO/2006/予選5)　次の連立方程式をみたす実数 x, y, z をすべて求めよ．
$$x^2 - 3y - z = -8, \quad y^2 - 5z - x = -12, \quad z^2 - x - y = 6.$$

4. (ROMANIAN MC/2015/TST(JBMO))　次の3つの等式をみたす実数の組 (x, y, z) をすべて求めよ．
$$y = \frac{x^3 + 12x}{3x^2 + 4}, \quad z = \frac{y^3 + 12y}{3y^2 + 4}, \quad x = \frac{z^3 + 12z}{3z^2 + 4}.$$

5. (IRISH MO/2016/Shortlist)　三角形 ABC の辺の長さを a, b, c とする．次の連立方程式は唯一の解をもつことを示せ．

$$\begin{cases} by + cz + aw = 1 \\ bx + az + cw = 0 \\ cx + ay + bw = 0 \\ ax + cy + bz = 0 \end{cases}$$

6. (ROMANIAN MC/2004/Grade 9)　x, y, z を，次の 3 条件をみたす実数とする：
$$x^2 + yz \leq 2, \quad y^2 + zx \leq 2, \quad z^2 + xy \leq 2.$$
和 $x + y + z$ の最大値と最小値を求めよ．

7. (GERMAN MO/2003)　次の連立方程式系の実数解 (x, y) をすべて求めよ．
$$x^3 + y^3 = 7, \quad xy(x + y) = -2.$$

8. (ROMANIAN MC/2009/Grade 8)　次の連立方程式系の非負実数解 (x, y, z) をすべて求めよ．
$$\begin{cases} x^2 y^2 + 1 = x^2 + xy \\ y^2 z^2 + 1 = y^2 + yz \\ z^2 x^2 + 1 = z^2 + zx \end{cases}$$

第 6 章 練習問題（中級）

1. (USSR/1991/Grade 9)　次の連立方程式の整数解を求めよ：
$$\begin{cases} xz - 2yt = 3 \\ xt + yz = 1 \end{cases}$$

2. (JMO/2009/予選 7)　実数 x_1, x_2, x_3, x_4, x_5 が次の 5 つの式をみたす．
$$\begin{cases} x_1 x_2 + x_1 x_3 + x_1 x_4 + x_1 x_5 = -1 \\ x_2 x_1 + x_2 x_3 + x_2 x_4 + x_2 x_5 = -1 \\ x_3 x_1 + x_3 x_2 + x_3 x_4 + x_3 x_5 = -1 \\ x_4 x_1 + x_4 x_2 + x_4 x_3 + x_4 x_5 = -1 \\ x_5 x_1 + x_5 x_2 + x_5 x_3 + x_5 x_4 = -1 \end{cases}$$

このとき，x_1 としてあり得る値をすべて求めよ．

3. (JMO/2001/予選 8)　2 つの方程式
$$x^5 + 2x^4 - x^3 - 5x^2 - 10x + 5 = 0,$$
$$x^6 + 4x^5 + 3x^4 - 6x^3 - 20x^2 - 15x + 5 = 0$$
をともにみたす実数 x をすべて求めよ．

4. (JMO/2003/予選 4)　3 つの実数 x, y, z が
$$\begin{cases} x + y + z = 0 \\ x^3 + y^3 + z^3 = 3 \\ x^5 + y^5 + z^5 = 15 \end{cases}$$
をみたす．このとき，$x^2 + y^2 + z^2$ の値を求めよ．

5. (AUSTRIAN MO/2005)　次の連立方程式系が実数解 (x, y) をもたないような k, d の条件を求めよ．
$$\begin{cases} x^3 + y^3 = 2 \\ y = kx + d \end{cases}$$

6. (VIETNAM MO/1996)　次の連立方程式を解け：
$$\begin{cases} \sqrt{3x}\left(1 + \dfrac{1}{x+y}\right) = 2 \\ \sqrt{7y}\left(1 - \dfrac{1}{x+y}\right) = 4\sqrt{2} \end{cases}$$

7. (CROATIAN MO/2007/TST)　次の連立方程式系の実数解をすべて求めよ．
$$\begin{cases} x + y + z = 2 \\ (x+y)(y+z) + (y+z)(z+x) + (z+x)(x+y) = 1 \\ x^2(y+z) + y^2(z+x) + z^2(x+y) = -6 \end{cases}$$

■■■　第 6 章　練習問題（上級）　■■■

1. (AUSTRIAN MO/2014)　2 つの方程式

$$x^2 + x = y^3 - y, \quad y^2 + y = x^3 - x$$

をともにみたす実数の組 (x, y) をすべて求めよ．

2. (VIETNAM MO/2004)　次の連立方程式系を解け：

$$\begin{cases} x^3 + x(y-z)^2 = 2 \\ y^3 + y(z-x)^2 = 30 \\ z^3 + z(x-y)^2 = 16 \end{cases}$$

3. (GERMAN MO/2005)　次の連立方程式系の実数解をすべて求めよ．

$$x^3 + 1 - xy^2 - y^2 = 0 \ \cdots \ (1)$$
$$y^3 + 1 - x^2y - x^2 = 0 \ \cdots \ (2)$$

4. (DUTCH MO/2015)　実数 a, b, c は次をみたしている：

$$|a-b| \geq |c|, \quad |b-c| \geq |a|, \quad |c-a| \geq |b|.$$

このとき，a, b, c のうちの 1 つは，他の 2 つの和であることを証明せよ．

5. (AUSTRALIAN MO/2002)　t を正の実数とするとき，次の連立方程式系の正の実数解 (a, b, c, d) の個数を求めよ．

$$\begin{cases} a(1-b^2) = t \\ b(1-c^2) = t \\ c(1-d^2) = t \\ d(1-a^2) = t \end{cases}$$

6. (CHINA MC/2006)　次の連立方程式系を解け：

$$\begin{cases} x - y + z - w = 2 \\ x^2 - y^2 + z^2 - w^2 = 6 \\ x^3 - y^3 + z^3 - w^3 = 20 \\ x^4 - y^4 + z^4 - w^4 = 66 \end{cases}$$

7. (BULGARIAN MO/2003)　次の連立方程式系の実数解 (x, y, z) の個数を求めよ．

$$\begin{cases} x+y+z = 3xy \\ x^2+y^2+z^2 = 3xz \\ x^3+y^3+z^3 = 3yz \end{cases}$$

第7章　不等式の証明

　日本の中学校高等学校数学では，不等式を証明することがほとんどなく，相加相乗平均の不等式とコーシー–シュワルツの不等式が登場するだけであるが，数学オリンピックでは毎回必ずといってよいほど登場する．

　基本的には，$P_1^2 + P_2^2 + \cdots + P_n^2 \geq 0$ の形に持ち込むことができれば，証明完了となる．この際には各種の有名な不等式の動員が必要となることが多い．どのような不等式までを既知とするかは，国によって差があるが，以下では基本的なものを証明付きで紹介した．公式を覚えるだけでなく，その証明方法も頭に入れてほしい．

　証明問題とは別に，これらの不等式を使って，与えられた式の最大値や最小値を求める問題も頻繁に出題される．こちらの問題もこの章に納めてある．

> **定理 7.1 (三角不等式)**
> 　任意の実数 x, y について，
> $$||x| - |y|| \leq |x + y| \leq |x| + |y|$$
> が成り立つ．左の等号は $xy \leq 0$，右の等号は $xy \geq 0$ で成り立つ．

> **定理 7.2 (コーシー–シュワルツ (Cauchy-Schwarz) の不等式)**
> 　実数 $a_1, a_2, \cdots, a_n, b_1, b_2, \cdots, b_n$ に対して，
> $$(a_1^2 + a_2^2 + \cdots + a_n^2)(b_1^2 + b_2^2 + \cdots + b_n^2) \geq (a_1 b_1 + a_2 b_2 + \cdots + a_n b_n)^2$$
> が成り立つ．等号が成り立つための必要十分条件は，
> $$a_1 : b_1 = a_2 : b_2 = \cdots = a_n : b_n.$$

証明 $(a_i x + b_i)^2 \geq 0$ であるから,
$$\sum_{i=1}^n (a_i x + b_i)^2 \geq 0$$
である. これを, $i = 1, 2, \cdots, n$ について辺々加えると,
$$\Big(\sum_{i=1}^n a_i^2\Big) x^2 + 2\Big(\sum_{i=1}^n a_i b_i\Big) x + \Big(\sum_{i=1}^n b_i^2\Big) \geq 0$$
を得る. この左辺を x の 2 次式とみると, すべての実数 x について 0 以上だから, その判別式 D は 0 以下である；
$$\frac{D}{4} = \Big(\sum_{i=1}^n a_i b_i\Big)^2 - \Big(\sum_{i=1}^n a_i^2\Big)\Big(\sum_{i=1}^n b_i^2\Big) \leq 0.$$
$$\therefore \quad \Big(\sum_{i=1}^n a_i^2\Big)\Big(\sum_{i=1}^n b_i^2\Big) \geq \Big(\sum_{i=1}^n a_i b_i\Big)^2.$$
等号は, 2 次方程式が重根をもつときである. その重根を $-r$ とすると, $r a_i = b_i$ $(i = 1, 2, \cdots, n)$ が成り立つ. $\square$

覚書 コーシー – シュワルツの不等式は次に示すヘルダーの不等式において, $p = q = 2$ としたときの特別な場合である.

どの不等式においても, 「等号が成り立つ場合」が付随している. その場合は, 最大値や最小値を決定する問題を解くのに有効である.

定理 7.3 (ヘルダー (Hölder) の不等式)

$a_1, a_2, \cdots, a_n ; b_1, b_2, \cdots, b_n$ を負でない実数とする. p, q が正の実数で
$$\frac{1}{p} + \frac{1}{q} = 1$$
をみたすならば,
$$(a_1^p + a_2^p + \cdots + a_n^p)^{\frac{1}{p}} (b_1^q + b_2^q + \cdots + b_n^q)^{\frac{1}{q}} \geq a_1 b_1 + a_2 b_2 + \cdots + a_n b_n$$
が成り立つ. ここで, 等号が成り立つための必要十分条件は,
$$a_1^p : b_1^q = a_2^p : b_2^q = \cdots = a_n^p : b_n^q.$$

閉区間 $[a, b]$ で定義された実数値関数 $f(x)$ が凸，または下に凸であるとは，すべての $x_1, x_2 \in [a, b]$ と $0 \leq \lambda \leq 1$ をみたすすべての λ に対して，
$$f(\lambda x_1 + (1-\lambda)x_2) \leq \lambda f(x_1) + (1-\lambda)f(x_2)$$
が成り立つことである．

この不等式が逆になるとき，$f(x)$ は凹，または上に凸であるという．

> **注** 上の凸凹の定義は，グラフの視覚的な形とは逆である．ただし，下に凸，上に凸という定義は，日本の教科書の 2 次関数のグラフに対する場合の定義と一致する．そこで，本書では単に凸，凹という表現は使わず，下に凸，上に凸という表現を使う．

> **定理 7.4 (イェンセン (Jensen) の不等式)**
> 実数値関数 f が，区間 $[a, b]$ で下に凸であり，$x_i \in [a, b]$，$0 \leq \lambda_i \leq 1$ ($i = 1, 2, \cdots, n$)，$\lambda_1 + \lambda_2 + \cdots + \lambda_n = 1$ であれば，次が成り立つ：
> $$f\Big(\sum_{i=1}^{n} \lambda_i x_i\Big) \leq \sum_{i=1}^{n} \lambda_i f(x_i).$$

証明 n に関する帰納法で証明する．

$n = 2$ の場合は，上記の下に凸なる関数の定義そのものである．

$n \geq 3$ とし，$n - 1$ 変数以下の場合は，不等式が成り立っていると仮定する．
$$f(\mu y_1 + (1-\mu)y_2) \leq \mu f(y_1) + (1-\mu)f(y_2)$$
を，$\mu = \sum_{i=1}^{n-1} \lambda_i$，$y_1 = \sum_{i=1}^{n-1} \frac{\lambda_i}{\mu} x_i$，$y_2 = x_n$ として用いると，次が得られる：
$$f\Big(\sum_{i=1}^{n} \lambda_i x_i\Big) \leq \lambda_n f(x_n) + \mu f\Big(\sum_{i=1}^{n-1} \frac{\lambda_i}{\mu} x_i\Big)$$
$$\leq \lambda_n f(x_n) + \mu \sum_{i=1}^{n-1} \frac{\lambda_i}{\mu} f(x_i) = \sum_{i=1}^{n} \lambda_i f(x_i). \quad \Box$$

> **注** イェンセンの不等式は，$\lambda_i = 1/n$ ($i = 1, 2, \cdots, n$) として，次の形で用いられることが多い：

$$f\Big(\frac{1}{n}\sum_{i=1}^n x_i\Big) \le \frac{1}{n}\sum_{i=1}^n f(x_i).$$

また，f が上に凸な場合は，不等号の向きを逆にした不等式が成り立つ．

> **定理 7.5 (シュアー (Schur) の不等式)**
> x, y, z を負でない実数とする．このとき，任意の $r > 0$ について，次が成り立つ：
> $$x^r(x-y)(x-z) + y^r(y-z)(y-x) + z^r(z-x)(z-y) \ge 0.$$
> 等号が成り立つための必要十分条件は，$x = y = z$ または，x, y, z のうちの 2 つが相等しく残りが 0．

証明 与式は x, y, z に関して対称式なので，$x \ge y \ge z$ と仮定してよい．すると，与式は次のように書き換えられる：
$$(x-y)\{(x^r(x-z) - y^r(y-z)\} + z^r(x-z)(y-z) \ge 0.$$

ここで，左辺の各項は負ではない．第 1 項は，$x > y$ ならば正だから，0 となるのは $x = y$ のときである．同じようにして，$z^r(x-z)(y-z) = 0$ となるのは，$x = y = z$ または $x = y$ で $z = 0$ のときである． □

> **定理 7.6 (相加平均 – 相乗平均の不等式，AM – GM 不等式)**
> n を正整数とし，$a_1, a_2, \cdots, a_n$ を正の実数とするとき，次が成り立つ：
> $$\sqrt{\frac{a_1^2 + a_2^2 + \cdots + a_n^2}{n}} \ge \frac{a_1 + a_2 + \cdots + a_n}{n}$$
> $$\ge \sqrt[n]{a_1 a_2 \cdots a_n} \ge \frac{n}{\dfrac{1}{a_1} + \dfrac{1}{a_2} + \cdots + \dfrac{1}{a_n}}.$$
> ここで，等号が成り立つための必要十分条件は，すべて，$a_1 = a_2 = \cdots = a_n$．

参考 上の不等式の第 1 辺を平方平均 (Root-Mean of Square)，第 2 辺を相加平均または算術平均 (Arithmetic Mean)，第 3 辺を相乗平均または幾何平均 (Geometric Mean)，第 4 辺を調和平均 (Harmonic Mean) という．第 2 の不等号の部分が相加平均 – 相乗平

均の不等式とよばれるが，使用頻度が高いのと長たらしいのとで，AM–GM 不等式と省略形で記される．以降，本書でもこれを採用する．

さらに，AM–HM 不等式，GM–HM 不等式などの省略形も使われることがある．

証明 第 1 の不等号は，イェンセンの不等式で $f(x) = x^2$ とした場合に相当する．

第 2 の不等号を n に関する帰納法で証明する．

$n = 2$ のときは，$a_1^2 + a_2^2 - 2a_1a_2 = (a_1 - a_2)^2 \geq 0$ より導かれる．

$n \geq 3$ とし，$n - 1$ 変数の場合には上の不等式が成立すると仮定する．

$g = \sqrt[n]{a_1a_2\cdots a_n}$ として，$a_1, a_2, \cdots, a_n$ の代わりに $a_1' = a_1/g$, $a_2' = a_2/g, \cdots, a_n' = a_n/g$ を考えることにより，最初から $a_1a_2\cdots a_n = 1$ であると仮定してよい．

必要ならば添え字を付け替えて，$a_1, a_2, \cdots, a_n$ のうちで a_{n-1} が最小，a_n が最大であると仮定する．すると，$a_{n-1} \leq 1$, $a_n \geq 1$ だから，$(a_{n-1} - 1)(a_n - 1) \leq 0$ である．よって，$a_{n-1}a_n \leq a_{n-1} + a_n - 1$ を得る．帰納法の仮定から，

$$a_1 + a_2 + \cdots + a_{n-2} + (a_{n-1} + a_n - 1)$$
$$\geq a_1 + a_2 + \cdots + a_{n-2} + (a_{n-1}a_n)$$
$$\geq (n-1)\sqrt[n-1]{a_1a_2\cdots a_{n-2}a_{n-1}a_n} = n - 1.$$
$$\therefore \quad a_1 + a_2 + \cdots + a_n \geq n.$$

第 3 の不等号は，AM–GM 不等式（第 2 の不等式）の a_i に $1/a_i$ を代入すれば得られる． □

定理 7.7（加重相加平均–加重相乗平均の不等式，**Weighted AM–GM 不等式**）

n を正整数，$a_1, a_2, \cdots, a_n$ を正の実数，$w_1, w_2, \cdots, w_n$ を正の実数とする．このとき，次が成り立つ：

$$\frac{w_1a_1 + w_2a_2 + \cdots + w_na_n}{w_1 + w_2 + \cdots + w_n} \geq (a_1^{w_1}a_2^{w_2}\cdots a_n^{w_n})^{1/(w_1+w_2+\cdots+w_n)}.$$

ここで，等号が成り立つための必要十分条件は，$a_1 = a_2 = \cdots = a_n$．

参考 上の不等式の左辺を, $a_1, a_2, \cdots, a_n$ に加重 $w_1, w_2, \cdots, w_n$ を付けた**加重相加平均** (Weighted Arithmetic Mean) といい, 右辺を**加重相乗平均** (Weighted Geometric Mean) という.

証明 イェンセンの不等式 (定理 7.4) を用いる.
関数 $f(x) = \log_e(x)$ は上に凸なので, 正の実数 $\lambda_1, \lambda_2, \cdots, \lambda_n, \lambda_1 + \lambda_2 + \cdots + \lambda_n = 1$ について, 次が成り立つ:
$$\sum_{i=1}^n \lambda_i \log_e(a_i) \leq \log_e\Big(\sum_{i=1}^n \lambda_i a_i\Big).$$
この左辺は, 次のように書き換えられる:
$$\sum_{i=1}^n \lambda_i \log_e(a_i) = \log_e \prod_{i=1}^n a_i^{\lambda_i}.$$
さらに, $\lambda_i = \dfrac{w_i}{w_1 + w_2 + \cdots + w_n}$ を代入し, $\log_e$ を払えば, 目的の不等式が得られる. □

> **定理 7.8 (チェビシェフ (Chebyshev) の不等式)**
> $a_1 \leq a_2 \leq \cdots \leq a_n, \ b_1 \leq b_2 \leq \cdots \leq b_n$ ならば,
> $n(a_1 b_1 + a_2 b_2 + \cdots + a_n b_n) \geq (a_1 + a_2 + \cdots + a_n)(b_1 + b_2 + \cdots + b_n)$
> が成り立つ. ここで, 等号が成立するのは, $a_1 = a_2 = \cdots = a_n$ の場合か, または, $b_1 = b_2 = \cdots = b_n$ の場合である.

証明 2×(左辺)−2×(右辺) を計算する.
$$2n(a_1 b_1 + \cdots + a_n b_n) - 2(a_1 + \cdots + a_n)(b_1 + \cdots + b_n)$$
$$= n\sum_{i=1}^n a_i b_i + n\sum_{j=1}^n a_j b_j - \Big(\sum_{i=1}^n a_i\Big)\Big(\sum_{j=1}^n b_j\Big) - \Big(\sum_{j=1}^n a_j\Big)\Big(\sum_{i=1}^n b_i\Big)$$
$$= \sum_{i=1}^n \sum_{j=1}^n a_i b_i + \sum_{i=1}^n \sum_{j=1}^n a_j b_j - \sum_{i=1}^n \sum_{j=1}^n a_i b_j - \sum_{i=1}^n \sum_{j=1}^n a_j b_i$$

$$= \sum_{i=1}^{n}\sum_{j=1}^{n}(a_ib_i + a_jb_j - a_ib_j - a_jb_i)$$
$$= \sum_{i=1}^{n}\sum_{j=1}^{n}(a_i - a_j)(b_i - b_j) \geq 0.$$
□

例題 1 任意の実数 x, y, z について,次の不等式が成り立つ:
$$x^2 + y^2 + z^2 \geq xy + yz + zx.$$

証明
$$x^2 + y^2 + z^2 - (xy + yz + zx)$$
$$= \frac{1}{2}\{(x-y)^2 + (y-z)^2 + (z-x)^2\} \geq 0.$$
□

注 コーシー–シュワルツの不等式を用いれば簡単. この不等式は,ときに断りなく用いられることがある.

例題 2 (IMO/1995(2)) a, b, c は正の実数とし,$abc = 1$ とする.このとき,次の不等式が成り立つことを証明せよ:
$$\frac{1}{a^3(b+c)} + \frac{1}{b^3(c+a)} + \frac{1}{c^3(a+b)} \geq \frac{3}{2}.$$

証明 $x = \dfrac{1}{a}, y = \dfrac{1}{b}, z = \dfrac{1}{c}$ とすると,$xyz = 1$ であり,次が成り立つ:
$$\frac{1}{a^3(b+c)} + \frac{1}{b^3(c+a)} + \frac{1}{c^3(a+b)} = \frac{x^2}{y+z} + \frac{y^2}{z+x} + \frac{z^2}{x+y} \quad \cdots (1)$$
ここで右辺 3 項の和を S とおくと,コーシー–シュワルツの不等式より,
$$\left(\frac{x^2}{(\sqrt{y+z})^2} + \frac{y^2}{(\sqrt{z+x})^2} + \frac{z^2}{(\sqrt{x+y})^2}\right)((\sqrt{y+z})^2 + (\sqrt{z+x})^2 + (\sqrt{x+y})^2)$$
$$\geq (x+y+z)^2.$$

よって，
$$\{(y+z)+(z+x)+(x+y)\}S \geq (x+y+z)^2.$$
$$\therefore \quad S \geq \frac{x+y+z}{2}.$$
また，AM – GM 不等式より，次が成り立つ：
$$S \geq \frac{x+y+z}{3} \cdot \frac{3}{2} \geq \sqrt[3]{xyz} \cdot \frac{3}{2} = \frac{3}{2} \quad \cdots (2)$$
ここで，等号は $x = y = z = 1$ のときに成り立つ．
(1), (2) より，与式は証明された．等号は $a = b = c = 1$ のときに成り立つ． □

例題 3 (USAMO/2004(5)) a, b, c を正の実数とする．次の不等式を証明せよ．
$$(a^5 - a^2 + 3)(b^5 - b^2 + 3)(c^5 - c^2 + 3) \geq (a+b+c)^3.$$

証明 任意の正の実数 x について，$x^2 - 1$ と $x^3 - 1$ の正負は一致するので，次を得る：
$$0 \leq (x^3 - 1)(x^2 - 1) = x^5 - x^3 - x^2 + 1.$$
$$\therefore \quad x^5 - x^2 + 3 \geq x^3 + 2.$$
これより，次が成り立つ：
$$(a^5 - a^2 + 3)(b^5 - b^2 + 3)(c^5 - c^2 + 3) \geq (a^3 + 2)(b^3 + 2)(c^3 + 2).$$
したがって，与式を証明するためには，次の不等式を証明すれば十分である．
$$(a^3 + 2)(b^3 + 2)(c^3 + 2) \geq (a+b+c)^3 \quad \cdots (*)$$
この $(*)$ の証明について，**以下 3 通りの方法を紹介する．**

（その 1） $(*)$ の両辺を展開して整理すると，次式を得る：
$$a^3 b^3 c^3 + 3(a^3 + b^3 + c^3) + 2(a^3 b^3 + b^3 c^3 + c^3 a^3) + 8$$
$$\geq 3(a^2 b + b^2 a + b^2 c + c^2 b + c^2 a + a^2 c) + 6abc.$$

AM – GM 不等式より，一般に，次が成り立つ：
$$a^3 + a^3 b^3 + 1 \geq 3a^2 b.$$

a, b, c を巡回的に入れ替えて得られる同様の不等式を合わせると，上の不等式は，次のようになる：

$$a^3b^3c^3 + a^3 + b^3 + c^3 + 1 + 1 = (a^3 + b^3 + c^3) + (a^3b^3c^3 + 1 + 1)$$
$$\geq 3\sqrt[3]{a^3b^3c^3} + 3\sqrt[3]{a^3b^3c^3}$$
$$\geq 6abc.$$

ところが，これは AM – GM 不等式により，明らかである．

(その 2) (*) の左辺を次のように書き換える：

$$(a^3 + 1 + 1)(b^3 + 1 + 1)(c^3 + 1 + 1).$$

ヘルダーの不等式より，

$$(a^3 + 1 + 1)^{\frac{1}{3}}(1 + b^3 + 1)^{\frac{1}{3}}(1 + 1 + c^3)^{\frac{1}{3}} \geq (a + b + c)$$

を得るが，この両辺を 3 乗して (*) を得る．

(その 3) コーシー – シュワルツの不等式を，交互に 2 回適用して，次を得る：

$$\left[(a^3 + 1 + 1)(1 + b^3 + 1) \right]\left[(1 + 1 + c^3)(a + b + c) \right]$$
$$\geq (a^{3/2} + b^{3/2} + 1)^2(a^{1/2} + b^{1/2} + c^2)^2$$
$$\geq (a + b + c)^4.$$

$\square$

例題 4 (APMO/2005(2)) 正の実数 a, b, c が $abc = 8$ をみたすとき，次の不等式を示せ．

$$\frac{a^2}{\sqrt{(1+a^3)(1+b^3)}} + \frac{b^2}{\sqrt{(1+b^3)(1+c^3)}} + \frac{c^2}{\sqrt{(1+c^3)(1+a^3)}} \geq \frac{4}{3}.$$

証明 $(2 + x^2)^2 - 4(1 + x^3) = x^2(x - 2)^2 \geq 0$ より，$(2 + x^2)^2 \geq 4(1 + x^3)$ なので，次が成り立つ：

$$\frac{1}{\sqrt{1 + x^3}} \geq \frac{2}{2 + x^2} \quad \cdots \quad (1)$$

(1) に $x = a, b, c$ を，それぞれ，代入して，次を得る：

$$\frac{a^2}{\sqrt{(1+a^3)(1+b^3)}} + \frac{b^2}{\sqrt{(1+b^3)(1+c^3)}} + \frac{c^2}{\sqrt{(1+c^3)(1+a^3)}}$$
$$\geq \frac{4a^2}{(2+a^2)(2+b^2)} + \frac{4b^2}{(2+b^2)(2+c^2)} + \frac{4c^2}{(2+c^2)(2+a^2)} \quad \cdots (2)$$

ここで，$S(a,b,c) = 2(a^2+b^2+c^2) + (ab)^2 + (bc)^2 + (ca)^2$ とおけば，

$$((2)\text{の右辺}) \geq \frac{2S(a,b,c)}{36 + S(a,b,c)} = \frac{2}{1 + \frac{36}{S(a,b,c)}}$$

となる．AM–GM 不等式より，

$$a^2 + b^2 + c^2 \geq 3\sqrt[3]{(abc)^2} = 12,$$
$$(ab)^2 + (bc)^2 + (ca)^2 \geq 3\sqrt[3]{(abc)^4} = 48$$

だから，次を得る：

$$S(a,b,c) = 2(a^2+b^2+c^2) + (ab)^2 + (bc)^2 + (ca)^2 \geq 72.$$
$$\therefore \frac{2}{1 + \frac{36}{S(a,b,c)}} \geq \frac{2}{1 + \frac{36}{72}} = \frac{4}{3}. \qquad \square$$

第 7 章 練習問題（初級）

1. (CGMO/2007)　実数 a, b, c は次をみたしている：
$$a \geq 0, \quad b \geq 0, \quad c \geq 0, \quad a+b+c = 1.$$
このとき，次の不等式が成り立つことを証明せよ．
$$\sqrt{a + \frac{(b-c)^2}{4}} + \sqrt{b} + \sqrt{c} \leq \sqrt{3}.$$

2. (JMO/2010/本選 4)　正の実数 x, y, z に対し，次が成り立つことを示せ：
$$\frac{1+xy+xz}{(1+y+z)^2} + \frac{1+yz+yx}{(1+z+x)^2} + \frac{1+zx+zy}{(1+x+y)^2} \geq 1.$$

3. (ROMANIAN MO/2015/Grade 8)　a, b, c は三角形の 3 辺の長さである．次の不等式が成り立つことを証明せよ：

$$\sqrt{\frac{a}{-a+b+c}} + \sqrt{\frac{b}{a-b+c}} + \sqrt{\frac{c}{a+b-c}} \geq 3.$$

4. (DUTCH MO/2016/TST)　正の実数 a, b, c について，次を証明せよ：
$$a + \sqrt{ab} + \sqrt[3]{abc} \leq \frac{4}{3}(a+b+c).$$

5. (JMO/2002/予選6)　正の実数 x, y に対して，$x+y+\dfrac{2}{x+y}+\dfrac{1}{2xy}$ の最小値を求めよ．

6. (IMO/2000(2))　a, b, c を $abc=1$ をみたす正の実数とする．次の不等式を証明せよ．
$$\left(a-1+\frac{1}{b}\right)\left(b-1+\frac{1}{c}\right)\left(c-1+\frac{1}{a}\right) \leq 1.$$

7. (ROMANIAN MC/2009/Grade 8)　与えられた実数 a, b, c について，
$$x = |a|+|b|+|c|, \quad y = |a-2|+|b-2|+|c-2|$$
とおく．

(1)　$x+y \geq 6$ であることを証明せよ．

(2)　さらに，$a, b, c \in [-1, 3]$ であって，$\dfrac{a+b+c}{3}=1$ ならば，$x+y \leq 10$ であることを証明せよ．

8. (JMO/2002/本選4)　n を 3 以上の自然数とする．正の実数 $a_1, a_2, \cdots, a_n$，$b_1, b_2, \cdots, b_n$ が
$$a_1 + a_2 + \cdots + a_n = 1,$$
$$b_1^2 + b_2^2 + \cdots + b_n^2 = 1$$
をみたすとき，不等式
$$a_1(b_1+a_2) + a_2(b_2+a_3) + \cdots + a_n(b_n+a_1) < 1$$
が成り立つことを証明せよ．

9. (ROMANIAN MO/2004/TST(JBMO))　次の不等式をみたす正の実数 a, b, c をすべて求めよ：
$$4(ab+bc+ca) - 1 \geq a^2+b^2+c^2 \geq 3(a^3+b^3+c^3).$$

10. (CGMO/2006) 正の実数 x_i と自然数 k について，次の不等式を証明せよ：
$$\sum_{i=1}^n \frac{1}{1+x_i} \sum_{i=1}^n x_i \leq \sum_{i=1}^n \frac{x_i^{k+1}}{1+x_i} \sum_{i=1}^n \frac{1}{x_i^k}.$$

第7章 練習問題（中級）

1. (JMO/1992(3)) n が 2 以上の整数のとき，不等式
$$\sum_{k=1}^{n-1} \frac{n}{n-k} \cdot \frac{1}{2^{k-1}} < 4$$
が成り立つことを証明せよ．

2. (VIETNAM MO/2015(2)) a, b, c を負でない実数とする．次を証明せよ：
$3(a^2 + b^2 + c^2)$
$\geq (a+b+c)(\sqrt{ab} + \sqrt{bc} + \sqrt{ca}) + (a-b)^2 + (b-c)^2 + (c-a)^2$
$\geq (a+b+c)^2.$

3. (JMO/2001/本選3) 0 以上の実数 a, b があり，
$$a^2 \leq b^2 + c^2, \quad b^2 \leq c^2 + a^2, \quad c^2 \leq a^2 + b^2$$
をみたしている．このとき，
$$(a+b+c)(a^2+b^2+c^2)(a^3+b^3+c^3) \geq 4(a^6+b^6+c^6)$$
が成り立つことを示せ．また，等号が成立する条件を求めよ．

4. (JMO/2005/本選3) 正の実数 a, b, c が $a+b+c = 1$ をみたしているとき，
$$a\sqrt[3]{1+b-c} + b\sqrt[3]{1+c-a} + c\sqrt[3]{1+a-b} \leq 1$$
を示せ．

5. (IMO/2003(5)) n を正整数とする．実数 $x_1, x_2, \cdots, x_n$ が $x_1 \leq x_2 \leq \cdots \leq x_n$ をみたしているとする．
(1) 次の不等式を示せ．

$$\Bigl(\sum_{i=1}^{n}\sum_{j=1}^{n}|x_i-x_j|\Bigr)^2 \le \frac{2(n^2-1)}{3}\sum_{i=1}^{n}\sum_{j=1}^{n}(x_i-x_j)^2.$$

(2) この不等式で等号が成立するためには，$x_1, x_2, \cdots, x_n$ が等差数列をなすことが必要十分条件であることを示せ．

6. (AUSTRIAN MO/2014) x, y, z を整数とするとき，次の不等式を証明せよ：
$$(x^2+y^2z^2)\cdot(y^2+x^2z^2)\cdot(z^2+x^2y^2) \ge 8xy^2z^3.$$
また，等号が成り立つ条件を示せ．

7. (JMO/2003/本選3) k は実数であり，$a^2 > bc$ をみたすいかなる正の数 a, b, c に対しても，
$$(a^2-bc)^2 > k(b^2-ca)(c^2-ab)$$
が成立するという．
このような k のうち最大のものを求めよ．

8. (VIETNAM MO/2002) a, b, c は実数で，方程式
$$x^3+ax^2+bx+c=0$$
は3つの実数根（必ずしも相異なるとは限らない）をもつ．このとき，次を証明せよ：
$$12ab+27c \le 6a^3+10(a^2-2b)^{\frac{3}{2}}.$$
また，等号が成り立つ場合を確定せよ．

■ 第7章 練習問題（上級）■

1. (USAMO/2001/TST(6)) a, b, c は正の実数で，次の不等式をみたす：
$$a+b+c \ge abc.$$
このとき，次の3つの不等式のうち，少なくとも2つは真であることを証明せよ：
$$\frac{2}{a}+\frac{3}{b}+\frac{6}{c} \ge 6, \quad \frac{2}{b}+\frac{3}{c}+\frac{6}{a} \ge 6, \quad \frac{2}{c}+\frac{3}{a}+\frac{6}{b} \ge 6.$$

2. (JMO/1997/本選 2)　a, b, c は正の実数とする．このとき，不等式
$$\frac{(b+c-a)^2}{(b+c)^2+a^2} + \frac{(c+a-b)^2}{(c+a)^2+b^2} + \frac{(a+b-c)^2}{(a+b)^2+c^2} \geq \frac{3}{5}$$
が成り立つことを証明せよ．また，等号が成立するのはいつか．

3. (IMO/2006(3))　任意の実数 a, b, c に対して，不等式
$$|ab(a^2-b^2)+bc(b^2-c^2)+ca(c^2-a^2)| \leq M(a^2+b^2+c^2)^2$$
が成り立つような最小の実数 M を求めよ．

4. (JMO/2014/本選 5)　不等式
$$\frac{a}{1+9bc+k(b-c)^2} + \frac{b}{1+9ca+k(c-a)^2} + \frac{c}{1+9ab+k(a-b)^2} \geq \frac{1}{2}$$
が $a+b+c=1$ をみたす任意の非負実数 a, b, c に対して成り立つような実数 k の最大値を求めよ．

5. (IMO/2001(2))　すべての正の実数 a, b, c について，次の不等式が成り立つことを証明せよ：
$$\frac{a}{\sqrt{a^2+8bc}} + \frac{b}{\sqrt{b^2+8ca}} + \frac{c}{\sqrt{c^2+8ab}} \geq 1.$$

6. (IMO/2005(3))　x, y, z は $xyz \geq 1$ みたす正の実数とする．次の不等式を証明せよ：
$$\frac{x^5-x^2}{x^5+y^2+z^2} + \frac{y^5-y^2}{y^5+z^2+x^2} + \frac{z^5-z^2}{z^5+x^2+y^2} \geq 0.$$

7. (IMO/2012(2))　$n \geq 3$ を整数とし，$a_2, a_3, \cdots, a_n$ を $a_2 a_3 \cdots a_n = 1$ をみたす正の実数とする．このとき，次の不等式が成り立つことを証明せよ：
$$(1+a_2)^2 (1+a_3)^3 \cdots (1+a_n)^n > n^n.$$

第8章　数列

数列

ある規則に従って並べられた数の列

$$a_1, a_2, a_3, \cdots, a_n, \cdots, \text{ または, } \{a_n\}_{n=1}^{\infty}, \text{ または, } \{a_n\} \text{ 等々}$$

をいい，その各数を**項**といい，はじめの項（第1項）を**初項**，n 番目の項を**第 n 項**という．また，第 n 項が n の式で書かれたとき，n 番目の項を**一般項**ともいう．

項の数が有限であるような数列を**有限数列**といい，その最後の項を**末項**という．
項の数が無限であるような数列を**無限数列**という．

等差数列

初項 a_1 に定数 d を次々と加えていってできる数列を**等差数列**といい，d を**公差**という．このとき，第 n 項は，$a_n = a_1 + (n-1)d$ である．等差数列の連続する3項 a_{i-1}, a_i, a_{i+1} について，$2a_i = a_{i-1} + a_{i+1}$ が成り立つ．このとき，a_i は a_{i-1}, a_{i+1} の**等差中項**であるという．

等差数列の初項から第 n 項までの和は，

$$S_n = na + \frac{n(n-1)d}{2} = \frac{n(2a + (n-1)d)}{2}.$$

数列 $\{a_n\}$ が**調和数列**であるとは，その各項の逆数でできる数列 $\left\{\dfrac{1}{a_n}\right\}$ が等差数列である場合をいう．

等比数列

初項 a_1 に定数 r を次々と掛けていってできる数列を**等比数列**といい，r を公

比という．このとき，第 n 項は，$a_n = ar^{n-1}$ である．等比数列の連続する 3 項 a_{i-1}, a_i, a_{i+1} について，$a_i^2 = a_{i-1}a_{i+1}$ が成り立つ．このとき，a_i は a_{i-1}, a_{i+1} の**等比中項**であるという．

等比数列の初項から第 n 項までの和は，
$$r \neq 1 \text{ のとき，} \quad S_n = \frac{a(1-r^n)}{1-r} = \frac{a(r^n-1)}{r-1}.$$
$$r = 1 \text{ のとき，} \quad S_n = na.$$

階差数列

数列 $\{a_n\}$ に対し，$b_k = a_{k+1} - a_k$ を第 k 項とする数列 $\{b_n\}$ を $\{a_n\}$ の**階差数列**という．
$$a_n = a_1 + \sum_{k=1}^{n-1} b_k \quad (n \geq 2).$$

漸化式で決まる数列

数列 $\{a_n\}$ は，

　　　　(I)　初項 a_1，　　(II)　a_n から a_{n+1} をつくる手続き

が与えられると決まる．このとき，その手続きを表す式を**漸化式**という．

隣接 2 項間の漸化式

- $a_{n+1} = pa_n + q \implies a_{n+1} - \alpha = p(a_n - \alpha)$

　　ここで，α は方程式 $\alpha = p\alpha + q$ を解いて求める．
　　変形した式は $\{a_n - \alpha\}$ が等比数列であることを表している．

- $a_{n+1} = pa_n + qr^n \implies \dfrac{a_{n+1}}{r^{n+1}} = \dfrac{p}{r} \cdot \dfrac{a_n}{r^n} + \dfrac{q}{r}$

　　両辺を r^{n+1} で割って，$b_n = \dfrac{a_n}{r^n}$ とおくと，上のタイプになる．

- $a_{n+1} = \dfrac{pa_n}{qa_n + r} \implies \dfrac{1}{a_{n+1}} = \dfrac{r}{p} \cdot \dfrac{1}{a_n} + \dfrac{q}{p}$

　　両辺の逆数をとって，$b_n = \dfrac{1}{a_n}$ とおくと，最初のタイプになる．

隣接 3 項間の漸化式

$$a_{n+2} + pa_{n+1} + qa_n = 0 \implies \begin{cases} a_{n+2} - \alpha a_{n+1} = \beta(a_{n+1} - \alpha a_n), \\ a_{n+2} - \beta a_{n+1} = \alpha(a_{n+1} - \beta a_n). \end{cases}$$

α, β は，2 次方程式 $t^2 + pt + q = 0$ を解いて求める．
$\{a_{n+1} - \alpha a_n\}$, $\{a_{n+1} - \beta a_n\}$ は等比数列になっている．
$\alpha \neq \beta$ のとき，$a_{n+1} - \alpha a_n$, $a_{n+1} - \beta a_n$ を求め，a_n を求める．
$\alpha = \beta$ のとき，$a_{n+2} - \alpha a_{n+1} = \alpha(a_{n+1} - \alpha a_n)$ の両辺を α^{n+2} で割る．

例題 1 (IMO/1995(4))　正の実数からなる数列 $\{x_0, x_1, \cdots, x_{1995}\}$ で，次の 2 つの条件をみたすものが存在するような x_0 の最大値を求めよ．
(ⅰ)　$x_0 = x_{1995}$,
(ⅱ)　すべての $i = 1, 2, \cdots, 1995$ に対して，$x_{i-1} + \dfrac{2}{x_{i-1}} = 2x_i + \dfrac{1}{x_i}$.

解答　条件 (ⅱ) は，x_i に関する 2 次方程式

$$2x_i^2 - \left(x_{i-1} + \frac{2}{x_{i-1}}\right)x_i + 1 = 0$$

と同値であり，その根は $x_i = \dfrac{x_{i-1}}{2}$, $x_i = \dfrac{1}{x_{i-1}}$ である．
そこで，次を証明する：

(∗)　$i \geq 0$ に対して，$x_i = 2^{k_i} x_0^{\varepsilon_i}$ と表せる．ただし，k_i は，$|k_i| \leq i$ をみたす整数で，$\varepsilon_i = (-1)^{k_i + i}$ である．

(証明)　i に関する帰納法によって証明する．
$i = 0$ のときは，$k_0 = 0$, $\varepsilon_0 = 1$ とおくと成立する．
次に，$i - 1$ のときは正しいと仮定する．

$$x_i = \frac{x_{i-1}}{2} \text{ のとき，} \quad x_i = \frac{2^{k_{i-1}} x_0^{\varepsilon_{i-1}}}{2} = 2^{k_{i-1}-1} x_0^{\varepsilon_{i-1}}$$

であるから，$k_i = k_{i-1} - 1$ とおけば，$\varepsilon_i = (-1)^{k_i + i} = (-1)^{k_{i-1} - 1 + i} = \varepsilon_{i-1}$ であるから，i のときも成立する．

$$x_i = \frac{1}{x_{i-1}} \text{ のとき，} \quad x_i = \frac{1}{2^{k_{i-1}} x_0^{\varepsilon_{i-1}}} = 2^{-k_{i-1}} x_0^{-\varepsilon_{i-1}}$$

となるから，$k_i = -k_{i-1}$ とおけば，$\varepsilon_i = (-1)^{k_i+i} = (-1)^{-k_{i-1}+i} = -\varepsilon_{i-1}$ であり，このときも成立する． （証明終）

(*) より，$x_{1995} = 2^k x_0^\varepsilon$ と表せる．ただし，$k = k_{1995}$，$\varepsilon = \varepsilon_{1995}$ であり，$|k| \leq 1995$，$\varepsilon = (-1)^{k+1995}$ である．条件 (i) より，$x_0 = x_{1995} = 2^k x_0^\varepsilon$ を得る．もし k が奇数ならば，$\varepsilon = 1$ より，$2^k = 1$，すなわち，$k = 0$ となるが，これは k が奇数であることに反する．したがって，k は偶数で，$\varepsilon = -1$ であり，$x_0^2 = 2^k$ が成り立つ．k は偶数であったから，$k \leq 1994$ であり，これより $x_0 \leq 2^{997}$ である．

ここで，等号が成り立つためには，各 $i = 1, 2, \cdots, 1994$ に対して，$x_i = \dfrac{x_{i-1}}{2}$ とおき，$x_{1995} = \dfrac{1}{x_{1994}}$ とおけばよい．このとき，

$$x_0 = x_{1995} = \frac{1}{2^{-1994}x_0}$$

だから，求める x_0 の最大値は，$x_0 = 2^{997}$ となる． □

例題 2 次の条件で決まる数列 $\{a_n\}$ について，以下の問に答えよ．

$$a_1 = 1, \quad a_2 = 2, \quad a_{n+2} - 4a_{n+1} + 3a_n = 0.$$

(1) $a_{n+1} - a_n = b_n$ として，上の漸化式を b_{n+1} と b_n で表せ．
(2) 数列 $\{a_n\}$ の階差数列 $\{b_n\}$ はどんな数列になるか．
(3) (2) の結果を使って，数列 $\{a_n\}$ の一般項を求めよ．

解答 (1) $a_{n+2} - 4a_{n+1} + 3a_n = 0$ より，$a_{n+2} - a_{n+1} = 3(a_{n+1} - a_n)$．したがって，$b_{n+1} = 3b_n$．

(2) $b_1 = a_2 - a_1 = 2 - 1 = 1$．よって，$\{b_n\}$ は，初項 1，公比 3 の等比数列．

(3) (2) より，$b_n = 3^{n-1}$．よって，$n \geq 2$ のとき，次を得る：

$$a_n = a_1 + \sum_{k=1}^{n-1} b_k = 1 + \sum_{k=1}^{n-1} 3^{k-1} = 1 + \frac{3^{n-1} - 1}{3 - 1} = \frac{3^{n-1} + 1}{2}.$$

これは，$n = 1$ のときも成り立つ．
したがって，求める一般項は，$a_n = \dfrac{3^{n-1} + 1}{2}$ である． □

第8章 練習問題（初級）

1. (ROMANIAN MO/2015/Grade 9)　集合 $\{\sqrt{1}, \sqrt{2}, \sqrt{3}, \cdots, \sqrt{2015}\}$ は，定値列（すべての項が同じ数列）ではない項の数が 45 の等差数列を含まないことを証明せよ．

2. (EUROPEAN GIRLS' MO/2015)　正整数からなる無限列 $a_1, a_2, a_3, \cdots$ であり，任意の正整数 n について，
$$a_{n+2} = a_{n+1} + \sqrt{a_{n+1} + a_n}$$
をみたすものは存在するか．

3. (CHINA MC/2007)　数列 $\{b_n\}$ は，$b_1 = 2$, $b_{n+1} = \dfrac{3b_n + 4}{2b_n + 3}$ $(n \in \mathbb{N})$ によって定義される．b_n を n で表せ．

4. (CHINA MC/2010)　数列 $\{a_n\}$ は，$a_1 = 0$, $a_n = \dfrac{2}{1 + a_{n-1}}$ $(n \geq 2)$ によって定義される．a_n を n で表せ．

5. (ROMANIAN MC/2004/Grade 10)　等差数列 n_1, n_2, n_3, n_4, n_5 で，条件 $5|n_1$, $2|n_2$, $11|n_3$, $7|n_4$, $17|n_5$ をみたすものをすべて求めよ．

6. (CHINA MC/2010)　数列 $\{a_n\}$ は，$a_1 = 1$, $a_2 = \dfrac{1}{4}$, $a_{n+1} = \dfrac{(n-1)a_n}{n - a_n}$ $(n = 2, 3, \cdots)$ で定義されている．
(1)　a_n を n で表せ．
(2)　$n \geq 1$ について，$\sum_{k=1}^{n} a_k^2 < \dfrac{7}{6}$ が成り立つことを証明せよ．

第8章 練習問題（中級）

1. (VIETNAM MO/2015(5))　多項式の列 $\{f_n(x)\}$ を，次のように定義する：すべての $n \geq 2$ に対して，
$$f_0(x) = 2, \quad f_1(x) = 3x, \quad f_n(x) = 3xf_{n-1}(x) + (1 - x - 2x^2)f_{n-2}(x).$$
$f_n(x)$ が $x^3 - x^2 + x$ で割り切れるような正整数 n をすべて求めよ．

2. (JMO/2015/本選 3)　正整数からなる数列 $\{a_n\}$ $(n = 1, 2, \cdots)$ が**上昇的**であるとは，任意の正整数 n について，$a_n < a_{n+1}$ および $a_{2n} = 2a_n$ をみたすことをいう．

　(1)　数列 $\{a_n\}$ が上昇的であるとする．p が a_1 より大きい素数であるとき，この数列には p の倍数が現れることを示せ．

　(2)　p を奇素数とする．上昇的であり，かつ p の倍数が現れないような数列 $\{a_n\}$ が存在することを示せ．

3. (IRISH MO/2016/shortlist)　次の数列は狭義単調減少で下に有界であることを証明せよ．
$$x_n = \sqrt[n]{9^{n-1}(n+9)}, \quad n = 2, 3, 4, \cdots$$

4. (AUSTRALIAN MO/2016)　数列 $\{a_n\}_{n=1}^{\infty}$ を次のように定義する：
$$a_1 = 4, \quad a_2 = 7, \quad a_{n+1} = 2a_n - a_{n-1} + 2 \quad (n \geq 2).$$
このとき，任意の正整数 m について，数 $a_m a_{m+1}$ はこの数列のある項であることを証明せよ．

5. (JMO/1994/本選 1)　正の整数 n に対して，$\sqrt{n}$ にもっとも近い正の整数を a_n とする．$b_n = n + a_n$ とし，正の整数全体から b_n $(n = 1, 2, \cdots)$ をすべて取り除く．残りの正の整数を小さい順に並べ，この数列を $\{c_n\}$ とする．c_n を n を用いて表せ．

6. (CHINA MO/2008)　正整数 n と，実数 $x_1 \leq x_2 \leq \cdots \leq x_n$；$y_1 \geq y_2 \geq \cdots \geq y_n$ が与えられており，次をみたすとする：
$$\sum_{i=1}^{n} i x_i = \sum_{i=1}^{n} i y_i.$$
このとき，任意の実数 α について，次の不等式が成り立つことを証明せよ：
$$\sum_{i=1}^{n} x_i [i\alpha] \geq \sum_{i=1}^{n} y_i [i\alpha].$$
ただし，$[\beta]$ は，β より大きくはない最大の整数を表す．

第8章 練習問題（上級）

1. (ROMANIAN MO/2015/TST)　$\{a_n\}_{n\geq 0}$, $\{b_n\}_{n\geq 0}$ を以下の条件をみたす実数列とする：任意の非負整数 $n \in \mathbb{N}_0$ について，
$$a_0 > \frac{1}{2}, \quad a_{n+1} \geq a_n, \quad b_{n+1} = a_n(b_n + b_{n+2}).$$
このとき，数列 $\{b_n\}_{n\geq 0}$ は有界であることを示せ．

2. (JMO/1996/本選3)　x は整数でない実数で，$x > 1$ であるとする．
$$a_n = [x^{n+1}] - x[x^n] \quad (n = 1, 2, 3, \cdots)$$
によって定まる数列 $\{a_n\}$ は周期的でないことを示せ．すなわち，任意の整数 n に対し，$a_{p+n} = a_n$ が成り立つような正整数 p は存在しないことを示せ．
ただし，$[x]$ は x を超えない最大の整数を表す．

3. (ROMANIAN MO/2016/TST) (American Mathematical Monthly)
(A)　$\{a_n\}_{n\geq 1}$ は正整数の狭義単調増加数列で，すべての n について $(a_{2n-1} + a_{2n})/a_n$ は定数である．このとき，この定数は4以上であることを証明せよ．
(B)　任意の整数 $N \geq 4$ について，正整数の狭義単調増加数列 $\{a_n\}_{n\geq 1}$ で，すべての n について $(a_{2n-1} + a_{2n})/a_n = N$ をみたすものが存在することを証明せよ．

4. (JMO/2009/予選11)　実数 x についての方程式
$$[x] + [2x] + [3x] + [4x] + [5x] + [6x] + [7x] + [8x] + [9x] = 44x$$
の解の総和を求めよ．
ただし，実数 r に対して r を超えない最大の整数を $[r]$ で表す．

5. (IMO/2015(6))　整数からなる数列 $a_1, a_2, \cdots$ は以下の条件をみたしている：
（ⅰ）任意の $j \geq 1$ について，$1 \leq a_j \leq 2015$，
（ⅱ）任意の $1 \leq k < l$ について，$k + a_k \neq l + a_l$．
このとき，正整数 b, N が存在し，$n > m \geq N$ をみたす任意の整数 m, n に対して，

$$\Big|\sum_{j=m+1}^{n}(a_j-b)\Big|\leq 1007^2$$

が成り立つことを示せ．

6. (IMO/2009(3))　$s_1,s_2,s_3,\cdots$ は正整数からなる狭義単調増加数列であり，

$$s_{s_1},s_{s_2},s_{s_3},\cdots,\qquad s_{s_1+1},s_{s_2+1},s_{s_3+1},\cdots$$

はどちらも等差数列である．このとき，$s_1,s_2,s_3,\cdots$ も等差数列であることを示せ．

7. (JMO/2013/予選 12)　$a_1,a_2,\cdots$ は 0 でない相異なる実数の無限列であり，$\dfrac{a_{i+1}}{a_i}+\dfrac{a_{j+1}}{a_{i+2}}$ はすべての正整数 i について，0 より大きく 2 より小さいある一定の値をとるとする．このとき，以下の条件をみたす実数 c の最小値を a_1,a_2,a_3 を用いて表せ．

　　条件：任意の $x<y$ をみたす正整数 x,y に対して，

$$\frac{a_xa_{x+1}+a_{x+1}a_{x+2}+\cdots+a_{y-1}a_y}{a_xa_y}\leq c$$

が成り立つ．

第9章　指数関数・対数関数

　指数関数や対数関数に関する問題は，すぐに微分積分に繋がってしまうためか，数学オリンピックの問題は意外に少ない．また，極度に難しい問題はないようである．簡単に，指数や対数の性質をふくめて，まとめておく．

　実数 a について，$a^n = a \times a \times \cdots \times a$ (n 個の a) の n を a^n の**指数**といい，$a, a^2, a^3, \cdots$ をまとめて，a の**累乗**という．指数を 0 や負の整数まで拡張して，
$$a^0 = 1, \quad a^{-n} = \frac{1}{a^n} \quad (\text{ただし，} a \neq 0).$$

　正整数 $n \geq 2$ について，n 乗して a になる数，つまり，$x^n = a$ をみたす x の値を a の n **乗根**といい，a の 2 乗根（平方根），3 乗根（立方根），4 乗根，$\cdots$ をまとめて，a の**累乗根**という．

　実数 a の n 乗根については，
　n が奇数のとき，a の正負に関係なく，ただ 1 つあり，$\sqrt[n]{a}$ と書く．
　n が偶数のとき，$a > 0$ の n 乗根は正負 1 つずつあり，$\sqrt[n]{a}, -\sqrt[n]{a}$ である．

なお，$a < 0$ の n 乗根はない．また，n の偶奇に関係なく $\sqrt[n]{0} = 0$ であり，$\sqrt[2]{a}$ は $\sqrt{a}$ と書く．

　$a > 0, b > 0$ とし，m, n を正整数とする．次が成り立つ．
$$a^{\frac{1}{n}} = \sqrt[n]{a}, \quad a^{\frac{m}{n}} = \sqrt[n]{a^m} = (\sqrt[n]{a})^m, \quad \sqrt[n]{a^n} = a = (\sqrt[n]{a})^n,$$
$$\sqrt[n]{a}\sqrt[n]{b} = \sqrt[n]{ab}, \quad \frac{\sqrt[n]{a}}{\sqrt[n]{b}} = \sqrt[n]{\frac{a}{b}}, \quad \sqrt[m]{\sqrt[n]{a}} = \sqrt[mn]{a}.$$

　指数法則　($a > 0, b > 0, p, q$ が有理数)

$$a^p \times a^q = a^{p+q}, \quad a^p \div a^q = a^{p-q}, \quad (a^p)^q = a^{pq}, \quad (ab)^p = a^p b^p.$$

指数関数

$a > 0$, $a \neq 1$ とき，$y = a^x$ を a を底とする**指数関数**という．すべての x に対して $a^x > 0$ であり，そのグラフは定点 $(0, 1)$ を通り，x–軸が漸近線である．

（ⅰ） $a > 1$ のとき，狭義単調増加
$p < q \iff a^p < a^q$ (**大小保存**)

（ⅱ） $0 < a < 1$ のとき，狭義単調減少
$p < q \iff a^p > a^q$ (**大小反転**)

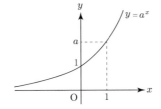
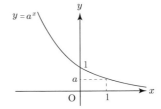

対数

$a > 0$, $a \neq 1$, $M > 0$ に対し，$M = a^x$ となる x の値 p がただ 1 つ定まる．この p を，a を底とする M の**対数**といい，$\log_a M$ で表し，M をこの対数の**真数**という；$\log_a M = p \iff M = a^p$．

$a > 0$, $a \neq 1$, $c > 0$, $c \neq 1$, $M > 0$, $N > 0$ とすると，次が成り立つ．

$$\log_a 1 = 0, \quad \log_a a = 1, \quad \log_a MN = \log_a M + \log_a N,$$
$$\log_a \frac{M}{N} = \log_a M - \log_a N, \quad \log_a M^r = r \log_a M,$$
$$\log_a b = \frac{\log_c b}{\log_c a} \text{ (底の変換)}, \quad a^{\log_a b} = b.$$

対数関数

$a > 0$, $a \neq 1$ のとき，$y = \log_a x$ を a を底とする**対数関数**という．常に，$x > 0$ であり，そのグラフは定点 $(1, 0)$ を通り，y–軸が漸近線である．また，直線 $y = x$ に関して，指数関数 $y = a^x$ と対称である．

（ⅰ）$a > 1$ のとき，狭義単調増加
$$p < q \iff \log_a p < \log_a q$$
（大小保存）

（ⅱ）$0 < a < 1$ のとき，狭義単調減少
$$p < q \iff \log_a p > \log_a q$$
（大小反転）

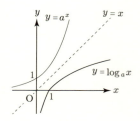
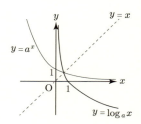

自然対数の底

指数関数と対数関数では，自然対数の底 e が重要で，次のように定義される：
$$e = \lim_{t \to 0}(1+t)^{\frac{1}{t}}, \quad e = \lim_{n \to \infty}\left(1+\frac{1}{n}\right)^n, \quad \lim_{h \to 0}\frac{e^h - 1}{h} = 1.$$

対数関数の導関数

$$(\log_e x)' = \frac{1}{x}, \quad (\log_a x)' = \frac{1}{x \log_e a}, \quad (\log_e |f(x)|)' = \frac{f'(x)}{f(x)}.$$
$$(e^x)' = e^x, \quad (a^x)' = a^x \log_e a.$$

注 単に $\log x$ と表したときは，数学では自然対数 $\log_e x$ を意味することが多いが，理工学分野では常用対数 $\log_{10} x$ の意味に使い，自然対数は $\ln x$ で表すことが多い．また，情報分野では，$\log_2 x$ を単に $\log x$ と表すことが多い．

例題 1 次の方程式を解け．
$$9^x + 3^x = 12.$$

解答 $t = 3^x$ とおくと，$t > 0$.
$9^x = (3^2)^x = (3^x)^2 = t^2$ より，与えられた方程式は，
$$t^2 + t = 12. \quad \therefore \quad t^2 + t - 12 = 0. \quad \therefore \quad (t+4)(t-3) = 0.$$

$t > 0$ より, $t+4 \neq 0$ だから, $t - 3 = 0$.
よって, $t = 3^x = 3$ より, $x = 1$ である. □

例題 2 次の方程式を解け.
$$(\log_3 27x)(\log_3 3x) = 3.$$

解答 真数条件 $27x > 0, 3x > 0$ から, $x > 0$ である.
与式を変形して, $(\log_3 27 + \log_3 x)(\log_3 3 + \log_3 x) = 3$.
$$\therefore \quad (3 + \log_3 x)(1 + \log_3 x) = 3.$$
$t = \log_3 x$ とおくと, $(3+t)(1+t) = 3$. $t(t+4) = 0$, $\therefore t = 0, -4$.
$\quad t = 0$ のとき, $\log_3 x = 0$. $\therefore x = 1$.
$\quad t = -4$ のとき, $\log_3 x = -4$. $\therefore x = 3^{-4} = \dfrac{1}{81}$.
これらは, 真数条件をみたすので, 求める解は, $x = 1, \dfrac{1}{81}$. □

第 9 章 練習問題（初級）

1. 次の不等式を解け.
(1) $9^x - 18 < 7 \cdot 3^x$. (2) $\left(\dfrac{1}{9}\right)^{x+1} + \left(\dfrac{1}{3}\right)^{x+2} > \dfrac{2}{9}$.

2. 次の不等式を解け.
(1) $2\log_2(x-1) < 2\log_4(2x-1) + 1$. (2) $\log_a(x+2) \geq \log_{\sqrt{a}} x$.

3. (KOREAN MC/2000) 次の方程式をみたす実数 x をすべて求めよ：
$$2^x + 3^x - 4^x + 6^x - 9^x = 1.$$

4. (USAMO/2001/TST) 次の方程式をみたす実数 x をすべて求めよ：
$$10^x + 11^x + 12^x = 13^x + 14^x.$$

5. (CROATIAN MO/2007) 次の方程式を解け：
$$15^{\log_5 x} x^{\log_5 45x} = 1.$$

6. (USAMO/2001/TST) 次の方程式の実数解をすべて求めよ．
$$\frac{8^x + 27^x}{12^x + 18^x} = \frac{7}{6}.$$

■ 第9章 練習問題（中級） ■

1. (ROMANIAN MC/2016/Grade 10) 次の方程式をみたす実数 $x \in (2, \infty)$ をすべて求めよ．
$$\cos(\pi \log_3(x+6)) \cdot \cos(\pi \log_3(x-2)) = 1.$$

2. (ROMANIAN MC/2007/Grade 10) 実数の範囲で，次の方程式を解け：
$$2^{x^2+x} + \log_2 x = 2^{x+1}.$$

3. (ROMANIAN MO/2007/Grade 10) 実数 a, b, c は，a, b, $c \in (1, \infty)$ であるか，または a, b, $c \in (0, 1)$ である．次の不等式を証明せよ．
$$\log_a bc + \log_b ca + \log_c ab \geq 4(\log_{ab} c + \log_{bc} a + \log_{ca} b).$$

4. (CROATIAN MO/2008) 次の連立方程式系を解け：
$$\log_y x + \log_x y = \frac{5}{2}, \quad x + y = 12.$$

5. (VIETNAM MO/1994) 次の連立方程式を解け：
$$x^3 + 3x - 3 + \log(x^2 - x + 1) = y,$$
$$y^3 + 3y - 3 + \log(y^2 - y + 1) = z,$$
$$z^3 + 3z - 3 + \log(z^2 - z + 1) = x.$$

6. (ROMANIAN MO/2015/Grade 10) 次の2つの方程式をみたす整数 x, y をすべて求めよ．
$$5^x - \log_2(y+3) = 3^y,$$
$$5^y - \log_2(x+3) = 3^x.$$

7. (THAILAND MO/2003) 次の連立方程式系の実数解 (x, y) をすべて求めよ．

$$x^{x+y} = y^{x-y}, \qquad x^2 y = 1.$$

第 9 章 練習問題（上級）

1. (VIETNAM MO/2006)　次の連立方程式の実数解をすべて求めよ．
$$\sqrt{x^2 - 2x + 6} \log_3(6 - y) = x,$$
$$\sqrt{y^2 - 2y + 6} \log_3(6 - z) = y,$$
$$\sqrt{z^2 - 2z + 6} \log_3(6 - x) = z.$$

2. (ROMANIAN MO/2009/Grade 10)　次の 2 つの集合を考える：
$$A = \{x \in \mathbb{R} \mid 3^x = x + 2\},$$
$$B = \{x \in \mathbb{R} \mid \log_3(x + 2) + \log_2(3^x - x) = 3^x - 1\}.$$

以下の (a), (b) を証明せよ：

(a)　$A \subset B$,

(b)　$B \not\subset \mathbb{Q}$, かつ　$B \not\subset \mathbb{R} \setminus \mathbb{Q}$.

3. (AIME/1994)　次の等式が成立するような正整数 n を求めよ．
$$\lfloor \log_2 1 \rfloor + \lfloor \log_2 2 \rfloor + \lfloor \log_2 3 \rfloor + \cdots + \lfloor \log_2 n \rfloor = 1994.$$
ただし，$\lfloor x \rfloor$ は，x を超えない最大の整数を表す．

4. (CROATIAN MO/2005)　任意の正整数 $n \geq 2$ について，次が成立することを証明せよ：
$$\sum_{k=2}^{n} \left(\log_{\frac{3}{2}}(k^3 + 1) - \log_{\frac{3}{2}}(k^3 - 1) \right) < 1.$$

5. (BULGARIAN MO/2007)　次の不等式がすべての $x \in (0, 1]$ で成立するような実数の助変数（パラメーター）a の範囲を求めよ：
$$\log_a(a^x + 1) + \frac{1}{\log_{a^x - 1} a} \leq x - 1 + \log_a(a^2 - 1).$$

第10章　関数方程式（離散型）

　未知の関数をふくむ方程式を関数方程式という．専門的には，関数方程式という用語は微分方程式など，微分や積分をふくむ方程式に対して用いられるが，数学オリンピックでは，微積分をふくまない関数方程式のみ取り扱われる．実際には，多項式関数やごく単純な分数関数がほとんどであるが，これらの方程式を解く定型的な方法はないので，本書でこれまでに取り上げたいろいろな知識を総動員して考えることになる．

関数，写像

　2つの集合 X, Y があり，X の各要素 x に対して Y の要素 y が1つ対応しているとき，この対応 f を X から Y への**写像** (map, mapping) といい，$f : X \to Y$ と表す．また，要素については，$f(x) = y$ のように表す．$f(x) = y$ であることを，$x \mapsto y$ と表すこともある．

　写像 $f : X \to Y$ において，X を f の**定義域**，Y を**終域**という．また，$f(X) = \{f(x) \mid x \in X\} \subset Y$ を f の**値域**という．

　写像 $f : X \to Y$ の値域が1点集合 y_0 であるもの，すなわち，任意の $x \in X$ について，$f(x) = y_0$ である写像を，(y_0 に値をもつ)**定値写像**という．

　2つの写像 $f_1, f_2 : X \to Y$ について，任意の $x \in X$ に対して $f_1(x) = f_2(x)$ であるとき，f_1 と f_2 は等しいといい，$f_1 = f_2$ と表す．

　写像 $f : X \to Y$ は，「$f(x_1) = f(x_2)$ ならば $x_1 = x_2$」が成り立つとき，**単射**といい，$f(X) = Y$ であるとき**全射**といい，単射でかつ全射であるとき**全単射**という．

　集合 X から X への写像 $f : X \to X$ は，任意の $x \in X$ について $f(x) = x$ で

あるとき，X 上の**恒等写像**といわれ，id_X で表す．恒等写像はもちろん全単射である．

2つの写像 $f: X \to Y$, $g: Y \to Z$ に対しては，**合成写像** $(g \circ f)(x) = g(f(x))$ が定義される．

全単射 $f: X \to Y$ に対しては，$f \circ f^{-1} = \mathrm{id}_Y$, $f^{-1} \circ f = \mathrm{id}_X$ をみたす写像 $f^{-1}: Y \to X$ が定義される．この写像 f^{-1} を f の**逆写像**という．

写像 $f: X \to Y$ は，Y が $\mathbb{R}$, $\mathbb{C}$ あるいはそれらの部分集合であるとき，**関数** (function) とよぶ習慣がある．

この章では，定義域が $\mathbb{Z}$ の部分集合であるような関数を取り扱い，次の章で定義域が一般に $\mathbb{R}$（の部分集合）である場合を取り扱う．

例題 1 (JMO/1997/予選 4)　$A = \{1, 2, 3, 4, 5\}$ とする．写像 $f: A \to A$ で，以下の条件をみたすものは何個あるか．

（条件）　$f(f(f(x))) = x$ が任意の $x \in A$ に対して成り立つ．

解答　任意の $x \in A$ について，$f(f(f(x))) = x$ であるから，A 上の恒等写像 $\mathrm{id}: A \to A$; $\mathrm{id}(x) = x$ ($\forall x \in A$) は条件をみたす．

恒等写像以外で条件をみたす写像 f は，各 $x \in A$ に対して，$f(x) = x$ か $f(x) \neq x$, $f(f(x)) = x$ のどちらかをみたし，したがって，集合 $A = \{1, 2, 3, 4, 5\}$ の各要素に文字 a, b, c, d, e をうまく割り振れば，

$$f(a) = a, \quad f(b) = b, \quad f(c) = d, \quad f(d) = e, \quad f(e) = c$$

の形の写像になる．よって，条件をみたす写像 f を作るとき，a, b に相当する 2 つの数を選んでしまえば（選び方 ${}_5\mathrm{C}_2 = 10$ 通り），残りの 3 つの数 c, d, e は，

$$f(c) = d, \quad f(d) = e, \quad f(e) = c,$$

もしくは，

$$f(c) = e, \quad f(e) = d, \quad f(d) = c$$

と巡回するしかない．したがって，恒等写像以外のものは $10 \times 2 = 20$ 個である．

よって，条件をみたす写像は 21 個ある．　□

注　この例題のように，有限集合から有限集合への写像の問題は，ほとんどす

べて，組合せ論の問題になる．

> **例題 2** (JMO/2002/予選 12)　有理数全体の集合を $\mathbb{Q}$，整数全体の集合を $\mathbb{Z}$ とする．関数 $f : \mathbb{Q} \to \mathbb{Q}$ は，次の条件 (1), (2), (3) をみたしている．
> (1)　$f(0) = 2$, $f(1) = 3$.
> (2)　任意の $x \in \mathbb{Q}$ と任意の $n \in \mathbb{Z}$ について，次が成り立つ：
> $$f(x+n) - f(x) = n\{f(x+1) - f(x)\}.$$
> (3)　任意の $x \in \mathbb{Q}$, $x \neq 0$, について，次が成り立つ：
> $$f(x) = f\left(\frac{1}{x}\right).$$
> このとき，$f(x) = 2002$ をみたす有理数 x をすべて求めよ．

解答　有理数 $x \neq 0$ を $\dfrac{q}{p}$ ($p, q \in \mathbb{Z}$, $p > 0$, $\mathrm{GCD}\,(p, q) = 1$) と表したときに，
$$f\left(\frac{q}{p}\right) = pq + 2 \quad \cdots \ (*)$$
であることが，問題文の条件 (1), (2), (3) をみたす必要十分条件であることを示す．$x \in \mathbb{Z}$ のときは，$p = 1$ とする．

[必要性の証明] 正整数 p に関する数学的帰納法で示す．

　[I]　条件 (2) に，$x = 0$ を代入すると，$f(n) - f(0) = n(f(1) - f(0))$ を得る．これと条件 (1) より，$f(n) = n + 2$ を得る．n は整数なので，$f\left(\dfrac{n}{1}\right) = n \times 1 + 2$ であり，$(*)$ は $p = 1$ のとき成立する．

　[II]　$k - 1$ 以下のすべての p について，$f\left(\dfrac{q}{p}\right) = pq + 2$ が成り立っていると仮定する．このとき，k を分母とする既約分数は $\dfrac{mk + l}{k}$ と書ける．ただし，$m, l \in \mathbb{Z}$, $0 < l < k$ である．

$\mathrm{GCD}\,(k, l) = 1$ であるから，(3) により，$f\left(\dfrac{l}{k}\right) = f\left(\dfrac{k}{l}\right)$ である．$l < k$ なので，帰納法の仮定より，$f\left(\dfrac{k}{l}\right) = lk + 2$ である．よって，$f\left(\dfrac{l}{k}\right) = lk + 2$ が成り立つ．さらに，$0 < k - l < k$ であるから，同様にして，$f\left(\dfrac{l-k}{k}\right) = f\left(\dfrac{-k}{k-l}\right) = (l-k)k + 2$ も成り立つ．

条件 (2) に，$x = \dfrac{l-k}{k}$, $n = m + 1$ を代入して，次を得る：

左辺 $= f\left(\dfrac{l-k}{k}+(m+1)\right) - f\left(\dfrac{l-k}{k}\right) = f\left(\dfrac{mk+l}{k}\right) - f\left(\dfrac{l-k}{k}\right).$

右辺 $= (m+1)\left[f\left(\dfrac{l-k}{k}+1\right) - f\left(\dfrac{l-k}{k}\right)\right]$
$= (m+1)f\left(\dfrac{l}{k}\right) - (m+1)f\left(\dfrac{l-k}{k}\right).$

よって，$f\left(\dfrac{mk+l}{k}\right) = (m+1)(lk+2) - m((l-k)k+2) = (mk+l)k+2$ となり，分母が k の場合も $(*)$ が成り立っている．

よって，[I]，[II] より，数学的帰納法によって，$(*)$ が条件 (1), (2), (3) の必要条件であることが示された．

[十分性の証明] $f\left(\dfrac{q}{p}\right) = pq+2$ のとき，条件 (1), (3) をみたしているのは明らかである．

条件 (2) において，$x = \dfrac{q}{p}$ とすると，
左辺 $= ((np+q)p+2) - (pq+2) = np^2,$
右辺 $= n\{((p+q)p+2) - (pq+2)\} = np^2$
であり，条件 (2) もみたしているので，$(*)$ が十分条件である．

ゆえに，$f\left(\dfrac{q}{p}\right) = 2002$ をみたすのは，$pq = 2000$，かつ，$\mathrm{GCD}(p,q) = 1$ のときだから，$f(x) = 2002$ の解は，次の4つである：
$$2000,\ \dfrac{125}{16},\ \dfrac{16}{125},\ \dfrac{1}{2000}.\qquad\square$$

第10章 練習問題（初級）

1. (JMO/1996/予選5)　$A = \{1,2,3,4,5\}$ とする．写像 $f: A \to A$ で，f を3回合成した写像 $f \circ f \circ f$ が恒等写像になるような f は何個あるか．

2. (ROMANIAN MO/2015/Grade 10)　次の2条件をみたす関数 $f, g: \mathbb{Q} \to \mathbb{Q}$ をすべて求めよ：
任意の $x, y \in \mathbb{Q}$ について，
$$f(g(x)+g(y)) = f(g(x))+y,$$
$$g(f(x)+f(y)) = g(f(x))+y.$$

3. (ROMANIAN MO/2008/Grade 9)　次の条件をみたす関数 $f : \mathbb{N}_0 \to \mathbb{N}_0$ をすべて求めよ：
$$f(x^2 + f(y)) = xf(x) + y \quad (\forall x, y \in \mathbb{N}_0).$$

4. (JMO/1996/予選 6)　$\mathbb{N}$ は正整数全体の集合とし，$f : \mathbb{N} \to \mathbb{N}$ は以下の条件 (1), (2), (3) をみたす関数とする．

(1)　$f(xy) = f(x) + f(y) - 1$ が任意の正整数 x, y について成り立つ．
(2)　$f(x) = 1$ をみたす x は有限個しか存在しない．
(3)　$f(30) = 4$ である．

このとき，$f(14400)$ の値を求めよ．

第10章 練習問題（中級）

1. (IMO/1993(5))　$\mathbb{N}$ を正の整数全体の集合とする．関数 $f : \mathbb{N} \to \mathbb{N}$ で，以下の条件をみたすものが存在するか否かを決定せよ．
$$f(1) = 2$$
$$f(f(n)) = f(n) + n \quad n \in \mathbb{N} \text{ は任意}$$
$$f(n) < f(n+1) \quad n \in \mathbb{N} \text{ は任意}$$

2. (APMO/2015(2))　2以上の整数全体からなる集合 $\{2, 3, 4, \cdots\}$ を S で表す．関数 $f : S \to S$ であって，$a \neq b$ をみたす任意の $a, b \in S$ に対して，
$$f(a)f(b) = f(a^2 b^2)$$
が成り立つようなものは存在するか．

3. (IMO/2012(4))　$\mathbb{Z}$ を整数全体からなる集合とする．関数 $f : \mathbb{Z} \to \mathbb{Z}$ であって，$a + b + c = 0$ をみたす任意の整数 a, b, c について，
$$f(a)^2 + f(b)^2 + f(c)^2 = 2f(a)f(b) + 2f(b)f(c) + 2f(c)f(a)$$
が成り立つようなものをすべて求めよ．

4. (ROMANIAN MO/2005/Grade 10)　$\mathbb{Z}$ を整数全体からなる集合とする．次の2条件 (a), (b) をみたす関数 $f : \mathbb{Z} \times \mathbb{Z} \to \mathbb{R}$ をすべて求めよ．

(a) $f(x, y) \cdot f(y, z) \cdot f(z, x) = 1 \quad (\forall x, y, z \in \mathbb{Z})$,
(b) $f(x+1, x) = 2 \quad (\forall x \in \mathbb{Z})$.

5. (BULGARIAN MO/2010) 関数 $f : \mathbb{N} \to \mathbb{N}$ は次の条件をみたすとする：
$$f(1) = 1, \quad f(n) = n - f(f(n-1)) \quad (\forall n \geq 2).$$
次が成り立つことを証明せよ：
$$f(n + f(n)) = n \quad (\forall n \in \mathbb{N}).$$

6. (BALKAN MO/2009) 次の条件をみたす関数 $f : \mathbb{N} \to \mathbb{N}$ をすべて求めよ．
$$f(f(m)^2 + 2f(n)^2) = m^2 + 2n^2 \quad (\forall m, n \in \mathbb{N}).$$

第 10 章 練習問題（上級）

1. (IMO/1998(6)) 正の整数全体の集合を $\mathbb{N}$ 上で定義され，正の整数の値をとる関数 f で，任意の $s, t \in \mathbb{N}$ に対し
$$f(t^2 f(s)) = s(f(t))^2$$
をみたすようなものの全体を考える．このとき，$f(1998)$ の可能な最小値を求めよ．

2. (IMO/2013(5)) $\mathbb{Q}^+$ を正の有理数全体の集合とする．$f : \mathbb{Q}^+ \to \mathbb{R}$ を，次の 3 つの条件をみたす関数とする：

(1) すべての $x, y \in \mathbb{Q}^+$ に対して，$f(x)f(y) \geq f(xy)$,
(2) すべての $x, y \in \mathbb{Q}^+$ に対して，$f(x+y) \geq f(x) + f(y)$,
(3) ある有理数 $a > 1$ が存在して，$f(a) = a$.

このとき，すべての $x \in \mathbb{Q}^+$ に対して，$f(x) = x$ となることを示せ．

3. (BULGARIAN MO/2014(5)) $\mathbb{Q}^+, \mathbb{R}^+$ を，それぞれ，正の有理数全体の集合，正の実数全体の集合とする．次の条件をみたす関数 $f : \mathbb{Q}^+ \to \mathbb{R}^+$ をすべて求めよ．
$$f(xy) = f(x+y)(f(x) + f(y)) \quad (x, y \in \mathbb{Q}^+).$$

4. (CHINA MO/2007/TST) $\mathbb{Q}^+$ を正の有理数全体の集合とする．次の条件式をみたす関数 $f : \mathbb{Q}^+ \to \mathbb{Q}^+$ をすべて求めよ．

$$f(x) + f(y) + 2xyf(xy) = \frac{f(xy)}{f(x+y)} \quad (x,\ y \in \mathbb{Q}^+).$$

5. (IMO/2010(3))　正整数に対して定義され正整数を値にとる関数 $f : \mathbb{N} \to \mathbb{N}$ であって，任意の正整数 m, n に対して，

$$(f(m) + n)(m + f(n))$$

が平方数となるようなものをすべて求めよ．

6. (IMO/2009(5))　正の整数に対して定義され，正の整数値をとる関数 f であって，任意の正の整数 a, b に対して，3 数

$$a, \quad f(b), \quad f(b + f(a) - 1)$$

が非退化な三角形の 3 辺の長さとなるようなものをすべて決定せよ．

ただし，三角形が非退化であるとは，3 つの頂点が同一直線上に並んでいないことを指す．

第11章 関数方程式（連続型）

関数方程式の問題を解くときの基本的な手法の1つは，具体的な数値や特徴的な変数をいくつか代入して，求める関数についての有用な情報を集めることである．

> **例題1** (IMO/1992(2))　$\mathbb{R}$ を実数全体の集合とする．任意の $x, y \in \mathbb{R}$ に対して，
> $$f(x^2 + f(y)) = y + \{f(x)\}^2$$
> をみたす関数 $f : \mathbb{R} \to \mathbb{R}$ をすべて求めよ．

解答　$f(0) = c$ とおく．与式に $y = 0$ を代入すると，
$$f(x^2 + c) = \{f(x)\}^2 \quad \cdots \quad (1)$$
与式に $x = 0$ を代入すると，(1) より，
$$f(f(y)) = y + c^2 \quad \cdots \quad (2)$$
(2) より，f は全単射であることがわかる．(1) より，
$$\{f(x)\}^2 = f(x^2 + c) = f((-x)^2 + c) = \{f(-x)\}^2$$
だから，次がわかる：
$$f(-x) = \pm f(x).$$

f は単射だから，
$$x \neq 0 \text{ ならば，} f(-x) = -f(x) \quad \cdots \quad (3)$$

f は全射だから，$f(a) = 0$ となる $a \in \mathbb{R}$ があるが，$a \neq 0$ とすると，(3) により，f の単射性に矛盾する．よって，

$$f(0) = 0$$

であり，$f(0) = c$ より $c = 0$ となり，次を得る：
$$f(x^2) = \{f(x)\}^2 \cdots (1')$$
$$f(f(x)) = x \cdots (2')$$

(2') と与式より，次を得る：
$$f(x^2 + y) = f(x^2 + f(f(y))) = f(y) + \{f(x)\}^2.$$

よって，f は単調増加関数である．単調増加で (2') をみたす関数は恒等関数だけだから，与えられた条件をみたす関数 f は恒等関数である． □

例題 2 (IMO/1994(5)) S は -1 より大きい実数全体の集合とする；$S = (-1, \infty)$．
　次の 2 つの条件をみたす関数 $f : S \to S$ をすべて見つけよ．
（ⅰ）S の任意の要素 x, y について，次が成り立つ：
$$f(x + f(y) + xf(y)) = y + f(x) + yf(x).$$
（ⅱ）関数 $\dfrac{f(x)}{x}$ は，2 つの区間 $(-1, 0), (0, \infty)$ で狭義単調増加である．

解答　(ⅰ) の条件式に $x = y = t$ を代入すると，
$$f(t + f(t) + tf(t)) = t + f(t) + tf(t)$$
が得られる．これは，点（実数）$t + f(t) + tf(t)$ が関数 f の不動点であることを示す．条件 (ⅱ) より，f の不動点は区間 $(-1, 0)$ と $(0, \infty)$ の各々に高々 1 個しか存在しない．したがって，f の不動点は，$x = 0$ を合わせても高々 3 個しか存在しない．

次に，f の不動点は $x = 0$ の可能性しかないことを示す．$u \in (-1, 0)$ を不動点とする．このとき，$x = y = u, f(u) = u$ を (ⅰ) の条件式に代入して，
$$f(u^2 + 2u) = u^2 + 2u$$
が得られる．すなわち，$u^2 + 2u$ も f の不動点で，$u \in (-1, 0)$ より，$u^2 + 2u \in (-1, 0)$ で $u^2 + 2u \neq u$ であるが，$u^2 + 2u \in (0, \infty)$, $u^2 + 2u \neq u$ であり，上記で示し

たことに矛盾する.

また，同様に，$u \in (0, \infty)$ を不動点とすると，$u^2 + 2u$ も不動点で，$u^2 + 2u \in (0, \infty)$, $u^2 + 2u \neq u$ であり，矛盾する.

したがって，
$$t + f(t) + tf(t) = 0$$
でなければならない．逆に，このとき
$$f(t) = \frac{-t}{1+t}$$
となる．この関数 $f : S \to S$ が与えられた条件（ i), (ii) をみたすことを確認する．

(i) $x, y \in (-1, 0)$ または，$x, y \in (0, \infty)$ について，
$$f(x + f(y) + xf(y)) = \frac{y-x}{1+x} = y + f(x) + yf(x).$$

(ii) $u, v \in (-1, 0)$ または，$u, v \in (0, \infty)$ について，$u < v$ ならば，
$$\frac{f(u)}{u} = \frac{-u}{(1+u)u} = \frac{-1}{1+u} < \frac{-1}{1+v} = \frac{-v}{(1+v)v} = \frac{f(v)}{v}. \quad \square$$

注 関数 $f : X \to X$ において，$f(x) = x$ $(x \in X)$ をみたす点 x を，f の不動点という．実際，この問題では，1 点 0 だけが不動点である．

第 11 章 練習問題（初級）

1. (VIETNAM MO/1991) 関数 $f : \mathbb{R} \to \mathbb{R}$ で，次の不等式をみたすものをすべて決定せよ：
$$2f(xy) + 2f(yz) \geq 4f(x)f(yz) + 1 \quad (\forall x, y, z \in \mathbb{R}).$$

2. (ROMANIAN MO/2015/Grade 10) $f : (0, \infty) \to (0, \infty)$ を，次の条件をみたす関数とする：

(i) f は定値関数ではない，
(ii) $f(x^y) = (f(x))^{f(y)}$ $(\forall x, y \in (0, \infty))$.

このとき，任意の $x, y \in (0, \infty)$ について，次が成り立つことを証明せよ：
(1) $f(xy) = f(x)f(y)$, \qquad (2) $f(x+y) = f(x) + f(y)$.

3. (JMO/2012/本選2)　実数に対して定義され実数値をとる関数 f であって，任意の実数 x, y に対して，
$$f(f(x+y)f(x-y)) = x^2 - yf(y)$$
が成り立つようなものをすべて求めよ．

第 11 章 練習問題（中級）

1. (JMO/2006/本選3)　実数に対して定義され，実数値をとる関数 f であって，任意の実数 x, y に対して，
$$(f(x))^2 + 2yf(x) + f(y) = f(y + f(x))$$
をみたすものをすべて求めよ．

2. (JMO/2011/本選4)　実数に対して定義され実数値をとる関数 f であって，任意の実数 x, y に対して，
$$f(f(x) - f(y)) = f(f(x)) - 2x^2 f(y) + f(y^2)$$
が成り立つようなものをすべて求めよ．

3. (JMO/2004/予選6)　$f(x)$ は，0, 1 以外の実数に対して定義された実数値をとる関数であって，0, 1 以外のすべての実数 x に対して，
$$f(x) + f\left(\frac{1}{1-x}\right) = \frac{1}{x}$$
が成立する．$f(x)$ を求めよ．

4. (IMO/2002(5))　次の条件をみたす関数 $f : \mathbb{R} \to \mathbb{R}$ をすべて求めよ：
任意の x, y, z, $t \in \mathbb{R}$ に対して，
$$\{f(x) + f(z)\}\{f(y) + f(t)\} = f(xy - zt) + f(xt + yz)$$
が成立する．

5. (JMO/2004/本選2)　$f(x)$ は実数に対して定義された実数値をとる関数であって，すべての実数 x, y に対して，
$$f(xf(x) + f(y)) = (f(x))^2 + y$$
が成立する．$f(x)$ としてあり得るものをすべて求めよ．

6. (IMO/2008(4)) 関数 $f:(0,\infty)\to(0,\infty)$ であって，次の条件をみたすものをすべて求めよ．

条件：$wx=yz$ をみたす任意の $w,x,y,z\in(0,\infty)$ に対して，
$$\frac{(f(w))^2+(f(x))^2}{f(y^2)+f(z^2)}=\frac{w^2+x^2}{y^2+z^2}$$
が成立する．

7. (JMO/2008/本選 4) 実数に対して定義され，実数値をとる関数 f であって，任意の実数 x,y に対して，
$$f(x+y)f(f(x)-y)=xf(x)-yf(y)$$
をみたすものをすべて求めよ．

8. (JMO/2016/本選 4) 実数に対して定義され，実数値をとる関数 f であって，任意の実数 x,y に対して，
$$f(yf(x)-x)=f(x)f(y)+2x$$
が成り立つようなものをすべて求めよ．

第 11 章 練習問題（上級）

1. (ROMANIAN MO/2005) 次の 2 条件 (1), (2) をみたす関数 $f:\mathbb{R}\to\mathbb{R}$ をすべて求めよ．

(1) $\quad x(f(x+1)-f(x))=f(x)\quad(\forall x\in\mathbb{R})$,
(2) $\quad |f(x)-f(y)|\leq|x-y|\quad(\forall x,y\in\mathbb{R})$.

2. (JMO/2009/本選 5) $\mathbb{R}_0$ で非負実数全体の集合を表す．関数 $f:\mathbb{R}_0\to\mathbb{R}_0$ であって，次の条件をみたすものをすべて求めよ．
$$f(x^2)+f(y)=f(x^2+y+xf(4y))\quad(\forall x,y\in\mathbb{R}_0).$$

3. (IMO/1999(6)) 次の条件をみたす関数 $f:\mathbb{R}\to\mathbb{R}$ をすべて決定せよ：

条件：$f(x-f(y))=f(f(y))+xf(y)+f(x)-1$

がすべての実数 x,y について成立する．

4. (DUTCH MO/2016/TST)　次の条件をみたす関数 $f : \mathbb{R} \to \mathbb{R}$ をすべて求めよ：
$$f(xy-1) + f(x)f(y) = 2xy - 1 \quad (\forall x, y \in \mathbb{R}).$$

5. (IMO/2011(3))　$\mathbb{R}$ を実数全体からなる集合とする．関数 $f : \mathbb{R} \to \mathbb{R}$ であって，任意の実数 x, y に対して，
$$f(x+y) \leq yf(x) + f(f(x))$$
が成立するとき，任意の 0 以下の実数 x について，$f(x) = 0$ であることを示せ．

6. (IMO/2015(5))　$\mathbb{R}$ を実数全体からなる集合とする．関数 $f : \mathbb{R} \to \mathbb{R}$ であって，任意の実数 x, y に対して
$$f(x + f(x+y)) + f(xy) = x + f(x+y) + yf(x)$$
が成り立つものをすべて求めよ．

7. (IMO/2004(2))　実数係数多項式 $P(x)$ であって，$ab+bc+ca=0$ をみたす任意の実数 a, b, c に対して，
$$P(a-b) + P(b-c) + P(c-a) = 2P(a+b+c)$$
が成り立つものをすべて決定せよ．

練習問題の解答

◆第 1 章◆

● 初級

1. $a = 2013$ とすると，与えられた数式は次のように計算される：

$$\frac{(a+1)^4 + 4a^4}{a^2 + (2a+1)^2} - \frac{(a-1)^4 + 4a^4}{a^2 + (2a-1)^2}$$

$$= \frac{a^4 + 4a^3 + 6a^2 + 4a + 1 + 4a^4}{a^2 + 4a^2 + 4a + 1} - \frac{a^4 - 4a^3 + 6a^2 - 4a + 1 + 4a^2}{a^2 + 4a^2 - 4a + 1}$$

$$= \frac{5a^4 + 4a^3 + 6a^2 + 4a + 1}{5a^2 + 4a + 1} - \frac{5a^4 - 4a^3 + 6a^2 - 4a + 1}{5a^2 - 4a + 1}$$

$$= \frac{a^2(5a^2 + 4a + 1) + (5a^2 + 4a + 1)}{5a^2 + 4a + 1} - \frac{a^2(5a^2 - 4a + 1) + (5a^2 - 4a + 1)}{5a^2 - 4a + 1}$$

$$= (a^2 + 1) - (a^2 + 1) = 0.$$

2.
$$3a^2 + 27b^2 + 5c^2 - 18ab - 30c + 237$$
$$= (3a^2 - 18ab + 27b^2) + (5c^2 - 30c + 45) + 192$$
$$= 3(a^2 - 6ab + 9b^2) + 5(c^2 - 6c + 9) + 192$$
$$= 3(a - 3b)^2 + 5(c - 3)^2 + 192$$
$$\geq 192.$$

$a = 3b$, $c = 3$ のとき，与式は 192 となるから，求める最小値は 192 である．

3. (a)
$$\sqrt{9 - \sqrt{77}} \cdot \sqrt{2} \cdot (\sqrt{11} - \sqrt{7}) \cdot (9 + \sqrt{77})$$
$$= \sqrt{18 - 2\sqrt{77}} \cdot (\sqrt{11} - \sqrt{7}) \cdot (9 + \sqrt{77})$$
$$= (\sqrt{11} - \sqrt{7})^2 \cdot (9 + \sqrt{77})$$
$$= (18 - 2\sqrt{77}) \cdot (9 + \sqrt{77}) = 8 \in \mathbb{Z}.$$

(b) 正整数 k, r を用いて，$2p - q = k^2$, $2p + q = r^2$ と表せる．よって，
$$r^2 - k^2 = 2q. \quad \therefore \quad (r-k)(r+k) = 2q.$$
これより，r と k, $r-k$ と $r+k$ の偶奇が一致するから，q は偶数である．

(c) 上の (b) の記法のもとで,次を得る:
$$(r-k)(r+k) = 2 \times 4030 = 2^2 \times 5 \times 13 \times 31.$$

$r-k$ と $r+k$ は偶奇が一致し,$r-k < r+k$ だから,対 $(r-k, r+k)$ としてあり得るのは,$(2, 4030), (10, 806), (26, 310), (62, 130)$ の4通りである.したがって,r としてあり得るのは,2016, 408, 168, 96 の4通りである.よって,p としては,次の4通りがある:

$$2030113, \quad 81217, \quad 12097, \quad 2593.$$

4. 一般に,任意の正の実数 x, y について,次が成り立つ:
$$x^4 + y^4 + (x+y)^4 = 2x^4 + 4x^3y + 6x^2y^2 + 4xy^3 + 2y^4.$$

したがって,次を得る:
$$\sqrt{\frac{x^4 + y^4 + (x+y)^4}{2}} = \sqrt{x^4 + 2x^3y + 3x^2y^2 + 2xy^3 + y^4} = x^2 + xy + y^2.$$

この式に,$x = 11, y = 100$ を代入して,次のように,求める答を得る:
$$\sqrt{\frac{11^4 + 100^4 + 111^4}{2}} = 11^2 + 11 \times 100 + 100^2 = 11221.$$

5. $a^2 + b^2 + 8a - 14b + 65 = (a^2 + 8a + 16) + (b^2 - 14b + 49)$
$$= (a+4)^2 + (b-7)^2 = 0.$$

任意の実数 a, b について,$(a+4)^2 \geq 0, (b-7)^2 \geq 0$ だから,
$$a+4 = 0, \quad b-7 = 0. \quad \therefore \ a = -4, \quad b = 7.$$

したがって,次を得る:
$$a^2 + ab + b^2 = (-4)^2 + (-4) \times 7 + 7^2 = 37.$$

6. $k = 1, 2, \cdots, 10$ について,
$$\frac{k(k+3) + \sqrt{2}}{(k+1)^2 - 2} = \frac{(k+1+\sqrt{2})(k+2-\sqrt{2})}{(k+1+\sqrt{2})(k+1-\sqrt{2})} = \frac{k+2-\sqrt{2}}{k+1-\sqrt{2}}$$

が成り立つ.よって,
$$\frac{(1 \times 4 + \sqrt{2})(2 \times 5 + \sqrt{2}) \cdots (10 \times 13 + \sqrt{2})}{(2 \times 2 - 2)(3 \times 3 - 2) \cdots (11 \times 11 - 2)}$$
$$= \frac{3-\sqrt{2}}{2-\sqrt{2}} \cdot \frac{4-\sqrt{2}}{3-\sqrt{2}} \cdots \frac{12-\sqrt{2}}{11-\sqrt{2}} = \frac{12-\sqrt{2}}{2-\sqrt{2}} = 11 + 5\sqrt{2}$$

となる．

7. S, T を以下のように定める：
$$S = \sqrt{10+\sqrt{1}} + \sqrt{10+\sqrt{2}} + \cdots + \sqrt{10+\sqrt{99}},$$
$$T = \sqrt{10-\sqrt{1}} + \sqrt{10-\sqrt{2}} + \cdots + \sqrt{10-\sqrt{99}}.$$

正の実数 a, b について，
$$\sqrt{a+b+2\sqrt{ab}} = \sqrt{a} + \sqrt{b}$$
が成り立つ．ところで，1以上99以下の整数 n に対して，連立方程式 $a+b=20, ab=n$ は常に正の実数解をもつので，このような a, b を考えることで，次を得る：
$$\sqrt{20+2\sqrt{n}} = \sqrt{10+\sqrt{100-n}} + \sqrt{10-\sqrt{100-n}}.$$

よって，以下の計算ができる：
$$\sqrt{2}S = \sum_{n=1}^{99} \sqrt{20+2\sqrt{n}}$$
$$= \sum_{n=1}^{99} \left(\sqrt{10+\sqrt{100-n}} + \sqrt{10-\sqrt{100-n}} \right)$$
$$= \sum_{n=1}^{99} \left(\sqrt{10+\sqrt{n}} + \sqrt{10-\sqrt{n}} \right)$$
$$= S + T.$$
$$\therefore (\sqrt{2}-1)S = T.$$

よって，$\dfrac{S}{T} = \dfrac{1}{\sqrt{2}-1} = 1 + \sqrt{2}$.

● 中級

1.
$$M = 3x^2 - 8xy + 9y^2 - 4x + 6y + 13$$
$$= 2(x^2 - 4xy + 4y^2) + (x^2 - 4x + 4) + (y^2 + 6y + 9)$$
$$= 2(x-2y)^2 + (x-2)^2 + (y+3)^2 \geq 0 \quad \cdots (*)$$

ところで，連立方程式
$$x - 2y = 0, \quad x = 2, \quad y + 3 = 0$$
は解をもたないので，$(*)$ で等号が成り立つことはない．

2. $a+b=x$ とおくと,$a^3+b^3+3ab=1$ より,次がわかる:
$$(a+b)\{(a+b)^2-3ab\}+3ab-1=0.$$
$$x^3-3abx+3ab-1=0.$$

ところで,
$$x^3-3abx+3ab-1 = x^2(x-1)+(x-1)(x+1)-3ab(x-1)$$
$$= (x-1)(x^2+x+1-3ab)$$

だから,$(x-1)(x^2+x+1-3ab)=0$ を得る.

$x-1=0$ のとき,$a+b=1$ である.

$x^2+x+1-3ab=0$ のとき,$(a+b)^2+a+b+1-3ab=0$ より,次を得る:
$$a^2+b^2-ab+a+b+1=0.$$
$$\therefore\ (a-b)^2+(a+1)^2+(b+1)^2=0.$$

これより $a=b=-1$ だから,$a+b=-2$ を得る.

$a+b=1$ または $a=b=-1$ のいずれもが最初の方程式をみたすことは容易に確かめられる.

したがって,答は,$a+b=1$ または $a+b=-2$ である.

3. $(xy-3x+7y-21)^n = (x+7)^n(y-3)^n$
であり,右辺の $(x+7)^n$ と $(y-3)^n$ をそれぞれ展開してまとめると,いずれも $n+1$ 個の項からなる.それらを掛けて展開すると,ax^iy^j の形の項が $(n+1)^2$ 個できる.これらは相異なるので,問題の式の展開式は,$(n+1)^2$ 個の項からなる.
$$(n+1)^2 \geq 1996, \text{ すなわち, } n \geq \sqrt{1996}-1$$
となる最小の n は,44 で,これが求める答である.

4. 存在する.
$$3x^4+2x^3+6x+5 = (x+1)^2(3x^2-4x+5)$$
$$x^6+27 = (x^2-3x+3)(x^4+3x^3+6x^2+9x+9)$$
$$= (x^2-3x+3)(x^2+3x+3)(x^2+3)$$

に注意すると,例えば,
$$h(x) = 3x^4+2x^3+6x+5$$

として，次のようにおけばよい：
$$P(x) = (x^6 + 27)h(x),$$
$$Q(x) = (x^4 + 3x^3 + 6x^2 + 9x + 9)h(x),$$
$$R(x) = 60(x^2 + 2x + 1)(x^6 + 27).$$

参考 $h(x) = 3x^4 + 2x^3 + 6x + 5 = (x+1)^2(3x^2 - 4x + 5)$ の因子 $(x+1)^2$ は $x^2 + 20x + 25$, $3x^2 + 4x + 5$ などでもよい．

5. $f(x) = (x+1)^3(x+2)^3(x+3)^3$
$= a_0 + a_1 x + a_2 x^2 + a_3 x^3 + a_4 x^4 + a_5 x^5 + a_6 x^6 + a_7 x^7 + a_8 x^8 + a_9 x^9$

とおくと，次を得る：

$f(1) = a_0 + a_1 + a_2 + a_3 + a_4 + a_5 + a_6 + a_7 + a_8 + a_9 = 2^3 \times 3^3 \times 4^3.$
$f(-1) = a_0 - a_1 + a_2 - a_3 + a_4 - a_5 + a_6 - a_7 + a_8 - a_9 = 0.$
$f(1) + f(-1) = 2(a_0 + a_2 + a_4 + a_6 + a_8) = 2^3 \times 3^3 \times 4^3 = 2 \times 6912.$
$f(0) = a_0 = 1^3 \times 2^3 \times 3^3 = 216.$

したがって，$a_2 + a_4 + a_6 + a_8 = \dfrac{f(1) + f(-1)}{2} - f(0) = 6912 - 216 = 6696.$

● 上級

1. $10! = 2^8 \cdot 3^4 \cdot 5^2 \cdot 7$ より，$10!$ の正の約数の個数は，
$$(8+1) \cdot (4+1) \cdot (2+1) \cdot (1+1) = 270$$
である．ここで，$10!$ の約数を小さい方から順に $d_1, d_2, \cdots, d_{270}$ とすると，$k = 1, 2, \cdots, 270$ について，
$$d_k d_{271-k} = 10!$$
であるから，次が得られる：
$$\frac{1}{d_k + \sqrt{10!}} + \frac{1}{d_{271-k} + \sqrt{10!}} = \frac{d_k + d_{271-k} + 2\sqrt{10!}}{\sqrt{10!}(d_k + d_{271-k}) + 2 \cdot 10!} = \frac{1}{\sqrt{10!}}.$$
よって，求める和は，次のように計算される：

$$\frac{1}{2}\sum_{k=1}^{270}\Big(\frac{1}{d_k+\sqrt{10!}}+\frac{1}{d_{271-k}+\sqrt{10!}}\Big)=\frac{1}{2}\cdot 270\cdot\frac{1}{\sqrt{10!}}=\frac{3}{16\sqrt{7}}.$$

2. $Q(x)=x^n+a_{n-1}x^{n-1}+\cdots+a_1x+a_0$ とすると，与えられた条件式の最大次数の項の係数は，差

$$\Big(\frac{(x+1)^2}{2}\Big)^n-\Big(\frac{(x-1)^2}{2}\Big)^n$$

から求めることができ，最大次数の項は次のようになる：

$$\frac{2nx^{2n-1}}{2^n}+\frac{2nx^{2n-1}}{2^n}=\frac{4n}{2^n}x^{2n-1}\ \cdots\ (1)$$

条件式の左辺において，これに対応する係数は 2 であるから，$\frac{4n}{2^n}=2$ であり，$4n=2^{n+1}$ を得る．ところが，$n\geq 3$ では $2^{n+1}>4n$ であるから，$n=1$ または $n=2$ でなければならない．したがって，(1) より，$P(x)$ の次数は，$2-1=1$ または $2\times 2-1=3$ である．

ここで，与えられた条件式に $x=0$ を代入してみると，$2P(0)=Q(1/2)-Q(1/2)=0$ だから，$P(0)=0$ がわかる．

ここから，n の値に関して，分けて考察する．

（i）$n=1$ の場合：

このとき，$P(x)=\alpha x$ とすると，$P(1)=1$ だから，$\alpha=1$ である．したがって，$P(x)=x$，$Q(x)=x+r\ (r\in\mathbb{R})$ となる．

（ii）$n=2$ の場合：

$Q(x)=x^2+bx+c$ とおくと，次を得る：

$$2P(x)=Q\Big(\frac{(x+1)^2}{2}\Big)-Q\Big(\frac{(x-1)^2}{2}\Big)$$
$$=\frac{1}{4}((x+1)^4-(x-1)^4)+\frac{b}{2}((x+1)^2-(x-1)^2)$$
$$=\frac{1}{4}(8x^3+8x)+\frac{b}{2}(4x)=2x^3+2(1+b)x.$$

よって，$P(x)=x^3+(1+b)x$ となるが，$P(1)=1$ だから，$b=-1$ がわかる．したがって，次を得る：

$$P(x)=x^3,\quad Q(x)=x^2-x+c\quad (c\in\mathbb{R}).$$

3. まず，次の補題を証明する．

> **補題** もし，多項式 $Q(x) \in \mathbb{R}[x]$ が，すべての $x \in \mathbb{R}$ について条件 $Q(x^2) = Q^2(x)$ をみたすならば，$Q(x) \equiv 0$, $Q(x) \equiv 1$, またはある正整数 n について $Q(x) = x^n$ である．

（証明）$\deg(Q(x)) = 0$, すなわち，$Q(x)$ が定数の場合は明らかである．そこで，以下 $\deg(Q(x)) = n \geq 1$ と仮定する．$Q(x) = ax^n + R(x)$ とおく．ただし，$a \neq 0$, $\deg(R(x)) < n$ である．これを与式に代入して，次を得る：
$$ax^{2n} + R(x^2) = a^2 x^{2n} + 2ax^n R(x) + R^2(x).$$
両辺の x^{2n} の係数を比較すると，$a = a^2$ だから，$a = 1$ がわかる．よって，次を得る：
$$R(x^2) = 2x^n R(x) + R^2(x).$$
最後に，$R(x) \equiv 0$ を証明する．もし $\deg(R(x)) = k \geq 0$ ならば，
$$\deg(R(x^2)) = 2k < n + k = \deg(2x^n R(x) + R^2(x))$$
となり，矛盾である．よって，$R(x) \equiv 0$ であり，補題は証明された．（証明終）

さて，本問に戻る．与式
$$P(x^2) + x(3P(x) + P(-x)) = P^2(x) + 2x^2 \cdots (1)$$
において，x を $-x$ に置き換えて，次を得る：
$$P(x^2) - x(3P(-x) + P(x)) = P^2(-x) + 2x^2 \cdots (2)$$
$(1) - (2)$ より，$4x(P(x) + P(-x)) = P^2(x) - P^2(-x)$.
$$\therefore \ (P(x) + P(-x))(P(x) - P(-x) - 4x) = 0 \cdots (3)$$
したがって，$P(x) + P(-x) = 0$, または，$P(x) - P(-x) - 4x = 0$ である．

(A)　$P(x) + P(-x) = 0$ の場合：

(2) より，次の等式が得られる．
$$P(x^2) + 2xP(x) = P^2(x) + 2x^2.$$
$$\therefore \ P(x^2) - x^2 = (P(x) - x)^2.$$
ここで，$Q(x) = P(x) - x$ とおくと，$Q(x^2) = Q^2(x)$ が得られる．上記の補題から，$Q(x) \equiv 0$, $Q(x) \equiv 1$, または，$Q(x) = x^n$ となる．したがって，$P(x) =$

x, $P(x) = x+1$, または, $P(x) = x^n + x$ が得られる. 条件 $P(x) + P(-x) = 0$ を考慮すると, 本問の解として許されるのは, 次の場合である：

$$P(x) = x, \quad P(x) = x^{2k+1} + x \quad (k \in \mathbb{N}).$$

(B) $P(x) - P(-x) - 4x = 0$ の場合：

(1) より, 次の等式が得られる.

$$P(x^2) + x(4P(x) - 4x) = P^2(x) + 2x^2.$$
$$\therefore \ P(x^2) - 2x^2 = (P(x) - 2x)^2.$$

ここで, $Q(x) = P(x) - 2x$ とおくと, $Q(x^2) = Q^2(x)$ となる. 上記の補題から, $Q(x) \equiv 0$, $Q(x) \equiv 1$, または, $Q(x) = x^n$ となる. したがって, $P(x) = 2x$, $P(x) = 2x+1$, または, $P(x) = x^n + 2x$ が得られる. 条件 $P(x) - P(-x) - 4x = 0$ を考慮すると, 本問の解として許されるのは, 次の場合である：

$$P(x) = 2x, \quad P(x) = 2x+1, \quad P(x) = x^{2k} + 2x \quad (k \in \mathbb{N}).$$

(A), (B) の場合を合わせて, 本問の解答を得る：

$$P(x) = x, \quad P(x) = 2x, \quad P(x) = 2x+1,$$
$$P(x) = x^{2k+1} + x, \quad P(x) = x^{2k} + 2x \quad (k \in \mathbb{N}).$$

注 (3) から, 次の行への移行には, $\mathbb{R}[x]$ が UFD であることを使っている. 詳しくは, 第3章を参照のこと.

◆第2章◆

● 初級

1. (1) 与方程式 $(*)$ に $x = 1$ を代入して, y に関する2次方程式

$$y^2 + 7y + 10 = 0 \ \cdots \ (*)'$$

を得る. この2次方程式を解いて, $y = -2, -5$.

したがって, $x = 1$ なる解の組は, $(x, y) = (1, -2), (1, -5)$.

(2) (x_0, y_0) が方程式 $(*)$ の整数解だとする. $(*)$ に x_0, y_0 を代入して, y_0 に関して整理すると, 次を得る：

$$y_0^2 + (x_0 + 6)y_0 + (x_0^2 + 3x_0 + 6) = 0 \ \cdots \ (**)$$

これを y_0 に関する 2 次方程式として解くと，
$$y_0 = \frac{-(x_0+6) \pm \sqrt{(x_0+6)^2 - 4(x_0^2 + 3x_0 + 6)}}{2}$$
$$= \frac{-(x_0+6) \pm \sqrt{-3x_0^2 + 12}}{2}.$$

一方，y_0 は整数なので，x_0 したがって $x_0 + 6$ が整数であることを考慮すると，$\sqrt{-3x_0^2 + 12}$ は整数でなければならない．すなわち，ある整数 k を用いて，
$$k^2 = -3x_0^2 + 12$$
と書けることが必要である．これを変形して，$k^2 + 3x_0^2 = 12$ だから，$3x_0^2 \leq 12$, すなわち，$x_0^2 \leq 4$ でなければならない．x_0 は整数なので，x_0 は $0, \pm 1, \pm 2$ のいずれかでなければならない．

それぞれに対応する y_0 を求めると，解の組は，
$$(x, y) = (-2, -2), \ (-1, -4), \ (-1, -1), \ (1, -5), \ (1, -2), \ (2, -4)$$
である．実際，これらの組は与方程式 $(*)$ をみたす．

2. 方程式の解を $\alpha_1, \alpha_2, \cdots, \alpha_{199}$ とすると，任意の α_i について，
$$\alpha_i^{199} + 10\alpha_i - 5 = 0. \ \text{すなわち，} \alpha_i^{199} = -10\alpha_i + 5$$
が成り立つ．よって，
$$\sum_{i=1}^{199} \alpha_i^{199} = -10 \sum_{i=1}^{199} \alpha_i + 5 \times 199.$$

ここで，解と係数の関係より，$\sum_{i=1}^{199} \alpha_i$ は，与式の左辺の 198 次の項の係数の和であるから，0 である．したがって，次を得る：
$$\sum_{i=1}^{199} \alpha_i^{199} = 5 \times 199 = 995.$$

3. 4 つの根を r_1, r_2, r_3, r_4 とし，$r_1 r_2 = 13 + i$, $r_3 + r_4 = 3 + 4i$ とする．

問題の方程式は実数係数で，根がすべて虚根であるから，4 根は互いに共役な 2 組の虚根からなる．これらの 2 つの和が実数ではないので，$r_3 = \overline{r_1}$, $r_4 = \overline{r_2}$ としてよい．このとき，次が成り立つ：
$$r_3 r_4 = \overline{r_1 r_2} = 13 - i, \quad r_1 + r_2 = \overline{r_3 + r_4} = 3 - 4i.$$

したがって，問題の方程式は，次のようになる：

$$(x^2 - (3-4i)x + (13+i)) \times (x^2 - (3+4i)x + (13-i))$$
$$= x^4 - 6x^3 + 51x^2 - 70x + 170 = 0.$$

これと与えられた方程式の係数を比較して，$b = 51$ を得る．

4. 与えられた方程式を $F(x)$ とする．その解は $x^2 + 5x + 7 = 0$ の解
$$\alpha = \frac{-5 + \sqrt{-3}}{2}, \quad \beta = \frac{-5 - \sqrt{-3}}{2}$$
のいずれかである．よって，
$$F(x) = (x - \alpha)^A (x - \beta)^B \quad (A, B \text{ は非負整数で，} A + B = 2n.)$$
とおける．解と係数の関係より，
$$a_1 = -(A\alpha + B\beta) = \frac{5}{2}(A + B) - \frac{\sqrt{-3}}{2}(A - B)$$
である．仮定から，a_1 は有理数であるから，$A - B = 0$ である．よって，$A = B = n$ となる．したがって，$a_1 = 5n$ が結論される．

5. 与えられた方程式の 3 根を $-x, -y, -z$ とおくと，次をみたす：
$$t^3 + at^2 + bt + c = (t + x)(t + y)(t + z).$$
右辺を展開して，両辺の係数を比較して，次を得る：
$$a = x + y + z, \quad b = xy + yz + zx, \quad c = xyz.$$
次が成り立つ：
$$x^2 y^2 + y^2 z^2 + z^2 x^2 - xyz(x + y + z)$$
$$= \frac{1}{2} \left(x^2(y - z)^2 + y^2(z - x)^2 + z^2(x - y)^2 \right) \geq 0.$$
ただし，等号が成り立つための必要十分条件は，$x = y = z$ である．
これより，次が得られる：
$$3(x + y + z)xyz \leq (xy + yz + zx)^2.$$
したがって，次を得る：
$$3ac = 3(x + y + z)xyz \leq (xy + yz + zx)^2 = b^2.$$
これより，前半の不等式 $27ac \leq 9b^2$ が証明された．
一方，一般に次の不等式が成り立っている（第 7 章の例題 1 を参照）：
$$xy + yz + zx \leq x^2 + y^2 + z^2.$$

ただし，等号が成り立つための必要十分条件は，$x=y=z$ である．
したがって，次を得る：
$$3b = 3(xy+yz+zx) \leq (x+y+z)^2 = a^2.$$
これより，後半の不等式 $9b^2 \leq a^4$ が証明された．
等号が成り立つための必要十分条件は，$x=y=z$ であり，3根が一致することである．

> 注　等号が成り立つ場合，b, c を a で表して，係数が a だけの方程式にすると，3重根が求まる．

6. (a) 2つの相異なる整数解 m, n が存在すると仮定する；
$$m^3 - 24m + k = 0, \quad n^3 - 24n + k = 0.$$
1番目の式から2番目の式を辺々引いて，
$$(m-n)(m^2 + mn + n^2 - 24) = 0.$$
$m \neq n$ だから，$m^2 + mn + n^2 - 24 = 0$.
したがって，$(2m+n)^2 + 3n^2 = 96$.
これより，$n^2 \leq 32$ であることがわかるから，$n^2 \in \{0, 1, 4, 9, 16, 25\}$.
したがって，$(2m+n)^2 \in \{96, 93, 84, 69, 48, 21\}$ となるが，これは矛盾である．

(b) 与えられた方程式は $x(x^2+24) = 2016$ と書き換えられるから，x は正整数でなければならず，$x = 12$ が1つの整数解であることがわかる．
もし $x < y$ が正の整数解であるならば，$x^2 + 24 < y^2 + 24$ であり，
$$2016 = x(x^2+24) < y(y^2+24) = 2016$$
となって，矛盾である．よって，この方程式は，$x = 12$ という唯一の整数解をもつ．

● 中級

1. $\alpha^2 - 3\alpha + 3 = 0$ より，
$$\alpha^2 = 3(\alpha - 1),$$
$$\alpha^4 = 9(\alpha - 1)^2 = 9(\alpha^2 - 2\alpha + 1)$$

$$= 9(3\alpha - 3 - 2\alpha + 1) = 9(\alpha - 2),$$
$$\alpha^6 = \alpha^2 \times \alpha^4 = 3^3(\alpha - 2)(\alpha - 1)$$
$$= 3^3(\alpha^2 - 3\alpha + 2) = 3^3(3\alpha - 3 - 3\alpha + 2) = -3^3.$$

$1995 = 332 \times 6 + 3$ より,
$$\alpha^{1995} = \alpha^3 \times \alpha^{1992} = \alpha^3(-3^3)^{332} = 3^{996} \times \alpha^3.$$

したがって, $n = 3$, $k = 3^{996}$.

[別解]　2次方程式 $x^2 - 3x + 3 = 0$ の解は,
$$\alpha = \frac{3 \pm \sqrt{9 - 12}}{2} = \frac{3 \pm \sqrt{3}i}{2}.$$

したがって, α の絶対値は $\sqrt{3}$ で偏角は $\pm 30°$ だから, $\alpha^6 = -(\sqrt{3})^6 = -3^3$. 以下は, 上と同じ.

2. $x^3 - x - 1 = 0$ の解を a, b, c とすると, 解と係数の関係より,
$$a + b + c = 0, \quad ab + bc + ca = -1, \quad abc = 1 \quad \cdots (*)$$
a^2, b^2, c^2 を解とする方程式の1つは
$$(x - a^2)(x - b^2)(x - c^2)$$
$$= x^3 - (a^2 + b^2 + c^2)x^2 + (a^2b^2 + b^2c^2 + c^2a^2)x - a^2b^2c^2 = 0$$
であるが, $(*)$ より, 次がわかる：
$$a^2 + b^2 + c^2 = (a + b + c)^2 - 2(ab + bc + ca) = 0 - 2(-1) = 2,$$
$$a^2b^2 + b^2c^2 + c^2a^2 = (ab + bc + ca)^2 - 2(ab^2c + bc^2a + ca^2b)$$
$$= (-1)^2 - 2abc(b + c + a) = 1,$$
$$a^2b^2c^2 = (abc)^2 = 1.$$

よって, 求める方程式の1つは, $x^3 - 2x^2 + x - 1 = 0$.

3. $P(x) = 0$ の2次の係数が1で, 1つの整数根をもつから, もう1つの根も整数である.
$$P(0) = \sum_{i=1}^{n} a_i a_{i+1} > 0, \quad P(1) = -\frac{1}{2}\sum_{i=1}^{n}(a_i - a_{i+1})^2 \leq 0$$
だから, $P(x) = 0$ は半開区間 $(0, 1]$ に根をもつ；したがって, $P(1) = 0$ で

ある．これは，上の $P(1)$ の右辺より，すべての a_i が等しい場合にのみおこる；$a_1 = a_2 = \cdots = a_n = a$ とする．このとき，$P(x) = (x-1)(x-na^2)$ となるから，第 2 の根は na^2 である．これは，n が平方数のときに平方数となる．

4. (A) $P(x), Q(x)$ に数値を代入して次を得る：

$$P(-2) = -1; \quad P(-1) = 18; \quad P\left(\frac{3}{2}\right) = -\frac{9}{2}; \quad P\left(\frac{\sqrt{33}}{3}\right) = \frac{15 - \sqrt{33}}{9} \cdots (1)$$

$$Q(-2) = -57; \quad Q(-1) = 2; \quad Q\left(\frac{1}{3}\right) = -\frac{2}{9}; \quad Q(1) = 12 \cdots (2)$$

(1) より，$P(x) = 0$ は，開区間 $(-2, -1)$ 内に 1 根，$\left(-1, \frac{3}{2}\right)$ 内に 1 根，$\left(\frac{3}{2}, \frac{\sqrt{33}}{3}\right)$ 内に 1 根で，相異なる 3 根をもつ．

(2) より，$Q(x) = 0$ は，開区間 $(-2, -1)$ 内に 1 根，$\left(-1, \frac{1}{3}\right)$ 内に 1 根，$\left(\frac{1}{3}, 1\right)$ 内に 1 根で，相異なる 3 根をもつ．

(B) α は $P(x) = 0$ の根であるから，次が成り立つ：

$$4\alpha^3 - 2\alpha^2 - 15\alpha + 9 = 0.$$
$$\therefore \ 4\alpha^3 - 15\alpha = 2\alpha^2 - 9.$$
$$\therefore \ 16\alpha^6 - 120\alpha^4 + 225\alpha^2 = 4\alpha^4 - 36\alpha^2 + 81.$$
$$\therefore \ 16\alpha^6 - 124\alpha^4 + 261\alpha^2 - 81 = 0 \cdots (1)$$

ところで，α は $P(x) = 0$ の最大の根であるから，(A) より，

$$\frac{3}{2} < \alpha < \frac{\sqrt{33}}{3} \cdots (2)$$

したがって，$4 - \alpha^2 > 0$ である．ここで，$x_0 = \frac{\sqrt{3(4-\alpha^2)}}{3}$ が $Q(x) = 0$ の根であることを示す．実際，次を得る：

$$Q\left(\frac{\sqrt{3(4-\alpha^2)}}{3}\right) = 0$$

$$\Longleftrightarrow \frac{4}{3}(4-\alpha^2)\sqrt{3(4-\alpha^2)} + 2(4-\alpha^2) - \frac{7}{3}\sqrt{3(4-\alpha^2)} + 1 = 0$$

$$\Longleftrightarrow \left(3 - \frac{4\alpha^2}{3}\right)\sqrt{3(4-\alpha^2)} + 9 - 2\alpha^2 = 0$$

$$\Longleftrightarrow (9 - 2\alpha^2)^2 = \left(3 - \frac{4\alpha^2}{3}\right)^2 \cdot 3(4-\alpha^2)$$

$$\iff 3(81 - 36\alpha^2 + 4\alpha^4) = (81 - 72\alpha^2 + 16\alpha^4)(4 - \alpha^2)$$
$$\iff 16\alpha^6 - 124\alpha^4 + 261\alpha^2 - 81 = 0.$$

この最後の等式は (1) であるから,正しい.したがって,$x_0 = \dfrac{\sqrt{3(4-\alpha^2)}}{3}$ は $Q(x) = 0$ の根である.(2) より,$x_0 \in \left(\dfrac{1}{3}, \dfrac{\sqrt{21}}{6}\right) \subset \left(\dfrac{1}{3}, 1\right)$ が容易に確かめられる.

一方,(2) より β は $\left(\dfrac{1}{3}, 1\right)$ に属する $Q(x) = 0$ の最大の根であるから,(A) より,β は $Q(x) = 0$ の最大の根である.このことより,$x_0 = \beta$ が結論される.したがって,次を得る:
$$\alpha^2 + 3\beta^2 = \alpha^2 + 3 \cdot \dfrac{3(4-\alpha^2)}{3^2} = 4.$$

| 注 | (A) の証明で,$P\left(\dfrac{3}{2}\right)$ や $P\left(\dfrac{\sqrt{33}}{3}\right)$ を考えたのは,(B) の証明のためである.実際,(A) の証明のためだけならば,$P(1) = -4$,$P(2) = 3$ などでもよい.

● 上級

1. 背理法で証明する.与式をみたす有理数の組 (x, y) が存在すると仮定する.与式の形から,
$$\left(-\dfrac{1}{x}, y\right), \quad \left(x, -\dfrac{1}{y}\right), \quad \left(-\dfrac{1}{x}, -\dfrac{1}{y}\right)$$
は与式をみたすので,$x > 0$, $y > 0$ と仮定してよい.

ここで,$u = xy$ とおくと,与式から,次を得る:
$$x + y = \dfrac{4xy}{xy - 1} = \dfrac{4u}{u - 1}.$$
$u > 0$, $u \neq 1$ であることに注意する.すると,2 次方程式
$$T^2 - \dfrac{4u}{u - 1}T + u = 0$$
は,解と係数の関係より,解 x, y をもつ.いま,x, y は有理数であるから,この 2 次方程式の判別式
$$\left(\dfrac{4u}{u - 1}\right)^2 - 4u$$
は有理数の平方である.よって,
$$4u^2 - u(u - 1)^2 = u(6u - u^2 - 1)$$

も有理数の平方である．

そこで，互いに素な正整数 p, q を用いて，$u = \dfrac{q}{p}$ とおく．
$$u(6u - u^2 - 1) = \frac{q(6pq - p^2 - q^2)}{p^3} = \frac{1}{p^4} \cdot pq(6pq - p^2 - q^2)$$
であるから，$pq(6pq - p^2 - q^2)$ がある整数の平方であることがわかる．ところが，$p, q, 6pq - p^2 - q^2$ はどの 2 つも互いに素であるから，正整数 s, t, w が存在して，次をみたす：
$$p = s^2, \quad q = t^2, \quad 6pq - p^2 - q^2 = w^2.$$
したがって，$w^2 = 6s^2t^2 - s^4 - t^4 = (2st)^2 - (s^2 - t^2)^2$ が得られる．ここで，$\mathrm{GCD}\,(s, t) = 1$, $s \neq t$ に注意する．

一般性を失うことなく，$s > t > 0$ と仮定してよい．(s, t, w) は，方程式
$$w^2 = 6s^2t^2 - s^4 - t^4 = (2st)^2 - (s^2 - t^2)^2$$
の整数解で，$s + t$ が最小であるものと仮定する．

ピタゴラス数 $\{w, s^2 - t^2, 2st\}$ において，$2st$ は偶数だから，$s^2 - t^2$ は偶数で，s と t は奇数である．したがって，$\mathrm{GCD}\left(\dfrac{s^2 - t^2}{2}, st\right) = 1$ である．よって，
$$\left(\frac{w}{2}\right)^2 + \left(\frac{s^2 - t^2}{2}\right)^2 = (st)^2$$
から，$\left\{\dfrac{w}{2}, \dfrac{s^2 - t^2}{2}, st\right\}$ が原始ピタゴラス数（3 数が互いに素なピタゴラス数）であることがわかる．したがって，正整数 m, n が存在して，$\mathrm{GCD}\,(m, n) = 1$, $s^2 - t^2 = 4mn$, $st = m^2 + n^2$ をみたす．ここで，m は偶数で，n は奇数であると仮定できる．

等式 $s^2 - t^2 = (s + t)(s - t) = 4mn$ より，どの 2 つも互いに素な正整数 A, B, C, D が存在して，次をみたす：
$$s + t = 2AB, \quad s - t = 2CD, \quad m = AC, \quad n = BD.$$
これらを $st = m^2 + n^2$ に代入して，$2A^2B^2 = (A^2 + D^2)(B^2 + C^2)$ を得る．また，m が偶数であるという仮定から，C は偶数である．A, B, D は奇数である．この等式から，$A^2 = B^2 + C^2$, $2B^2 = A^2 + D^2$ を得る．この等式 $A^2 = B^2 + C^2$ より，正整数 a, b で，以下の性質をみたすものを得る：
$$A = a^2 + b^2, \quad B = a^2 - b^2, \quad C = 2ab, \quad \mathrm{GCD}\,(a, b) = 1, \quad a > b > 0.$$

すると，$2B^2 = A^2 + D^2$ は $a^4 + b^4 - 6a^2b^2 = D^2$ となる．これより，
$$(2D)^2 = 6(a+b)^2(a-b)^2 - (a+b)^4 - (a-b)^4$$
を得る．ところが，
$$s + t = 2AB = 2B(a^2 + b^2) > 2a = (a+b) + (a-b) > 0$$
であるから，これは $s+t$ の最小性に反し，矛盾である．

この結果，与式をみたす有理数の組 (x, y) は存在しない．

注 ピタゴラス数については，例えば，拙著『初等整数 パーフェクト・マスター』（日本評論社，2016）の第 8 章，練習問題（上級 1）を参照されたい．

2. (1) まず，次の補題を証明する．

補題 $u, v \in \mathbb{Q}$ で，$s = u\sqrt[3]{3} + v\sqrt[3]{9} \in \mathbb{Q}$ ならば，$u = v = 0$ である．

（証明）条件式を平方して，次を得る：
$$s^2 = u^2\sqrt[3]{9} + 3v^2\sqrt[3]{3} + 6uv.$$
これと条件式とで，$\sqrt[3]{3}$ と $\sqrt[3]{9}$ を解としてもつ連立方程式が得られる．このことより，$\sqrt[3]{3}$ か $\sqrt[3]{9}$ が有理数であることになるが，これは矛盾である．（証明終）

さて，本問の解答に戻る．

（i）$f(x)$ が 1 次式であるとする；すなわち，$a, b \in \mathbb{Q}$ について，$f(x) = ax + b$ であるとすると，次を得る：
$$(a-1)\sqrt[3]{3} + a\sqrt[3]{9} = 3 - b.$$
上の補題より，$a - 1 = a = 0$ となって，これは不可能である．

（ii）$f(x)$ が 2 次式であるとする；すなわち，$a, b, c \in \mathbb{Q}$ について，$f(x) = ax^2 + bx + c$ であるとする．すると，問題の条件式は次のようになる：
$$(a+b)\sqrt[3]{9} + (3a+b-1)\sqrt[3]{3} + 6a + c - 3 = 0.$$
再び上の補題より，$a = \dfrac{1}{2}$, $b = -\dfrac{1}{2}$, $c = 0$ を得る．したがって，
$$f(x) = \frac{x^2 - x}{2}$$
が題意をみたす唯一の有理数係数の多項式である．

(2) $\alpha = \sqrt[3]{3} + \sqrt[3]{9}$ とすると，α は方程式
$$g(x) = x^3 - 9x - 12 = 0$$
の1つの解である．

もし，条件をみたす整数係数の多項式 $F(x)$ が存在するならば，整数係数の多項式 $q(x), r(x)$ が存在して，
$$F(x) = g(x)q(x) + r(x)$$
をみたす．ただし，$r(x) = 0$ であるか，または $\deg(r(x)) \leq 2$ である．

ところが，$g(\alpha) = 0$ であるから，$r(\alpha) = F(\alpha) = 3 + \sqrt[3]{3}$ である．しかし，問題の条件式をみたす次数 2 の多項式は，上の (1) で示した唯一の多項式 $f(x)$ であるから，これは不可能であり，問題の条件式をみたす整数係数の多項式は存在しない．

◆第 3 章◆

● 初級

1. 任意の実数 x, y について，
$$\begin{aligned}
&(xy + x + y - 1)^2 + (xy - x - y - 1)^2 \\
&= 2(xy - 1)^2 + 2(x + y)^2 = 2(x^2 y^2 + x^2 + y^2 + 1) \\
&= 2(x^2 + 1)(y^2 + 1)
\end{aligned}$$
が成り立つので，次を得る：
$$(xy + x + y - 1)^2 - 2(x^2 + 1)(y^2 + 1) = -(xy - x - y - 1)^2 \leq 0.$$
したがって，次を得る：
$$\frac{(xy + x + y - 1)^2}{(x^2 + 1)(y^2 + 1)} - 2 \leq 0.$$
ここで，等号が成り立つのは，
$$xy - x - y - 1 = 0, \quad \text{すなわち，} \quad (x - 1)(y - 1) = 2$$
のときである．以上より，求める最大値は 2 である．

2. $x^2 - 10x = y$ とおくと，問題の方程式は，次のようになる：

$$\frac{1}{y-29} + \frac{1}{y-45} - \frac{2}{y-60} = 0.$$

$$\therefore \quad \frac{1}{y-29} - \frac{1}{y-69} = \frac{1}{y-69} - \frac{1}{y-45}.$$

$$\therefore \quad \frac{-40}{(y-29)(y-69)} = \frac{24}{(y-45)(y-69)}.$$

$$\therefore \quad y = 39.$$

これを最初の方程式に代入して，$x^2 - 10x = 39$.

これを解いて，$x = 13, -3$.

$x = 13$ のとき，与式の分母はいずれも 0 でない．

よって，与えられた方程式の正の実数解は，$x = 13$ である．

3. $x^4 + ax^2 + b = (x^2 + 2x + 5)(x^2 + cx + d)$ とおくと，

$$(x^2 + 2x + 5)(x^2 + cx + d)$$
$$= x^4 + (2+c)x^3 + (2c+d+5)x^2 + (5c+2d)x + 5d$$

だから，$x^4 + ax^2 + b$ と係数を比較して，次の連立方程式を得る：

$$2 + c = 0, \quad 2c + d + 5 = a, \quad 5c + 2d = 0, \quad 5d = b.$$

これより，$c = -2, d = 5, a = 6, b = 25$ が得られるから，$a + b = 6 + 25 = 31$.

4. $\dfrac{a}{x-a} = \dfrac{x}{x-a} - 1$ であるから，与式は次の方程式と同値である：

$$x(x-11) = \frac{x}{x-3} + \frac{x}{x-17} + \frac{x}{x-5} + \frac{x}{x-19}.$$

したがって，$x = 0$ は与式の解である．

$x \neq 0$ ならば，$y = x - 11$ とおくと，与式は次の方程式と同値になる：

$$y = \frac{1}{y+8} + \frac{1}{y-8} + \frac{1}{y+6} + \frac{1}{y-6} = \frac{2y}{y^2-64} + \frac{2y}{y^2-36}.$$

したがって，$y = 0$，すなわち，$x = 11$ も与式の解である．

$x \neq 0, 11$ のとき，$z = y^2 - 50$ とおくと，与式は次のように書き換えられる：

$$1 = \frac{2}{z-14} + \frac{2}{z+14}.$$

これより，$z^2 - 14^2 = 4z$ を得る．したがって，$z = \pm\sqrt{200} + 2$ であり，

$$(x-11)^2 = y^2 = z + 50 = 52 \pm \sqrt{200}$$

を得る．これより，次を得る：
$$x = 11 \pm \sqrt{52 \pm \sqrt{200}}.$$
以上から，求める実数解は，
$$x = 0,\ 11,\ 11 \pm \sqrt{52 \pm \sqrt{200}}.$$

5. $P(x)$ が定数のときは，問題の主張は明らかなので，これ以降は $P(x)$ は正整数 m について m 次多項式とする．

$P(x)$ は整数係数多項式であり，$P(n^2) = 0$ をみたすので，因数定理より，整数係数多項式 $Q(x)$ が存在して，
$$P(x) = (x - n^2)Q(x)$$
と書ける．

ある 0 でない有理数 a について，$P(a^2) = 1$ となったとする．このとき，a を，
$$a = \frac{q}{p}, \quad p \text{ は正整数，} q \neq 0 \text{ は整数，} \mathrm{GCD}\,(p, q) = 1$$
と表し，$x = a^2$ を上の式に代入すると，
$$P(a^2) = (a^2 - n^2)Q(a^2) = \frac{q^2 - (pn)^2}{p^2} Q\left(\left(\frac{q}{p}\right)^2\right)$$
と変形でき，$P(a^2) = 1$ より，次を得る：
$$(q^2 - (pn)^2)Q\left(\left(\frac{q}{p}\right)^2\right) = p^2.$$

ここで，$q^2 - (pn)^2$，$Q\left(\left(\frac{q}{p}\right)^2\right)$ は整数であることに注意すると，これが成立するためには，$q^2 - (pn)^2$ が p^2 の約数であることが必要である．

$q^2 - (pn)^2 = (q - pn)(q + pn)$ であるが，$\mathrm{GCD}\,(p, q) = 1$ なので，$q - pn$，$q + pn$ の絶対値がともに 1 になることはない．よって，$q - pn$，$q + pn$ がともに p^2 の約数になることはなく，$q^2 - (pn)^2$ は p^2 の約数ではない．これより，$P(a^2) = 1$ という仮定は誤りであることがわかる．よって，題意が示された．

● 中級

1. $g(x, y, z) = f(x, y, z) - x - y - z$
とおくと，与えられた 3 条件は，$g(x, y, z)$ が $y+z$，$z+x$，$x+y$ で割り切れることと同値である．また，$f(x, y, z)$ が 3 次の多項式であることと $g(x, y, z)$ が 3 次の多

項式であることは同値なので，3次の多項式 $g(x, y, z)$ であって，$y+z$, $z+x$, $x+y$ で割り切れるものを1つ求めればよい．0でない実数 k に対して，
$$g(x, y, z) = k(y+z)(z+x)(x+y)$$
はこの条件をみたすので，これより
$$f(x, y, z) = k(y+z)(z+x)(x+y) - x - y - z \quad (k \neq 0)$$
が条件をみたすことがわかる．

覚書 実数を係数とする3変数多項式の全体 $\mathbb{R}[x, y, z]$ は，第3章の定理3.2で1変数多項式の全体 $\mathbb{R}[x]$ の場合と同じように，通常の和と積に関して環となり，素因数分解の一意性が成り立つので，そのことを用いると，本問の解がここに挙げたものしかないことが証明できる．

2. $f(x) = a_x = x^3 - 5x^2 + 6x, \quad g(x) = b_x = x^2 + 5 \in \mathbb{Q}[x]$
に対して，ユークリッドの互除法を実行すると，
$$x^3 - 5x^2 + 6x = (x^2 + 5)(x - 5) + (x + 25),$$
$$x^2 + 5 = (x + 25)(x - 25) + 630$$
を得る．よって，
$$630 = (x^2 + 5) - (x + 25)(x - 25)$$
$$= x^2 + 5 - (x - 25)\{(x^3 - 5x^2 + 6x) - (x^2 + 5)((x - 5)\}$$
$$= f(x)(25 - x) + g(x)(x^2 - 30x + 126).$$
$$\therefore \quad q_1(x) = x - 5, \quad r_1(x) = x + 25,$$
$$q_2(x) = x - 25, \quad r_2(x) = 630.$$
$$(25 - x)f(x) + (x^2 - 30x + 126)g(x) = 630 \cdots (*)$$
$$\therefore \quad \text{GCD}(f(x), g(x)) = 630.$$

ところで，問題の $a_n = f(n) = n^3 - 5n^2 + 6n$, $b_n = g(n) = n^2 + 5$ はいずれも整数で，整数としての最大公約数を求めるものであった．任意の正整数 x に対して，正整数としての最大公約数 $\text{GCD}'(f(x), g(x))$ は，$\text{GCD}'(r_1(x), r_2(x)) = \text{GCD}'(x + 25, 630)$ の約数であるから，$\text{GCD}'(f(x), g(x)) = 630$ となるためには，$x + 25$

が 630 の倍数でなければならない．このような最小の x は，
$$x = 630 - 25 = 605$$
である．

逆に，$x = 605$ を $(*)$ に代入すると，
$$25 - x = -580 \equiv 50 \pmod{630},$$
$$x^2 - 30x + 126 = 366025 - 18150 + 126 = 348001 \equiv 241 \pmod{630}$$
となるが，これらは互いに素である．したがって，$\mathrm{GCD}'(f(605), g(605)) = 630$ が結論されるから，求める n は 605 である．

3. 条件より，$f : \mathbb{R} \to \mathbb{R}$ は全単射で，$f = f^{-1}$ である．実際，逆関数は，
$$f^{-1}(x) = \frac{dx - b}{-cx + a}$$
だから，したがって，
$$(a, b, c, d) = k(d, -b, -c, a)$$
をみたす実数 k が存在する．ここで $b \neq 0$ より，$k = -1$ である．よって，$a = -d$ であり，次を得る：
$$f(x) = \frac{ax + b}{cx - a}$$

条件 $f(19) = 19$，$f(97) = 97$ より，次を得る：
$$19^2 c = 2 \times 19 a + b, \quad 97^2 c = 2 \times 97 a + b.$$
$$\therefore (97^2 - 19^2)c = 2(97 - 19)a. \quad \therefore \ a = 58c. \quad \therefore \ b = -1843c.$$

よって，
$$f(x) = \frac{58x - 1843}{x - 58} = 58 + \frac{1521}{x - 58}$$
となり，f がとり得ない唯一の値は，58 である．

[別解] 方程式 $y = \dfrac{ax + b}{cx + d}$ は，方程式
$$xy - \frac{a}{c}x + \frac{d}{c}y = \frac{b}{c}, \quad \text{i.e.} \quad \left(x + \frac{d}{c}\right)\left(y - \frac{a}{c}\right) = \frac{bc - ad}{c^2}$$
と同値である．ここで，$bc - ad \neq 0$ である．実際，$bc - ad = 0$ ならば，f は $f(x) = \dfrac{a}{c}$ なる恒等関数となって，条件に反するからである．

したがって，$y = f(x)$ のグラフは双曲線であり，$\left(\dfrac{-d}{c}, \dfrac{a}{c}\right)$ がその中心であ

る．条件より，この双曲線のグラフは，直線 $y=x$ に関して対称である．双曲線は，対称軸と $(19, 19)$, $(97, 97)$ において交わるので，これらは双曲線の頂点であり，中心はこれらの中点である．よって，

$$\frac{-d}{c} = \frac{a}{c} = \frac{19+97}{2} = 58$$

が成り立ち，この値は，f がとり得ない値に等しい．

4. 問題の条件をみたすような $f(x)$ で，4 次以下のものを求めよう．

与えられた条件式は，$f(x^3) - f(x) = (x^5 - 1)g(x)$ と書き換えられるので，$f(x^3) - f(x)$ は $x^5 - 1$ で割り切れなければならない．

$$f(x) = a_4 x^4 + a_3 x^3 + a_2 x^2 + a_1 x + a_0 \quad (a_4, a_3, a_2, a_1, a_0 \in \mathbb{R})$$

とおけば，次を得る：

$$f(x^3) - f(x) = a_4(x^{12} - x^4) + a_3(x^9 - x^3) + a_2(x^6 - x^2) + a_1(x^3 - x).$$

ところで，

$x^{12} - x^4$ を $x^5 - 1$ で割ったときの余りは，$x^2 - x^4$,

$x^9 - x^3$ を $x^5 - 1$ で割ったときの余りは，$x^4 - x^3$,

$x^6 - x^2$ を $x^5 - 1$ で割ったときの余りは，$x - x^2$

なので，$f(x^3) - f(x)$ を $x^5 - 1$ で割ったときの余りは，次のようになる：

$$(-a_4 + a_3)x^4 + (-a_3 + a_1)x^3 + (a_4 - a_2)x^2 + (a_2 - a_1)x.$$

よって，$f(x^3) - f(x)$ が $x^5 - 1$ で割り切れるための必要十分条件は，

$$-a_4 + a_3 = -a_3 + a_1 = a_4 - a_2 = a_2 - a_1 = 0$$

である．このとき，$a_1 = a_2 = a_3 = a_4$ なので，次のようにおける：

$$f(x) = ax^4 + ax^3 + ax^2 + ax + b \quad (a, b \in \mathbb{R}, a \neq 0).$$

このとき，$f(x^3) - f(x) = (x^5 - 1)g(x)$ だから，

$$g(x) = ax^7 + ax^4 + ax^2 + ax$$

が得られる．$f(x), g(x)$ が 0 でないという条件と合わせて，0 でない実数 a と実数 b について，

$$\mathrm{GCD}\,(ax^4 + ax^3 + ax^2 + ax + b,\ ax^7 + ax^4 + ax^2 + ax)$$

が条件をみたすことがわかる．$f(x)$ が 4 次以下の解はこの形のものに限るので，求める多項式は，次のように表される：

$$f(x) = ax^4 + ax^3 + ax^2 + ax + b \quad (a \in \mathbb{R} - \{0\}, \ b \in \mathbb{R}).$$

[別解]　（この［別解］は，次章の複素数に関する解説の後に参照されたい．）

$\theta = \dfrac{2\pi}{5}$ とおき，$\omega = \cos\theta + i\sin\theta \in \mathbb{C}$ とおくと，ド・モアブルの定理により，$\omega^5 = 1$ が成り立つ．また，整数 k について，$(\omega^k)^5 = (\omega^5)^k = 1$ となるので，$1, \omega, \omega^2, \omega^3, \omega^4$ はいずれも方程式 $x^5 - 1 = 0$ の解である．$\omega^k = \cos k\theta + i\sin k\theta$ より，これらの 5 個の解は互いに相異なるので，因数定理により，

$$x^5 - 1 = (x - 1)(x - \omega)(x - \omega^2)(x - \omega^3)(x - \omega^4)$$

である．よって，両辺を $x - 1$ で割ることで，次を得る：

$$(x - \omega)(x - \omega^2)(x - \omega^3)(x - \omega^4) = x^4 + x^3 + x^2 + x + 1.$$

一方，$f(x^3) - f(x) = (x^5 - 1)g(x)$ に $x = \omega, \omega^2, \omega^3, \omega^4$ を代入することで

$$f(\omega^3) = f(\omega), \quad f(\omega^6) = f(\omega^2), \quad f(\omega^9) = f(\omega^3), \quad f(\omega^{12}) = f(\omega^4)$$

が得られる．$\omega^6 = \omega$, $\omega^9 = \omega^4$, $\omega^{12} = \omega^2$ なので，$f(\omega) = f(\omega^2) = f(\omega^3) = f(\omega^4)$ である．この共通の値を b とおけば，

$$f(\omega) - b = f(\omega^2) - b = f(\omega^3) - b = f(\omega^4) - b = 0$$

なので，因数定理より，$f(x) - b$ は $(x - \omega)(x - \omega^2)(x - \omega^3)(x - \omega^4) = x^4 + x^3 + x^2 + x + 1$ で割り切れる．よって，多項式 $h(x)$ が存在して，

$$f(x) = (x^4 + x^3 + x^2 + x + 1)h(x) + b$$

となる．

$h(x) = 0$ のときは，$f(x^3) - f(x) = 0$ より，$g(x) = 0$ となり，条件に反する．

よって，$h(x) \neq 0$ である．$f(x)$ は 4 次以上で，次数が最小になるのは，$h(x)$ が 0 でない定数のときである．$h(x) = a \ (a \in \mathbb{R} - \{0\})$ とおけば，

$$\mathrm{GCD}\,(f(x), g(x)) = (a(x^4 + x^3 + x^2 + x + 1) + b, \ a(x^7 + x^4 + x^2 + x))$$

となる．この後は，前の解答と同じである．

5. $n = 1$ のときは，i を虚数単位として，

$$f(x) = x^2 + 2 = (x + i\sqrt{2})(x - i\sqrt{2})$$

であり，$f(x)$ が整数係数多項式の積として表されることはない．

$n \geq 2$ のときを考える．背理法によって証明する．

$$f(x) = g(x)h(x), \quad g(x) = a_0 + a_1 x + \cdots + a_s x^s, \quad h(x) = b_0 + b_1 x + \cdots + b_t x^t$$

と分解できたと仮定する。ただし，$1 \leq s, t \leq 2n-1$ であり，$a_0, a_1, \cdots, a_s, b_0, b_1, \cdots, b_t$ は整数である．

まず，$x = mi$ $(m = \pm 1, \pm 2, \cdots, \pm n)$ を上の式に代入すると，$(mi)^2 + m^2 = 0$ となるので，次を得る：

$$f(mi) = g(mi)h(mi) = 1.$$

よって，f, g, h は整数係数であるから，$g(mi), h(mi)$ は，$1, -1, i, -i$ のいずれかである．一方，

$$g(mi) = (a_0 - a_2 m^2 + a_4 m^4 - \cdots) + m(a_1 - a_3 m^2 + a_5 m^4 - \cdots)i$$

より，$m \neq \pm 1$ であれば，$g(mi)$ の虚部は m の倍数となるので，$g(mi)$ は $\pm i$ ではありえない；$g(mi) \neq \pm i$．よって，$m = \pm 2, \pm 3, \cdots, \pm n$ に対し，

$$g(mi) = h(mi) = \pm 1 \quad \text{(同符号)}$$

となる．因数定理により，

$$g(x) - h(x) = (x^2 + 2^2)(x^2 + 3^2) \cdots (x^2 + n^2)k(x)$$

となる．ここで $k(x)$ は有理数係数である．両辺の係数を比較すれば，明らかに $k(x)$ は整数係数である．さらに，両辺の次数を勘案すれば，$k(x)$ は高々 1 次式である．

さて，$g(i), h(i)$ は，それぞれ，$\pm 1, \pm i$ のいずれかなので，

$$2 \geq |g(i) - h(i)| = (2^2 - 1)(3^2 - 1) \cdots (n^2 - 1)|k(i)|$$

より，$k(i) = 0$ となるから，$k(x) = 0$ が結論される．

これより，$g(x) = h(x)$ である．$g(0) = h(0) = a_0$ とすると，$f(0) = a_0^2 = 1^2 2^2 3^2 \cdots n^2 + 1$ である．よって，$a_0 = \sqrt{(1 \cdot 2 \cdots n)^2 + 1}$ は整数ではないので，矛盾である．

● 上級

1. $g(x) = a_k x^k + \cdots + a_1 x + a_0, a_k \neq 0, h(x) = b_m x^m + \cdots + b_1 x + b_0, b_m \neq 0$ を次数が 1 以上の整数係数多項式として，$f(x) = g(x)h(x)$ と分解されたとする．このとき，$f(x)$ の最高次の係数は 1 だから，$|a_k| = 1, |b_m| = 1$ である．一般性を失うことなく，$|a_0| = 3, |b_0| = 1$ と仮定してよい．

もし，$m = 1$ ならば，$h(1) = b_1 + b_0$ であり，$|b_1| = |b_0| = 1$ だから，$h(1)$ は偶数となる．したがって，$f(1) = g(1)h(1)$ も偶数となるが，これは $f(1) = 1 + 5 + 3 = 9$

に矛盾する．よって，$m \geq 2$ であり，$k \leq n-2$ である．ここで，$a_0 \equiv 0 \pmod{3}$ なので，$k-1$ 以下のある非負整数 ℓ について，
$$a_\ell \equiv a_{\ell-1} \equiv \cdots \equiv a_0 \pmod{3}$$
を仮定すると，
$$\begin{aligned} 0 &= f(x) \text{ の } (\ell+1) \text{ 次の係数} \\ &= g(x)h(x) \text{ の } (\ell+1) \text{ 次の係数} \\ &\equiv a_{\ell+1} b_0 \pmod{3} \end{aligned}$$
だから，$a_{\ell+1} \equiv 0 \pmod{3}$ となる．

したがって，帰納法により，$a_k \equiv 0 \pmod{3}$ となるが，これは $|a_k|=1$ に矛盾する．

よって，$f(x)$ を1次以上の整数係数多項式2つの積に分解することは不可能である．

2. 以下では，$\{f(x)\}^2$ を $f(x)^2$ と記す．

$f(x) = \dfrac{h(x)}{g(x)}$ とおく．ただし，$h(x), g(x)$ は次数が1以上の x に関する多項式で，互いに素（次数が1以上の共通の因子をもたない（$\text{GCD}(h(x), g(x)) = 1$）とする（有理式をこのように表したものを既約とよぶ）．また，$g(x)$ の最高次の係数は1としてよい．このとき，$f(x^2) = \dfrac{h(x^2)}{g(x^2)}$ も既約である．なぜなら，もし $h(x^2), g(x^2)$ に共通の因子 $p(x)$ があれば，方程式 $p(x) = 0$ の1つの根を $x = \alpha$ とするとき，$h(\alpha^2) = g(\alpha^2) = 0$ が成り立つので，$h(x), g(x)$ が共通の因子 $x - \alpha^2$ をもつことになり，仮定に反する．

このとき，条件 $f(x)^2 - a = f(x^2)$ より，
$$\frac{h(x)^2 - ag(x)^2}{g(x)^2} = \frac{h(x^2)}{g(x^2)} \quad \cdots (1)$$
が成り立つ．(1) の両辺は既約なので，分母の $g(x)^2, g(x^2)$ は互いに他の定数倍でなければならないが，最高次の係数が共に1なので，次を得る：
$$g(x)^2 = g(x^2) \quad \cdots (2)$$

補題 $g(x) \in \mathbb{R}[x]$ が n 次式で，$g(x^2) = g(x)^2$ をみたせば，$g(x) = x^n$

である．

(証明) 背理法で証明する．$g(x)$ が 2 つ以上の項をもつと仮定し，次数の低い方から 2 つの項を，$b_k x^k$, $b_l x^l$ $(k < l)$ とする．すなわち，
$$g(x) = b_k x^k + \sum_{i=l}^{n} b_i x^i \quad (k < l,\ b_k \neq 0,\ b_l \neq 0)$$
とおく．$g(x)^2 = g(x^2)$ の x^{2k}, x^{k+l} の係数を比較すると，
$$b_k^2 = b_k, \quad 2b_k b_l = 0$$
がわかる．この方程式を解くと，$b_k = 1$, $b_l = 0$ となり，$b_l \neq 0$ に矛盾する．よって，$g(x)$ は単項式 $g(x) = b_n x^n$ である．これを再び $g(x)^2 = g(x^2)$ に代入すると，
$$b_n^2 x^{2n} = b_n x^{2n}$$
となり，$b_n \neq 0$ より，$b_n = 1$ が結論される．よって，$g(x) = x^n$ である．
(証明終)

$$g(x) = x^n \quad (n \geq 0) \quad \cdots \quad (3)$$

(3) を (1) に代入して分母を払うと，次式を得る：
$$h(x)^2 - a x^{2n} = h(x^2) \quad \cdots \quad (4)$$

以下，(4) を場合分けして，考察する．

(A) $a = 0$ の場合：

(4) は $h(x)^2 = h(x^2)$ となるので，上の補題より，$h(x) = x^m$ $(m \geq 0)$ である．よって，
$$f(x) = \frac{x^m}{x^n} = x^{m-n}$$
となる．$h(x)$ と $g(x)$ は既約であり，$f(x) \neq$ 定数なので，次のようになる．
$$f(x) = x^m \quad (m \in \mathbb{Z} - \{0\}).$$

(B) $a \neq 0$ の場合：

まず，次がいえる．

(B$_0$) $h(x)$ は定数ではない．なぜならば，$h(x) = d$ (定数) と仮定すると，$f(x) = \dfrac{d}{x^n}$ であるが，$f(x)$ は定数ではないので，$n > 0$ である．(4) より，

$d^2 - ax^{2n} = d$ だから,$a = 0$ となり,仮定に反する. （(B_0) の証明終）

(B_1) $a \neq 0$, $n = 0$ の場合:

$h(x)$ が定数でない単項式だと,(4) をみたさないことはすぐにわかる.そこで,$h(x)$ の次数の高い方から 2 つの項を,
$$c_m x^m, \quad c_l x^l \quad (m > l, c_m \neq 0, c_l \neq 0)$$
とする.(4) の両辺の x^{2m}, x^{m+l} の係数を比較して,次を得る:
$$c_m^2 = c_m, \quad 2c_m c_l = 0. \quad \therefore \quad c_m = 1, \quad c_l = 0.$$
これは,$c_l \neq 0$ に矛盾する.したがって,この場合,適切な $h(x)$ は存在しない.よって,題意をみたす $f(x)$ は存在しない.

(B_2) $a \neq 0$, $n \geq 1$ の場合:

$h(x)$ が単項式だと,(4) をみたさないことはすぐにわかる.$h(x)$ と $g(x) = x^n$ は互いに素であったから,$h(x)$ の定数項は 0 ではない.$h(x)$ の次数の低い方から 2 つの項を,
$$c_0, \quad c_l x^l \quad (l > 0, c_0 \neq 0, c_l \neq 0)$$
とする.(4) の両辺の定数項を比較すると,$c_0^2 = c_0$ より,$c_0 = 1$ を得る.

次に,(4) の両辺の x^l の係数を比較する.もし,$l \neq 2n$ ならば,$2c_l = 0$ となり,矛盾する.したがって,$l = 2n$ で,(4) の両辺の x^l の係数は,$2c_l - a = 0$ である.ここで,次を示す:

(B_3) $h(x)$ は,$2n + 1$ 次以上の項をもたない.（背理法による）

$$h(x) = 1 + \frac{a}{2}x^{2n} + \sum_{i=2n+1}^{m} c_i x^i \quad (m > 2n, c_m \neq 0)$$

と仮定して,矛盾を導こう.最高次 $c_m x^m$ の次に次数の高い項を,$c_k x^k$ ($2n \leq k < m$, $c_k \neq 0$) とする.(4) の両辺の x^{2m}, x^{m+k} の係数を比較すると,$c_m^2 = c_m$, $2c_m c_k = 0$ だから,$c_m = 1$, $c_k = 0$ となり,矛盾する. （(B_3) の証明終）

これより,
$$h(x) = \frac{a}{2}x^{2n} + 1 \quad \cdots \quad (5)$$
となるが,これを (4) に代入して a を求めると,$a = 2$ が得られる.したがって,
$$f(x) = x^n + x^{-n} \quad (n \in \mathbb{N}).$$

以上 (A),(B) をまとめて,求める a, $f(x)$ は,次のようになる:

$$a = 0, \quad f(x) = x^n \quad (n \in \mathbb{Z} - \{0\}),$$
$$a = 2, \quad f(x) = x^n + x^{-n} \quad (n \in \mathbb{N}).$$

3. (a)
$$\frac{x}{x-1} = a, \quad \frac{y}{y-1} = b, \quad \frac{z}{z-1} = c$$
とおけば，示されるべき不等式は，$a^2 + b^2 + c^2 \geq 1$ となり，
$$x = \frac{a}{a-1}, \quad y = \frac{b}{b-1}, \quad z = \frac{c}{c-1}$$
であるから，付帯条件は，次のようになる：
$$a, b, c \neq 1, \quad (a-1)(b-1)(c-1) = abc \cdots (*)$$
この後ろの条件は，展開して整理すると，$a + b + c - 1 = ab + bc + ca$ となるから，
$$\begin{aligned} a^2 + b^2 + c^2 - 1 &= (a+b+c)^2 - 2(ab+bc+ca) - 1 \\ &= (a+b+c)^2 - 2(a+b+c-1) - 1 \\ &= (a+b+c)^2 - 2(a+b+c) + 1 \\ &= (a+b+c-1)^2 \geq 0 \end{aligned}$$
が得られ，$a^2 + b^2 + c^2 \geq 1$ が示された．

(b) a, b, c を上のように定めれば，a, b, c がそれぞれ有理数のとき，x, y, z もそれぞれ有理数となるから，条件
$$a, b, c \neq 1, \quad a + b + c - 1 = ab + bc + ca \cdots (*)$$
の下で，$a^2 + b^2 + c^2 = 1$ をみたす有理数の組 (a, b, c) が無数に存在することを示す．

条件 $(*)$ の下で，(a) より $a^2 + b^2 + c^2 - 1 = (a+b+c-1)^2$ が成り立つから，

(1) $a^2 + b^2 + c^2 = 1, a + b + c = 1$ をみたす有理数の組 (a, b, c) が無数に存在することを示せばよい．

また，$(a+b+c)^2 = a^2 + b^2 + c^2 - 2(ab+bc+ca)$ であるから，

(2) $a + b + c = 1, ab + bc + ca = 0$ をみたす有理数の組 (a, b, c) が無数に存在することを示せばよい．

この 2 つの等式から c を消去して b について整理すると，
$$b^2 + (a-1)b + a(a-1) = 0$$

が得られる．これを b に関する 2 次方程式と考えて，解を求めれば，$b = \dfrac{1-a \pm \sqrt{D}}{2}$ が得られる．ここで D は判別式で，

$$D = (a-1)^2 - 4a(a-1) = (1-a)(1+3a)$$

である．そこで有理数解を求めるために，$m \neq 0$, k を整数として，$a = k/m$ とおき，$1-a$ と $1+3a$ がともに有理数の平方になるように，k と m の関係を調べる．そのようにするには，$m-k$ と $m+3k$ がともに平方数であればよいが，それにはたとえば，$m = k^2 - k + 1$ とすればよい．このとき，k がどんな整数であっても，$m \neq 0$ であり，$m - k = (k-1)^2$, $m + 3k = (k+1)^2$ となる．

以上のことをまとめると，任意の整数 k について，$m = k^2 - k + 1$, $a = k/m$ とすると，

$$D = (1-a)(1+3a) = \frac{(m-k)^2(m+3k)^2}{m^2} = \frac{(k^2-1)^2}{m^2}$$

となり，上記の b に関する 2 次方程式は有理数解 $b = \dfrac{m-k \pm k^2 \mp 1}{2m}$ をもつ．そのうちの大きい方を解と取れば，

$$b = \frac{m-k+k^2-1}{2m} = \frac{m+(m-2)}{2m} = \frac{m-1}{m}$$

となり，$a+b+c=1$ から c を求めれば，$c = \dfrac{1-k}{m}$ がえられる．条件 $a, b, c \neq 0$ から，$k = 0, 1$ は除く必要があることがわかるが，それ以外の整数に対しては，条件をみたす有理数の組 (a, b, c) が与えられ，k の値が異なれば，a と c の値は異なるから，無数の異なった有理数の組が得られたことになる．元の変数の組 (x, y, z) に関していえば，

$$(x, y, z) = \left(-\frac{k}{(k-1)^2},\ k - k^2,\ \frac{k-1}{k^2} \right) \quad (k \in \mathbb{Z} - \{0, 1\})$$

が求める無数の有理数の組を与えていることになる．

4. $f(z^3, y, t) + f(t^3, y, z) = 0$ に $t = z$ を代入すると，$f(z^3, y, z) = 0$ を得る．すなわち，$x = z^3$ ならば，$f(x, y, z) = 0$ となる．よって，因数定理により，

$f(x, y, z)$ は $(x - z^3)$ で割り切れる；$(x - z^3) \mid f(x, y, z)$ $\cdots$ (1)

$f(x, z^2, z) = 0$ より，同様の理由で，

$f(x, y, z)$ は $(y - z^2)$ で割り切れる；$(y - z^2) \mid f(x, y, z)$ $\cdots$ (2)

また，$f(x^3, y^2, z) = -f(z^3, y^2, x) = f(z^3, x^2, y) = -f(y^3, x^2, z)$ だから，
$$f(t^3, t^2, z) = -f(t^3, t^2, z) \text{ となるので, } f(t^3, t^2, z) = 0$$
を得る．これより，$x = \pm\sqrt{y^3} = t^3$，$y = t^2$ とすると，$f(x, y, z) = 0$ なので，x に関する多項式として因数定理を用いると，$(x - \sqrt{y^3})(x + \sqrt{y^3}) = (x^2 - y^3)$ だから，

$$f(x, y, z) \text{ は } (x^2 - y^3) \text{ で割り切れる;} (x^2 - y^3) \mid f(x, y, z) \cdots (3)$$

$(x - z^3), (y - z^2), (x^2 - y^3)$ は $\mathbb{R}[x, y, z]$ の要素として，どの 2 つも互いに素なので，$f(x, y, z)$ は (1), (2), (3) より，$(x - z^3)(y - z^2)(x^2 - y^3)$ で割り切れる．そこで，3 変数の多項式 $g(x, y, z)$ を用いて，次のようにおく：

$$f(x, y, z) = (x^2 - y^3)(x - z^3)(y - z^2)g(x, y, z).$$

ここで，2 つの式

$$f(z^3, y, x) = (z^6 - y^3)(z^3 - x^3)(y - x^2)g(z^3, y, x),$$
$$-f(x^3, y, z) = -(x^6 - y^3)(x^3 - z^3)(y - z^2)g(x^3, y, z)$$

を比較すると，$f(x^3, y, z)$ は $(x^6 - y^3)(x^3 - z^3)(y^3 - z^6)$ で割り切れることがわかる．すなわち，$f(x, y, z)$ は $(x^2 - y^3)(x - z^3)(y^3 - z^6)$ で割り切れる．そこで，3 変数の多項式 $h(x, y, z)$ を用いて，次のようにおく：

$$f(x, y, z) = (x^2 - y^3)(x - z^3)(y^3 - z - 6)h(x, y, z).$$

ここで，2 つの式

$$f(x, z^2, y) = (x^2 - z^6)(x - y^3)(z^6 - y^6)h(x, y, z),$$
$$-f(x, y^2, z) = -(x^2 - y^6)(x - z^3)(y^6 - z^6)h(x, y^2, z)$$

を比較すると，$f(x, y^2, z)$ は $(x^2 - y^6)(x^2 - z^6)(y^6 - z^6)$ で割り切れることがわかる．すなわち，$f(x, y, z)$ は $(x^2 - y^3)(x^2 - z^6)(y^3 - z^6)$ で割り切れる．

そこで，$f(x, y, z) = (x^2 - y^3)(x^2 - z^6)(y^3 - z^6)$ とすると，これは x についての 4 次式で題意をみたすので，求める答の 1 つである．

参考 上の証明の中で，$\mathbb{R}[x, y, z]$ が UFD であること，すなわち，素因数分解の一意性が成り立つことを使ったが，そもそも，因数定理そのものが UFD であることを基に成り立っている．複素数係数の 3 変数多項式環 $\mathbb{C}[x, y, z]$ も UFD であり，因数定理

が使用できる．

---

5. g が既約でないと仮定し，背理法で証明する．$\deg(f) = n \geq 1$ とする．定数ではない多項式 $p, q \in \mathbb{Z}[X]$ が存在して，$0 < \deg(p), \deg(q) < 2n$, $g = p \cdot q$ をみたすとする．

もし，$\alpha \in \mathbb{C}$ が $f(\alpha) = 0$ をみたすとすると，$p(\sqrt{\alpha}) = 0$ である．したがって，多項式 $t, u \in \mathbb{Z}[X]$ が存在して，次をみたす：
$$t(\alpha) + \sqrt{\alpha}u(\alpha) = 0, \quad \deg(t), \deg(u) < 2n \leq \frac{1}{2}\deg(p) < n.$$
$u \neq 0$ であって，$\mathrm{GCD}(u, f) = 1$ だから，多項式 $s, r \in \mathbb{Q}[X]$ が存在して，次をみたす：
$$su + rf = 1.$$
したがって，$s(\alpha)u(\alpha) = 1$ となるから，これより次を得る：
$$\sqrt{\alpha} = -t(\alpha)s(\alpha), \quad \text{または，} \quad \alpha = t^2(\alpha)s^2(\alpha).$$
いま，$m(X) = t^2(X)s^2(X) \in \mathbb{Z}[X]$ とすると，$m(\alpha) = 0$ であるから，$f \mid m$ がわかる．

$\alpha_1, \alpha_2, \cdots, \alpha_n \in \mathbb{C}$ が $f(X) = 0$ の根であるならば，$m(\alpha_i) = 0$ $(i = 1, 2, \cdots, n)$ であり，$\alpha_i = t^2(\alpha_i)s^2(\alpha_i)$ である．これより，次が導かれる：
$$\alpha_1\alpha_2\cdots\alpha_n = (ts)^2(\alpha_1)(ts)^2(\alpha_2)\cdots(ts)^2(\alpha_n).$$
これは有理数の平方である．$f(0)$ は整数であり，$f(0) = (-1)^n\alpha_1\alpha_2\cdots\alpha_n$ であるから，矛盾が得られた．

6. $f(x)$ の最高次の係数は 1 なので，$g(x), h(x)$ の最高次の係数は 1 であるとしてよい．まず，$g(x)$ が 1 次式 $x - p$ であるとすると，$r = f(p)$ は整数であるが，$r^3 = 2$ となるので，矛盾である．

また，$g(x)$ が 2 次式 $(x - p)(x - q)$ であるとすると，解と係数の関係より，$p + q$, pq はともに整数である．$r = f(p)f(q)$ は p, q に関して対称な整数係数多項式なので，整数であるが，$r^3 = 4$ となるので，矛盾である．よって，$g(x), h(x)$ はともに 3 次式以上であることが必要である．

そこで，$f(x)$ が 2 次，$g(x), h(x)$ が 3 次であるとしてみる．ここで，$g(x)$ の 2 次の係数が消えるように，適当に平行移動すると，
$$F(x)^3 - 2 = G(x)H(x), \quad F(x) = x^2 + ax + b, \quad G(x) = x^3 + cx - d$$

となる（具体的には，もし，$g(x) = x^3 + px^2 + qx + r$ であるならば，x を $x - \dfrac{p}{3}$ にすればよい）．このとき，a, b, c, d は有理数であり，特に a は既約分数で表したときにその分母は 1 または 3 になる有理数であることに注意しておく．

$G(x) = 0$ の解を α, β, γ とする．また，$x^3 = 1$ の虚数解の 1 つを ω とすると，$F(\alpha), F(\beta), F(\gamma)$ は $\sqrt[3]{2}, \sqrt[3]{2}\omega, \sqrt[3]{2}\omega^2$ のいずれかであるが，解と係数の関係より，$F(\alpha) + F(\beta) + F(\gamma)$ が有理数であるから，

$$F(\alpha) = \sqrt[3]{2}, \quad F(\beta) = \sqrt[3]{2}\omega, \quad F(\gamma) = \sqrt[3]{2}\omega^2$$

としてよい．よって，次を得る：

$$\alpha^2 + a\alpha = \sqrt[3]{2} - b \cdots (1)$$
$$\beta^2 + a\beta = \sqrt[3]{2}\omega - b \cdots (2)$$
$$\gamma^2 + a\gamma = \sqrt[3]{2}\omega^2 - b \cdots (3)$$

そこで，$(1) + (2) + (3)$ を計算すると，

$$(\alpha^2 + \beta^2 + \gamma^2) + a(\alpha + \beta + \gamma) = -3b \cdots (4)$$

次に，$(1)(2) + (2)(3) + (3)(1)$ を計算すると，

$$(\alpha^2\beta^2 + \beta^2\gamma^2 + \gamma^2\alpha^2) + a(\alpha^2\beta + \alpha\beta^2 + \beta^2\gamma + \beta\gamma^2 + \gamma^2\alpha + \gamma\alpha^2)$$
$$+ a^2(\alpha\beta + \beta\gamma + \gamma\alpha) = 3b^2 \cdots (5)$$

最後に，$(1)(2)(3)$ を計算すると，

$$\alpha\beta\gamma\{\alpha\beta\gamma + a(\alpha\beta + \beta\gamma + \gamma\alpha) + a^2(\alpha + \beta + \gamma) + a^3\} = 2 - b^3 \cdots (6)$$

解と係数の関係から，$\alpha + \beta + \gamma = 0, \alpha\beta + \beta\gamma + \gamma\alpha = c$ であるから，次が成り立つ：

$$\alpha^2 + \beta^2 + \gamma^2 = (\alpha + \beta + \gamma)^2 - 2(\alpha\beta + \beta\gamma + \gamma\alpha) = -2c,$$
$$\alpha^2\beta^2 + \beta^2\gamma^2 + \gamma^2\alpha^2 = (\alpha\beta + \beta\gamma + \gamma\alpha)^2 - 2\alpha\beta\gamma(\alpha + \beta + \gamma) = c^2,$$
$$\alpha^2\beta + \alpha\beta^2 + \beta^2\gamma + \beta\gamma^2 + \gamma^2\alpha + \gamma\alpha^2$$
$$= (\alpha\beta + \beta\gamma + \gamma\alpha)(\alpha + \beta + \gamma) - 3\alpha\beta\gamma = -3d.$$

以上を使って，次を得る：

$$(4) \iff 2c = 3b \cdots (7)$$
$$(5) \iff c^2 - 3ad + a^2c = 3b^2 \cdots (8)$$

$$(6) \iff d(d+ac+a^3) = 2-b^3 \cdots (9)$$

(7) より，$c=3k$，$b=2k$ として，(8), (9) に代入して，さらに d を消去すると，次を得る：
$$k(k+a^2)^3 = 2a^2.$$
ここで，$k+a^2 = p$ とおけば，次を得る：
$$k = \frac{2p}{p^3+2}, \quad a^2 = \frac{p^4}{p^3+2}.$$
互いに素な 2 整数 A, B を用いて，$p = \dfrac{B}{A}$ $(A>0)$ と表すと，
$$p^3 + 2 = \frac{B^3 + 2A^3}{A^3}$$
は既約である．これが有理数の平方に等しくなっているので，ある正整数 C, D が存在して，$A = C^2$, $B^3 + 2A^3 = D^2$ となることが必要であり，このとき，
$$p = \frac{B}{C^2}, \quad \sqrt{p^3+2} = \frac{D}{C^3}, \quad a = \pm \frac{B^2}{CD}$$
となる．B, D は互いに素なので，a を既約表示したときの分母は CD となる．先に注意したように，これは 1 または 3 であるから，$(C, D) = (1, 1), (1, 3), (3, 1)$ であることが必要だが，このうち $B^3 + 2A^3 = D^2$ をみたす整数 B が存在するのは $(1, 1)$ のみである．このとき，$F(x) = x^2 \pm x - 4$ となり，確かに，
$$(x^2 + x - 4)^3 - 2 = (x^3 - 6x + 6)(x^3 + 3x^2 - 3x - 11)$$
となっている．

一般的には，必ずしも $g(x)$ の 2 次の係数が 0 である必要はないので，$F(x)$ を任意に平行移動した
$$f(x) = (x+n)^2 + (x+n) - 4 \quad (\forall n \in \mathbb{Z})$$
が答となる．

注 正答は，$s, t \in \mathbb{Z}$ を用いて，$x^2 + sx + t$ の形に書けて，$s^2 - 4t = 17$ が成立するものである．例えば，
$$x^2 + x - 4, \quad x^2 - x - 4, \quad x^2 + 3x - 2, \quad x^2 - 3x - 2$$
などは，すべて正解である．

◆第 4 章◆

● 初級

1. 与式の左辺を変形する：
$$(\sqrt{x} + \sqrt{x+1})(\sqrt{x} + \sqrt{x+2}) = 2.$$
この両辺に
$$\frac{1}{2}(\sqrt{x+1} - \sqrt{x})(\sqrt{x+2} - \sqrt{x})$$
を掛けると，
$$1 = (\sqrt{x+1} - \sqrt{x})(\sqrt{x+2} - \sqrt{x}).$$
右辺を展開して整理すると，
$$x - \sqrt{x(x+1)} - \sqrt{x(x+2)} + \sqrt{(x+1)(x+2)} = 1.$$
これと与式を辺々加えると，
$$2x + 2\sqrt{(x+1)(x+2)} = 3.$$
$$\therefore (3-2x)^2 = 4(x+1)(x+2).$$
$$\therefore 4x^2 - 12x + 9 = 4x^2 + 12x + 8.$$
よって，$x = \dfrac{1}{24}$ を得る．これは確かに与式をみたす．

2. $\sqrt{x^2 + 25x + 80} = u$ とおくと，問題の方程式は，次のようになる：
$$u^2 - 28 = 3u.$$
$$\therefore (u-7)(u+4) = 0.$$
$u \geq 0$ であるから，$u = 7$．

これより，問題の方程式は，次のようになる：
$$x^2 + 25x + 80 = 49. \qquad \therefore x^2 + 25x + 31 = 0.$$
この方程式は 2 つの実数解をもち，それらの積は，解と係数の関係より，31 である．

3. $\sqrt{2\sqrt{2}\,x - x^2 + k^2 - 2} = \sqrt{k^2 - (x - \sqrt{2})^2} \leq k \quad (k = 1, 2, \cdots, 1995)$
より，次を得る：
$$(方程式の左辺) \leq \frac{1}{998}(1 + 2 + \cdots + 1995) = 1995.$$

ここで，等号が成立するための必要十分条件は，$x = \sqrt{2}$ であり，これが求める解である．

4. 根号の中が負にならないことから，この方程式の解は閉区間 $\left[\dfrac{74}{27}, \dfrac{10}{3}\right]$ に属することがわかる．この条件の下で，与式を変形して，方程式を解く．

$$\sqrt{4 - 3\sqrt{10 - 3x}} = x - 2$$
$$\iff 4 - 3\sqrt{10 - 3x} = x^2 - 4x + 4$$
$$\iff 3\sqrt{10 - 3x} = 4x - x^2$$
$$\iff 9(10 - 3x) = x^4 - 8x^3 + 16x^2$$
$$\iff (x - 3)(x^3 - 5x^2 + x + 30) = 0$$
$$\iff (x - 3)(x + 2)(x^2 - 7x + 15) = 0$$
$$\iff x = 3.$$
$$\left(\because\ x^2 - 7x + 15 > 0\ (\forall x \in \mathbb{R}),\quad x + 2 > 0\ \left(\forall x \in \left[\dfrac{74}{27}, \dfrac{10}{3}\right]\right)\right)$$

この結果，与えられた方程式の解は，$x = 3$ である．

5. $m = \sqrt{n + 3} + \sqrt{n + \sqrt{n + 3}}$ とおくと，平方して次を得る：

$$n + \sqrt{n + 3} = (m - \sqrt{n + 3})^2.$$
$$\therefore\ (2m + 1)\sqrt{n + 3} = m^2 + 3.$$

両辺は整数だから，正整数 p が存在して，$n + 3 = p^2$ となる．
$p + \sqrt{n + p}$ も整数だから，正整数 q が存在して，$n + p = q^2$ となる．
上の 2 式から n を消去して，$p^2 - 3 = q^2 - p$ を得る．

$$\therefore\ 4p^2 + 4p - 12 = 4q^2,\quad \therefore\ (2p + 1)^2 - (2q)^2 = 13.$$
$$\therefore\ (2p + 1 - 2q)(2p + 1 + 2q) = 13.$$

これを解いて，$p = 3$ を得るから，したがって，$n = 6$ である．

6. $w = \sqrt[4]{x^2}$ とおくと，与えられた方程式は，次のようになる：

$$aw^2 + \dfrac{1}{2}w - \dfrac{1}{3} = 0\ \cdots\ (1)$$

与えられた方程式がちょうど 2 つの異なる実数根をもつための必要十分条件は，(1) がちょうど 1 つの正の実数根をもつことである．
$a = 0$ のとき，$w = \dfrac{2}{3}$ は唯一の正の根である．

$a \neq 0$ のとき，解と係数の関係より，(1) が 1 つの正の根と 1 つの負の根をもつための必要十分条件は，$a > 0$ である．

$a < 0$ のときは，(1) が正の 2 重根をもたねばならない．よって，(1) の判別式
$$\Delta = \left(\frac{1}{2}\right)^2 - 4a\left(-\frac{1}{3}\right) = 0$$
でなければならないので，$a = -\frac{3}{16}$ を得る．

以上をまとめると，求める a の範囲は，$a \geq 0$，$a = -\frac{3}{16}$ である．

7. 与式を変形して，$(x+y) - \sqrt{x} = \sqrt{xy} + \sqrt{y}$.

両辺を平方して整理すると，$x^2 + xy + y^2 + x - y = 2(2y+x)\sqrt{x}$.

$2y + x \neq 0$ だから，$\sqrt{x}$ は有理数でなければならない．よって，x は平方数である．同じようにして，y も平方数である．

そこで，$\sqrt{x} = a$，$\sqrt{y} = b$ とおくと，与えられた方程式は
$$a^2 + b^2 = ab + a + b$$
となるが，これは次のように書き換えられる：
$$(a-b)^2 + (a-1)^2 + (b-1)^2 = 2.$$
これより，次を得る：$(a, b) = (1, 2), (2, 1), (2, 2)$.

したがって，求める解は，$(x, y) = (1, 4), (4, 1), (4, 4)$ である．

● 中級

1. 与式を変形して，
$$\sqrt{2x+1} - 3 = \sqrt{x+7} - \sqrt{x+3}.$$
両辺を平方して，
$$2x + 1 + 9 - 6\sqrt{2x+1} = 2x + 10 - 2\sqrt{x^2 + 10x + 21}.$$
$$\therefore 3\sqrt{2x+1} = \sqrt{x^2 + 10x + 2}.$$
両辺を平方して，
$$9(2x+1) = x^2 + 10x + 21.$$
$$x^2 - 8x + 12 = 0. \qquad \therefore x = 2, 6.$$
ところで，与式 $\sqrt{2x+1} - 3 = \sqrt{x+7} - \sqrt{x+3} > 0$ より，$x > 4$ だから，

$x = 6$ が唯一の解である.

2. 2次多項式を
$$a(x) = 2x^2 + 2x + 3, \quad b(x) = 2x^2 + 2,$$
$$c(x) = 3x^2 + 2x - 1, \quad d(x) = x^2 + 6.$$
とすると,与えられた方程式は,次のように書き換えられる:
$$\sqrt{a(x)} + \sqrt{b(x)} = \sqrt{c(x)} + \sqrt{d(x)}.$$
ところで,すべての実数 x について,
$$a(x) = 2\left(x + \frac{1}{2}\right)^2 + \frac{5}{2} > 0, \quad b(x) = 2x^2 + 2 > 0, \quad d(x) = x^2 + 6 > 0$$
である.また,$c(x) = 3x^2 + 2x - 1 = (3x - 1)(x + 1) \geq 0$ が成り立つのは,$x \in (-\infty, -1) \cup (1/3, \infty) = S$ である.

よって,与えられた方程式の解はすべて S に属する.

ところで,$a(x) + b(x) = c(x) + d(x)$ だから,$p(x) = a(x) - d(x) = c(x) - b(x)$ とおく.すると,与えられた方程式は,次のようになる:
$$\sqrt{d(x) + p(x)} + \sqrt{b(x)} = \sqrt{b(x) + p(x)} + \sqrt{d(x)}.$$
両辺を平方して,整理すると,
$$\sqrt{(d(x) + p(x))\, b(x)} = \sqrt{(b(x) + p(x))\, d(x)}.$$
再び両辺を平方して,整理すると,
$$p(x)(b(x) - d(x)) = 0. \quad \therefore \quad p(x) = 0, \text{ または, } b(x) - d(x) = 0.$$
$$0 = p(x) = x^2 + 2x - 3 = (x + 3)(x - 1). \quad \therefore \quad x \in \{-3, 1\}.$$
$$0 = b(x) - d(x) = x^2 - 4 = (x - 2)(x + 2). \quad \therefore \quad x \in \{-2, 2\}.$$

$\{-3, -2, 1, 2\} \subset S$ で,これらの元はいずれも与式をみたすことが確かめられるので,求める解は,$\{-3, -2, 1, 2\}$ である.

[別解] 両辺を2度平方して,整理すると,
$$(2x^2 + 2x + 3)(2x^2 + 2) = (3x^2 + 2x - 1)(x^2 + 6).$$
両辺を展開すると,
$$4x^4 + 4x^3 + 10x^2 + 4x + 6 = 3x^4 + 2x^3 + 17x^2 + 12x - 6.$$

$$\therefore\ x^4 + 2x^3 - 7x^2 - 8x + 12 = 0.$$
$$\therefore\ (x^2 - 3)(x^2 - 4) + 2x(x^2 - 4) = 0.$$
$$\therefore\ (x^2 - 4)(x^2 + 2x - 3) = 0.$$

この後は，上と同じ．

3. $\dfrac{1}{a+bc} + \dfrac{1}{b+ac} = \dfrac{(b+ac)+(a+bc)}{(a+bc)(b+ac)} = \dfrac{a+b+ac+bc}{ab+a^2c+b^2c+abc^2}$

であるから，問題の条件式は，次のように書き換えられる：

$$(a+b)(a+b+ac+bc) = ab + a^2c + b^2c + abc^2.$$
$$\therefore\ a^2 + ab + a^2c + abc + ab + b^2 + abc + b^2c = ab + a^2c + b^2c + abc^2.$$
$$\therefore\ a^2 + 2abc + ab - abc^2 + b^2 = 0.$$

これを a に関する2次方程式と考えると，a は有理数だから，この方程式は有理数根をもつことがわかる．したがって，この方程式の判別式は，有理数の平方のはずである．この判別式は，次のようになる：

$$\begin{aligned}
D &= (2bc + b - bc^2)^2 - 4b^2 \\
&= (2bc + b - bc^2 - 2b)(2bc + b - bc^2 + 2b) \\
&= b^2(2c - 1 - c^2)(2c + 3 - c^2) \\
&= b^2(c^2 - 2c + 1)(c^2 - 2c - 3) \\
&= b^2(c-1)^2(c+1)(c-3).
\end{aligned}$$

もし，$c = 1$ ならば，与えられた条件式は，$\dfrac{1}{a+b} + \dfrac{1}{a+b} = \dfrac{1}{a+b}$ となって，解をもたない．

もし，$b = 0$ ならば，与えられた条件式は，$\dfrac{1}{a} + \dfrac{1}{ac} = \dfrac{1}{a}$ となって，これも解をもたない．

したがって，$c \neq 1,\ b \neq 0$ である．これより，

$$(c-3)(c+1) = \dfrac{D}{b^2(c-1)^2}$$

を得るが，これは有理数の平方である．

4. $t = \sqrt[4]{4x+4}$ とおく．$t \geq 0,\ x \geq -1,\ x = \dfrac{t^4 - 4}{4}$ である．この x を与えられた方程式に代入して，次を得る：

$$t^{12} - 24t^8 + 16t^4 - 512t + 2816 = 0.$$
$$\therefore (t-2)^2(t^{10} + 4t^9 + 12t^8 + 32t^7 + 56t^6 + 96t^5$$
$$+ 160t^4 + 256t^3 + 400t^2 + 576t + 704) = 0.$$

いま，$t \geq 0$ だから，$t = 2$ である．したがって，$x = 3$ を得る．

注 関数 $f(x) = x^3 - 3x^2 - 8x + 40$, $g(x) = 8\sqrt[4]{4x+4}$ を区間 $[-1, \infty)$ で考察すれば，次がわかる：
$$\min f(x) = f(3) = 13, \quad \max g(x) = g(3) = 13.$$

5. 一般に，次の展開公式が成立する：
$$(a+b+c)^3 = a^3 + b^3 + c^3 + 3(a+b)(b+c)(c+a) \quad \cdots (*)$$

これより，$(a+b+c)^3 = a^3 + b^3 + c^3$ であるための必要十分条件は，$a+b=0$, または $b+c=0$, または $c+a=0$ が成り立つことである．これより，いずれの場合も，
$$\sqrt[3]{a} + \sqrt[3]{b} + \sqrt[3]{c} = \sqrt[3]{a+b+c}$$
が成立する．

逆に，$\sqrt[3]{a} + \sqrt[3]{b} + \sqrt[3]{c} = \sqrt[3]{a+b+c}$ が成立するとする．両辺を 3 乗して，
$$(\sqrt[3]{a} + \sqrt[3]{b} + \sqrt[3]{c})^3 = a+b+c.$$

$(*)$ において，(a, b, c) を $(\sqrt[3]{a}, \sqrt[3]{b}, \sqrt[3]{c})$ に置き換えると
$$(\sqrt[3]{a} + \sqrt[3]{b} + \sqrt[3]{c})^3$$
$$= (\sqrt[3]{a})^3 + (\sqrt[3]{b})^3 + (\sqrt[3]{c})^3 + 3(\sqrt[3]{a} + \sqrt[3]{b})(\sqrt[3]{b} + \sqrt[3]{c})(\sqrt[3]{c} + \sqrt[3]{a})$$
$$= a+b+c + 3(\sqrt[3]{a} + \sqrt[3]{b})(\sqrt[3]{b} + \sqrt[3]{c})(\sqrt[3]{c} + \sqrt[3]{a}).$$

上の 2 つの等式を比べて，$\sqrt[3]{a} + \sqrt[3]{b} = 0$, または $\sqrt[3]{b} + \sqrt[3]{c} = 0$, または $\sqrt[3]{c} + \sqrt[3]{a} = 0$ が成り立つ．これより，$a+b=0$, または $b+c=0$, または $c+a=0$ が成り立つから，$a^3 + b^3 + c^3 = (a+b+c)^3$ が成立する．

6. 与えられた方程式系より，$x, y > 0$, $y + 3x \neq 0$ である．この条件下で，与えられた方程式系は，次と同値である：
$$\frac{1}{\sqrt{x}} + \frac{3}{\sqrt{y}} = 1 \quad \cdots (1)$$

$$-\frac{1}{\sqrt{x}} + \frac{3}{\sqrt{y}} = \frac{12}{y+3x} \quad \cdots (2)$$

(1) と (2) を辺々掛け合わせて，以下を得る：

$$\frac{9}{y} - \frac{1}{x} = \frac{12}{y+3x}, \quad \therefore \quad y^2 + 6xy - 27x^2 = 0.$$

$$\therefore y = 3x, \ y = -9x.$$

$y = -9x$ は最初に述べた条件に反するので，$y = 3x$ が残る．

このとき，方程式 (1) は，

$$\frac{1}{\sqrt{x}} + \frac{3}{\sqrt{3x}} = 1$$

となる．これを解いて，$x = 4 + 2\sqrt{3},\ y = 12 + 6\sqrt{3}$ を得る．

7. $u = \sqrt[4]{x-y}$ とおくと，2番目の方程式は，次のようになる：

$$u^4 + 13u - 42 = 0. \quad \therefore \quad (u-2)(u^3 + 2u^2 + 4u + 21) = 0.$$

$u^3 + 2u^2 + 4u + 21 = 0$ は正の解をもたないので，$u = 2$ が上の方程式の唯一の解である．したがって，次を得る：

$$x = y + 16.$$

これを1番目の方程式に代入して，次を得る：

$$y^2 - 5y + 3 = 0.$$

これを解いて，$y = \dfrac{5 \pm \sqrt{13}}{2}$ を得るが，$y = \dfrac{5 - \sqrt{13}}{2} < 2$ となって，これは条件をみたさない．よって，求める解は，次のようになる：

$$x = \frac{37 + \sqrt{13}}{2}, \quad y = \frac{5 + \sqrt{13}}{2}.$$

● 上級

1. 背理法で証明する．与式をみたす正整数 x, y が存在したとする．平方して，次を得る：

$$2n + 1 + 2\sqrt{n^2 + n} < x + y + 2\sqrt{xy} < 4n + 2 \quad \cdots (1)$$

$4n + 1 < x + y + 2\sqrt{xy} \leq 2(x+y)$ だから，$x + y > 2n + \dfrac{1}{2}$ を得る．数 x, y は整数であるから，次を得る：

$$x + y \geq 2n + 1.$$

ここで，$a = x + y - (2n+1) \geq 0$ とおく；a は整数である．上の (1) の後半の不等式から，$2\sqrt{xy} < 2n+1-a$ が得られるから，$4xy < (2n+1-a)^2$ を得る．数 $4xy, 2n+1-a$ はいずれも整数であるから，次を得る：

$$4xy \leq (2n+1-a)^2 - 1. \quad \therefore \quad 2\sqrt{xy} \leq \sqrt{(2n+1-a)^2 - 1}.$$

(1) から，次を得る：

$$2\sqrt{n^2+n} < a + 2\sqrt{xy} \leq a + \sqrt{(2n+1-a)^2 - 1}.$$
$$\therefore \quad \sqrt{(2n+1)^2 - 1} - a \leq \sqrt{(2n+1-a)^2 - 1} \cdots (2)$$

$x + y < 4n+2$ であるから，$a = x + y - (2n+1) \leq 2n$ であり，$a < \sqrt{(2n+1)^2 - 1}$ が成立する．(2) の両辺を平方して，次を得る：

$$(2n+1)^2 - 1 + a^2 - 2a\sqrt{(2n+1)^2 - 1} < (2n+1-a)^2 - 1$$
$$\iff -2a\sqrt{(2n+1)^2 - 1} < -2a(2n+1)$$
$$\iff \sqrt{(2n+1)^2 - 1} > 2n+1.$$

これは矛盾である．よって，背理法により，題意は証明された．

2. $u = x+y$, $v = x-y$ とおくと，

$$0 \leq x^2 - y^2 = uv < 1, \quad x = \frac{u+v}{2}, \quad y = \frac{u-v}{2}$$

を得る．2 つの与えられた方程式を辺々加え，辺々引き，u, v を代入して，次の新しい方程式系を得る：

$$u - u\sqrt{uv} = (a+b)\sqrt{1-uv},$$
$$v + v\sqrt{uv} = (a-b)\sqrt{1-uv}.$$

これらを辺々掛け合わせて，次を得る：

$$uv(1-uv) = (a^2 - b^2)(1-uv).$$

したがって，$uv = a^2 - b^2$ であり，次を得る：

$$u = \frac{(a+b)\sqrt{1-a^2+b^2}}{1-\sqrt{a^2-b^2}}, \quad v = \frac{(a-b)\sqrt{1-a^2+b^2}}{1+\sqrt{a^2-b^2}}.$$

これより，求める解は，次のようになる：

$$(x, y) = \left(\frac{a + b\sqrt{a^2-b^2}}{\sqrt{1-a^2+b^2}}, \frac{b + a\sqrt{a^2-b^2}}{\sqrt{1-a^2+b^2}} \right).$$

ただし，解が存在するのは，$0 \leq a^2 - b^2 < 1$ のときに限る．

3. 与えられた方程式より，次の必要条件が得られる：
$$1 + 2xy > 0, \quad x(1-2x) \geq 0, \quad y(1-2y) \geq 0.$$
これらを解いて，次を得る：
$$0 \leq x \leq \frac{1}{2}, \quad 0 \leq y \leq \frac{1}{2}.$$
以下では，この条件下で，次が成り立つことを証明する：
$$\frac{1}{\sqrt{1+2x^2}} + \frac{1}{\sqrt{1+2y^2}} \leq \frac{2}{\sqrt{1+2xy}} \quad \cdots (1)$$
実際，以下の計算ができる：

$$(1) \iff \frac{1}{1+2x^2} + \frac{1}{1+2y^2} + \frac{2}{\sqrt{(1+2x^2)(1+2y^2)}} \leq \frac{4}{1+2xy}$$

$$\iff \left(\frac{1}{1+2x^2} + \frac{1}{1+2y^2} - \frac{2}{1+2xy}\right)$$
$$\quad + \left(\frac{2}{\sqrt{4x^2y^2+2x^2+2y^2+1}} - \frac{2}{2xy+1}\right) \leq 0$$

$$\iff \left(-\frac{2x(x-y)}{(1+2x^2)(1+2xy)} + \frac{2y(x-y)}{(1+2y^2)(1+2xy)}\right)$$
$$\quad + \left(\frac{2}{\sqrt{4x^2y^2+2x^2+2y^2+1}} - \frac{2}{2xy+1}\right) \leq 0$$

$$\iff -\frac{2(x-y)^2(1-2xy)}{(1+2xy)(1+2x^2)(1+2y^2)}$$
$$\quad + \left(\frac{2}{\sqrt{4x^2y^2+2x^2+2y^2+1}} - \frac{2}{2xy+1}\right) \leq 0.$$

最後の式の左辺の第 1 項は明らかに 0 以下であり，
$$\frac{2}{\sqrt{4x^2y^2+2x^2+2y^2+1}} \leq \frac{2}{\sqrt{4x^2y^2+4xy+1}} = \frac{2}{2xy+1}$$
より，左辺の第 2 項も 0 以下であることがわかる．したがって，(1) は証明された．また，等号が成立するための必要十分条件は，$x = y$ であることもわかる．

この結果，与えられた 1 番目の方程式は，$x = y$ となり，したがって，与えられた 2 番目の方程式は，
$$\sqrt{x(1-2x)} = \sqrt{y(1-2y)} = \frac{1}{9}$$
となる．これより，次を得る：

$$x = y = \frac{9 \pm \sqrt{73}}{36}.$$

◆第5章◆

● 初級

1. $\omega^3 = 1$, $\omega + 1 = -\omega^2$ だから，次を得る：
$$\omega^{2k} + 1 + (\omega+1)^{2k} = \omega^{2k} + 1 + (\omega^4)^k = (\omega^k)^2 + \omega^k + 1 \cdots (1)$$
$k = 3m$ のときは，(1) の値は 3，$k \neq 3m$ のときは，$\omega^k = \omega$ または $\omega^k = \omega^2$ であるが，いずれにせよ，(1) の値は 0 である．

100 以下の 3 の倍数は 33 個だから，(1) の値が 0 となるのは，$100 - 33 = 67$ 個である．

2. 次の事実に注意する：実数 $x, y > 0$ について，
$$x + y \leq \sqrt{2}\sqrt{x^2 + y^2}. \quad \text{ここで，等号が成り立つ} \Leftrightarrow x = y.$$
この事実を使うと，任意の複素数 z, $|z| = 1$ について，次の計算ができる：
$$\begin{aligned}|z-a| + |z+a| &\leq \sqrt{2}\sqrt{|z+a|^2 + |z-a|^2} \\ &= \sqrt{2}\sqrt{(z+a)(\overline{z}+a) + (z-a)(\overline{z}-a)} \\ &= \sqrt{2}\sqrt{|z|^2 + az + a\overline{z} + a^2 + |z|^2 - az - a\overline{z} + a^2} \\ &= \sqrt{2}\sqrt{2 + 2a^2} \\ &= 2\sqrt{1+a^2}.\end{aligned}$$
ここで，等号が成り立つのは，$|z-a| = |z+a|$ の場合に限る．
$$|z-a| = |z+a| \Leftrightarrow 2\operatorname{Re}(z) = z + \overline{z} = 0.$$
よって，求める点は，$z = i$ である．

3. 与式を z^3 で割って，次を得る：
$$z^3 + z + 1 + z^{-1} + z^{-3} = 0.$$
ここで，$w = z + z^{-1}$ とおくことにより，次を得る：
$$w^3 - 2w + 1 = 0. \quad \therefore \quad (w-1)(w^2 + w - 1) = 0.$$
$w = z + z^{-1}$ を代入して，z^3 を両辺にかけて，次を得る：

$$(z^2 - z + 1)(z^4 + z^3 + z^2 + z + 1) = \frac{z^3 + 1}{z + 1} \cdot \frac{z^5 - 1}{z - 1} = 0.$$

したがって，与えられた方程式の 6 つの根は，1 の 5 乗根と -1 の 3 乗根から，1 と -1 を除いたものである．よって，求める 6 根は次のようになる．

$$e^{2\pi i/5}, \quad e^{4\pi i/5}, \quad e^{6\pi i/5}, \quad e^{8\pi i/5}, \quad e^{\pi i/3}, \quad e^{5\pi i/3}.$$

4. (a) 任意の実数 u, v について，$|u + v| + |u - v| \in \{\pm 2u, \pm 2v\}$ であることは，容易に確かめられる．したがって，次を得る：

$$|\alpha x + \beta y| + |\alpha x - \beta y| \leq \max\{2|\alpha|, 2|\beta|\}.$$

等号が成り立つのは $x = y = 1$ のときであり，その等式の右辺が最大値である．

(b) 次の等式は容易に確かめられる：

$$|\alpha x + \beta y|^2 + |\alpha x - \beta y|^2 = 2|\alpha x|^2 + 2|\beta y|^2.$$

一方，一般に実数 a, b について，$(a + b)^2 \leq 2(a^2 + b^2)$ が成り立つから，

$$(|\alpha x + \beta y| + |\alpha x - \beta y|)^2 \leq 2(|\alpha x + \beta y|^2 + |\alpha x - \beta y|^2)$$

が成り立つ．したがって，次を得る：

$$|\alpha x + \beta y| + |\alpha x - \beta y| \leq 2\sqrt{\alpha^2 + \beta^2}.$$

これより，$x = 1, y = i$ のときに，最大値 $2\sqrt{\alpha^2 + \beta^2}$ が得られる．

5. 明らかに，$1 \in A \cap B$ である．いま，$w \in A \cap B, w \neq 1$ とする．B の要素として，ある $k = 1, 2, \cdots, n-1$ について，次が成り立つ：

$$w = 1 + z + \cdots + z^k = \frac{1 - z^{k+1}}{1 - z}.$$

$w \in A$ でもあるから，次を得る：

$$|w| = 1, \quad |1 - z^{k+1}| = |1 - z|.$$

後の等式から，次を得る：$\sin \dfrac{(k+1)\pi}{n} = \sin \dfrac{\pi}{n}.$

$$\therefore \ \frac{(k+1)\pi}{n} = \pi - \frac{\pi}{n}, \quad \therefore \ k = n - 2, \quad \therefore \ w = \frac{1 - \dfrac{1}{z}}{1 - z} = -\frac{1}{z}.$$

$w \in A$ だから，$w^n = 1$ をみたすので，n は偶数でなければならない．以上より，解答は次のようになる：

n が奇数のとき，$A \cap B = \{1\}$，　n が偶数のとき，$A \cap B = \left\{1, -\dfrac{1}{z}\right\}$．

● 中級

1. $\alpha^n = \cos 2\pi + i \sin 2\pi = 1$ であるから，$k \in \mathbb{Z}$ に対し，$(\alpha^k)^n = (\alpha^n)^k = 1$. そこで因数分解の公式

$$x^n - y^n = (x-y)(x^{n-1} + x^{n-2}y + \cdots + xy^{n-2} + y^{n-1})$$

を使って，次を得る：

$$\frac{x^n - 1}{x - \alpha^k} = \frac{x^n - (\alpha^k)^n}{x - \alpha^k}$$
$$= x^{n-1} + \alpha^k x^{n-2} + \cdots + (\alpha^k)^{n-2} x + (\alpha^k)^{n-1}$$
$$= \sum_{j=0}^{n-1} (\alpha^k)^j x^{n-1-j}.$$

したがって，次を得る：

$$(x^n - 1) \sum_{k=0}^{n-1} \frac{\alpha^{mk}}{x - \alpha^k} = \sum_{k=0}^{n-1} \alpha^{mk} \cdot \frac{x^n - 1}{x - \alpha^k}$$
$$= \sum_{k=0}^{n-1} \alpha^{mk} \Big(\sum_{j=0}^{n-1} (\alpha^k)^j x^{n-1-j} \Big)$$
$$= \sum_{j=0}^{n-1} \Big(\sum_{k=0}^{n-1} (\alpha^{m+j})^k \Big) x^{n-1-j} \quad \cdots (*)$$

ここで，$m+j$ が n で割り切れるときは，$\alpha^n = 1$ より，$\alpha^{m+j} = 1$. よって，

$$\sum_{k=0}^{n-1} (\alpha^{m+j})^k = \sum_{k=0}^{n-1} 1 = n.$$

$m+j$ が n で割り切れないときは，$\alpha^{m+j} \neq 1$ であるが，しかし，$\alpha^{(m+j)n} = (\alpha^n)^{m+j} = 1$ が成り立つので，因数分解の公式を用いて，次を得る：

$$\sum_{k=0}^{n-1} (\alpha^{m+j})^k = \frac{\alpha^{(m+j)n} - 1}{\alpha^{m+j} - 1} = \frac{1-1}{\alpha^{m+j} - 1} = 0.$$

$1 \leq m \leq n$, $0 \leq j \leq n-1$ であるから，$1 \leq m+j \leq 2n-1$.

したがって，$m+j$ が n で割り切れるのは，$j = n-m$ のときである．よって，$(*)$ は nx^{m-1} に等しい．したがって，答は次のようになる：

$$\frac{nx^{m-1}}{x^n - 1}.$$

[別解]　与式の分母 $x-1, x-\alpha, x-\alpha^2, \cdots, x-\alpha^{n-1}$ の最小公倍数は x^n-1 である．したがって，次を得る：

$$\sum_{k=0}^{n-1} \frac{\alpha^{mk}}{x-\alpha^k} = \frac{f(x)}{x^n-1} \quad \cdots (**)$$

ただし，$f(x)$ は $n-1$ 次以下の多項式である．

$(**)$ の両辺に $x-\alpha^k$ を掛けると，左辺は

$$\alpha^{mk} + (x-\alpha^k) \sum_{0 \le j \le n-1, j \ne k} \frac{\alpha^{mj}}{x-\alpha^j}$$

となる．この式は，$x=\alpha^k$ で値 α^{mk} をもつ．右辺は

$$\frac{(x-\alpha^k)f(x)}{x^n-1} = \frac{f(x)}{(x^n-1)/(x-\alpha^k)} = \frac{f(x)}{x^{n-1}+\alpha^k x^{n-2}+\cdots+(\alpha^k)^{n-1}}$$

となる．この式は，$x=\alpha^k$ で値 $\dfrac{f(\alpha^k)}{n(\alpha^k)^{n-1}}$ をもつ．よって，次を得る：

$$f(\alpha^k) = n(\alpha^k)^{n-1} \cdot \alpha^{mk} = n(\alpha^k)^{n+m-1} = n(\alpha^k)^{m-1}.$$

$f(x)$ および nx^{m-1} はともに $n-1$ 次以下の多項式で，相異なる n 個の x ($x=\alpha^k, 0 \le k \le n-1$) で同じ値をとるので，恒等的に等しい．したがって，答は，次のようになる：

$$\frac{nx^{m-1}}{x^n-1}.$$

2. ($\Longleftarrow$)　もし，ある正整数 m が存在して，$n=3m+2$ となったとすると，複素数 $\cos\left(\dfrac{2\pi}{3}\right) + i\sin\left(\dfrac{2\pi}{3}\right)$ は，明らかに絶対値が 1 で，方程式の解である．

($\Longrightarrow$)　もし，z が方程式の解で絶対値が 1 ならば，$\bar{z}$ も解で絶対値が 1 である．したがって，次を得る：

$$z^n + z + 1 = 0 = z^n + z^{n-1} + 1.$$

これより，次を得る：

$$z^{n-2} = 1, \quad z^2+z+1=0, \quad z^3 = 1 \quad (z \ne 1).$$

したがって，ある正整数 m が存在して，$n=3m+2$ となる．

[別解]　($\Longrightarrow$)　$P(z) = z^n + z + 1$ とする．もし，$P(\omega) = 0, |\omega| = 1$ ならば，$\omega = \cos\theta + i\sin\theta$ とおけるから，ド・モアブルの定理より，次を得る：

$$\omega^n = \cos n\theta + i\sin n\theta.$$
$$\therefore\ 0 = (\cos n\theta + \cos\theta + 1) + i(\sin n\theta + \sin\theta).$$
$$\therefore\ \sin^2 n\theta = \sin^2\theta,\ \cos^2 n\theta = \cos^2\theta + 2\cos\theta + 1.$$

したがって，$\cos\theta = -\dfrac{1}{2}$．

これより，$\omega^3 = 1$, $\omega^2 + \omega + 1 = 0$．

したがって，$\omega^n = \omega^2$ となるから，$n \equiv 2 \pmod{3}$．

($\Longleftarrow$) もし，$n \equiv 2 \pmod 3$ ならば，ある正整数 m について 1 の原始 $n = 3m+2$ 乗根 $\omega \neq 1$ に関して，$P(\omega) = 0$ となる．実際，ある整数係数の多項式 $Q(z)$ が存在して，$P(z) = z^n + z + 1 = (z^2 + z + 1)Q(z)$ となる．

3. $p(x) = x^{10} + (13x-1)^{10}$ とする．r が $p(x) = 0$ の根ならば，$r \neq 0$ に注意すると，次が成り立つ：
$$-1 = \left(\frac{13r-1}{r}\right)^{10} = \left(\frac{1}{r} - 13\right)^{10}.$$
$$\therefore\ \left(\frac{1}{r} - 13\right)\left(\frac{1}{\overline{r}} - 13\right) = \left|\frac{1}{r} - 13\right|^2 = 1.$$
$$\left(\frac{1}{r_1} - 13\right)\left(\frac{1}{\overline{r_1}} - 13\right) + \cdots + \left(\frac{1}{r_5} - 13\right)\left(\frac{1}{\overline{r_5}} - 13\right) = 5.$$

これを展開してまとめると，次を得る：
$$\left(\frac{1}{r_1\overline{r_1}} + \cdots + \frac{1}{r_5\overline{r_5}}\right) + 5 \times 169 - 13\left(\frac{1}{r_1} + \frac{1}{\overline{r_1}} + \cdots + \frac{1}{r_5} + \frac{1}{\overline{r_5}}\right) = 5.$$

ところで，$\dfrac{1}{r_1}, \dfrac{1}{\overline{r_1}}, \cdots, \dfrac{1}{r_5}, \dfrac{1}{\overline{r_5}}$ が方程式
$$0 = x^{10} p\!\left(\frac{1}{x}\right) = x^{10} - 130 x^9 + \cdots$$
の根であることに注意すると，次を得る：
$$\frac{1}{r_1} + \frac{1}{\overline{r_1}} + \cdots + \frac{1}{r_5} + \frac{1}{\overline{r_5}} = 130.$$

よって，求める答は，次のように計算される：
$$\frac{1}{r_1\overline{r_1}} + \cdots + \frac{1}{r_5\overline{r_5}} = 13 \times 130 - 5 \times 169 + 5 = 850.$$

［別解］　$p(x) = 0$ ならば，次を得る：

$$\left(13 - \frac{1}{r}\right) = -1 = \cos 180° + i \sin 180°.$$

$$\frac{1}{r} = 13 - (\cos\theta + i\sin\theta),$$

ただし,$\theta = (2k+1) \times 18°$ $(k = 0, 1, 2, \cdots, 9)$ である.

$$\frac{1}{r\overline{r}} = (13 - (\cos\theta + i\sin\theta))(13 - (\cos\theta - i\sin\theta)) = 170 - 26\cos\theta$$

において,$\theta = 18°, 54°, 90°, 126°, 162°$ とすると,5つの積 $\dfrac{1}{r_1\overline{r_1}}, \cdots, \dfrac{1}{r_5\overline{r_5}}$ が得られる.さらに,$\cos\theta + \cos(180° - \theta) = 0$ であることを使って,結論を得る:

$$\frac{1}{r_1\overline{r_2}} + \cdots + \frac{1}{r_5\overline{r_5}} = 5 \times 170 = 850.$$

4. 三角不等式から,次を得る:

$$|1 + ab| + |a + b| \geq |1 + ab + a + b|,$$
$$|1 + ab| + |a + b| \geq |1 + ab - a - b|.$$

この2つの式を辺々掛け合わせて,次を得る:

$$(|1 + ab| + |a + b|)^2 \geq |(1 + ab)^2 - (a + b)^2| = |(a^2 - 1)(b^2 - 1)|.$$

これは,与式 $|1 + ab| + |a + b| \geq \sqrt{|a^2 - 1| \cdot |b^2 - 1|}$ と同値である.

5. $g(X) = X^{n+1} + X^n + \cdots + X + 1$ とおくと,$\varepsilon, \varepsilon^2, \cdots, \varepsilon^{n+1}$ は方程式 $g(X) = 0$ の解であり,次の等式が成り立つ.

$$g(X) = (X - 1)f(X) + n + 2.$$

これより,次を得る:

$$g(\varepsilon^k) = (\varepsilon^k - 1)f(\varepsilon^k) + n + 2 \quad (\forall k = 1, 2, \cdots, n+1).$$

この式を

$$(1 - \varepsilon^k)f(\varepsilon^k) = n + 2 \quad (\forall k = 1, 2, \cdots, n+1)$$

と書き換えて,これらのすべての等式を辺々掛け合わせて,次を得る:

$$(1-\varepsilon)(1-\varepsilon^2)\cdots(1-\varepsilon^{n+1})\prod_{k=1}^{n+1}f(\varepsilon^k) = (n+2)^{n+1}.$$

ところで,$(1-\varepsilon)(1-\varepsilon^2)\cdots(1-\varepsilon^{n+1}) = g(1) = n+2$ であるから,証明すべき等式が得られる.

● 上級

1. $\overline{\left(\dfrac{a}{b}\right)} = \dfrac{b}{a}$ に注意すると，与式の共役は次のようになる：
$$\frac{b}{a} + \frac{c}{b} + \frac{a}{c} + 1 = 0.$$
与式とこの式の分母を払って，辺々加えると，次のようになる：
$$a^2 b + b^2 c + c^2 a + ab^2 + bc^2 + ca^2 + 2abc = 0.$$
$$\therefore (a+b)(b+c)(c+a) = 0.$$

これより，$a+b=0$, $b+c=0$, または，$c+a=0$ となる．

$a+b=0$ のとき，条件 (2) より，$c=a$ または $c=b$ を得る．したがって，求める 3 組の 1 つは $(a, -a, a)$ となる．これは条件 (1) もみたす．

対称性より，$(-a, a, a)$, $(a, a, -a)$ も条件をみたす．よって，解は次のようになる：
$$\{(a, a, -a),\ (a, -a, a),\ (-a, a, a)\ |\ a \in \mathbb{C} - \{0\}\}.$$

2. $z = p + qi$ は，$z^k = 1$ なる 1 の原始根であるとする．ただし，$k \in \mathbb{N}$, $p, q \in \mathbb{R}$ とする．これより，次を得る：
$$|z|^k = |z^k| = 1 \quad \text{i.e.} \quad p^2 + q^2 = 1.$$
したがって，もし，$(a+bi)/\sqrt{n} \in S_n$ ならば，$a, b \in \mathbb{N}$ について，$a^2 + b^2 = n$ であることがわかる．

a と b は正整数なので，$a < \sqrt{n}$ であり，a が決まれば b もまた定まるから，したがって，S_n の元の個数は $\sqrt{n}$ 未満である．

(2) 背理法で証明する．$z = (a+bi)/\sqrt{5}$ が 1 の原始根であるとする．ただし，a, b は正整数とする．すると，$a^2 + b^2 = 5$ であるから，$a=1, b=2$ と $a=2, b=1$ の 2 つの可能性がある．

まず，次に注意する：$2 + i = i \cdot \overline{1 + 2i}$ であるから，z が 1 の原始根であるための必要十分条件は，$i\bar{z}$ が 1 の原始根であることである．

これより，次の場合を考察すれば十分である：
$$z = \frac{1 + 2i}{\sqrt{5}} = \frac{1}{\sqrt{5}} + \frac{2}{\sqrt{5}} i.$$

いま，正整数 k について，$z^k = 1$ であると仮定する．$z = \cos\theta + i\sin\theta$ と書けるから，ド・モアブルの定理より，$z^k = \cos(k\theta) + i\sin(k\theta) = 1$ となる．よって，

$\cos(k\theta) = 1$, $\sin(k\theta) = 0$ であるから，ある整数 m が存在して，$k\theta = 2m\pi$ となり，任意の整数 l に対して，非負整数 $h < k$ が存在して，$\cos(l\theta) = \cos(h\pi/k)$ となる．特に，l を整数全体の集合 $\mathbb{Z}$ にわたって動かしたとき，$\cos(l\theta)$ としてとり得る値は高々有限個であることに注意する．

補題 $\quad \cos(2^r \theta) = \dfrac{u_r}{5^{2^{r-1}}} \quad (r \in \mathbb{N})$.

ただし，u_r は 5 で割り切れない整数である．

（証明） この補題を，r に関する帰納法で証明する．

$r = 1$ のとき，$\cos(2^r \theta) = \cos(2\theta) = 2\cos^2 \theta - 1 = 2\left(\dfrac{1}{\sqrt{5}}\right)^2 - 1 = -\dfrac{3}{5}$ となり，補題は正しい．

次に，$r \geq 1$ とし，r に関して補題が成立していると仮定する．すなわち，5 で割り切れない整数 u_r が存在して，$\cos(2^r \theta) = \dfrac{u_r}{5^{2^{r-1}}}$ が成り立っていると仮定する．したがって，

$$\cos(2^{r+1}\theta) = 2\cos^2(2^r \theta) - 1 = \dfrac{2u_r^2}{(5^{2^{r-1}})^2} - 1 = \dfrac{2u_r^2 - 5^{2^r}}{5^{2^r}}$$

が得られ，$u_{r+1} = 2u_r^2 - 5^{2^r}$ は 5 で割り切れない整数である．したがって，補題は $r+1$ のときにも正しい．

ゆえに，帰納法により，補題はすべての $r \in \mathbb{N}$ について成立する．（証明終）

ところが，$\cos(2^r \theta) \, (r \in \mathbb{N})$ を既約分数で書いたとき，その分母はすべて相異なるから，その値はすべて相異なる．これは，前述の，l をすべての整数にわたって動かしたとき，$\cos(l\theta)$ のとり得る値は高々有限個であるという事実に矛盾する．

よって，S_5 は空集合である．

参考 整数係数多項式 $f(x) = x^n + a_{n-1}x^{n-1} + \cdots + a_1 x + a_0 \quad (n \in \mathbb{N})$
について，$f(x) = 0$ の根を**代数的整数** (algebraic integer) という．α, β が代数的整数のとき，$\alpha \pm \beta$, $\alpha\beta$ も代数的整数である（証明は簡単ではない）．

通常の整数は有理整数 (rational integer) であり，有理数であるような代数的整数のみが通常の整数である．z が 1 の原始根ならば，ある正整数 k が存在して，z は方程式 $f(x) = x^k - 1 = 0$ の根であるから，z は代数的整数である．また，上の解答中で見たように，

ある実数 θ とある整数 $a, b > 0$ を用いて, $z = \cos\theta + i\sin\theta$, $\theta = a\pi/b$ と書ける．複素共役 $\bar{z} = \cos\theta - i\sin\theta$ もまた代数的整数であるから, $z + \bar{z} = 2\cos\theta$, $z - \bar{z} = 2i\sin\theta$ も代数的整数である．もし, $\cos\theta$ が有理数ならば, $2\cos\theta$ は有理数の代数的整数であるから, したがって, 通常の整数である．よって, $|\cos\theta| \leq 1$ を使って, $\cos\theta = 0, 1, -1, 1/2, -1/2$ がわかる．これは, 上の問題より強い結果である．

---

3. a, b が 0 か否かによって, 分類して考察する.

(1) $a = 0 = b$ のとき. $f(X) = X^n$, $g(X) = X^m$ だから, 明らかに $f(X) \mid g(X)$ である．よって, $(0, 0, m, n)$ は解である．

(2) $a = 0, b \neq 0$ のとき. $X^n + b \mid X^m + b$ であるから, $f(X) = 0$ の根はすべて $g(X) = 0$ の根でもある．したがって, $|b| = 1$ である．

$b = -1$ の場合．$X^n - 1 \mid X^m - 1$ でなければならないが, ユークリッドの互除法（第3章参照）により, $\mathrm{GCD}\,(X^n - 1, X^m - 1) = X^{\mathrm{GCD}\,(m,n)} - 1$ であるから, $n \mid m$ である．これより, 次の解を得る : $(0, -1, kn, n)$ $(\forall k \in \mathbb{N})$．

$b = 1$ の場合．$f(X) = X^n + 1 = 0$ の根は次の形で与えられる :
$$z_k = \cos\left(\frac{2k\pi}{n} + \pi\right) + i\sin\left(\frac{2k\pi}{n} + \pi\right) \quad (k = 0, 1, \cdots, n-1).$$
そして, これらはまた $g(X) = X^m + 1 = 0$ の根でなければならない．したがって, 次を得る :
$$\left(\frac{2k\pi}{n} + \pi\right)m = (2k' + 1)\pi \implies \frac{2km}{n} + m = 2k' + 1 \cdots (*)$$

$(*)$ より, $n \mid 2km$ $(k = 0, 1, \cdots, n-1)$ である．特に, $k = 1$ についてみると, $2m = \alpha n$ を意味する．したがって, $(*)$ は $k\alpha + m = 2k' + 1$ となる．

これが k の偶奇にかかわらずに成り立つためには, α が偶数で m が奇数でなければならない．そこで, $\alpha = 2\alpha'$ とおくと, $m = \alpha' n$ が導かれ, これより, n, α' がともに奇数であることがわかる．これより, 第3の解を得る :

$$(0, 1, (kn+1)n, n) \quad (\forall k \in \mathbb{N}).$$

(3) $a \neq 0, b = 0$ のとき. $X^{n-1} + a \mid X^{m-1} + a$ であるから, 上の (2) と同じ議論により, 次の2つの新しい解を得る :

$$(-1, 0, k(n-1) + 1, n), \quad (1, 0, (2k+1)(n-1) + 1, n) \quad (\forall k \in \mathbb{N}).$$

(4) $a \neq 0 \neq b$ のとき. $f(X) \mid g(X)$ より, $f(X) \mid g(X) - f(X)$ であるか

ら，$X^n + aX + b \mid X^m - X^n$ であり，さらに $X^n + aX + b \mid X^{m-n} - 1$ も成り立つ．この最後の関係式より，$f(X) = 0$ のすべての根は 1 の原始根となるので，$|b| = 1$ である．さらに，z_i が $X^{m-n} - 1 = 0$ と $f(X) = 0$ の根ならば，$\overline{z_i} = \dfrac{1}{z_i}$ もまた $f(X) = 0$ の根である ($i = 1, 2, \cdots, n$)．（なぜならば，$f(X) = 0$ は実数係数なので．）

そこで，解と係数の関係より，次を得る：
$$a = (-1)^{n-1} \prod_{i=1}^{n} z_i \Big(\sum_{i=1}^{n} \frac{1}{z_i} \Big) \implies a = (-1)^{2n-1} b \sum_{i=1}^{n} \overline{z_i}.$$

しかし，$n > 2$ ならば，$\overline{z_1} + \overline{z_2} + \cdots + \overline{z_n} = z_1 + z_2 + \cdots + z_n = 0$ であるから，$a = 0$ となり，(2) の場合に帰着する．したがって，$n = 2$ の場合を考察すればよく，このときは $a = (-b) \cdot (-a)$ より，$b = 1$ となる．さらに，
$$X^2 + aX + 1 = 0 \iff |a| = |aX| = |1 + X^2| \le 1 + |X|^2 = 2.$$

したがって，$a \in \{-2, -1, 1, 2\}$ が結論される．$a = 2$，または，$a = -2$ のときは，$X^{m-n} - 1 = 0$ は 2 重根をもち，これは矛盾である．よって，可能性があるのは，$a = \pm 1$ の場合だけである．

$a = 1$ のとき，$m - 2 = 3k$ であり，次の解を得る：$(1, 1, 3k+2, 2)$ $(\forall k \in \mathbb{N})$．
$a = -1$ のとき，$m - 2 = 6k$ となり，次の解を得る：$(-1, 1, 6k+2, 2)$ $(\forall k \in \mathbb{N})$．

以上，(1), (2), (3), (4) で得られた解が求める解のすべてである．

4. 次がわかる：
$$\max\{|ac+b|, |a+bc|\} \ge \frac{|b| \cdot |ac+b| + |a| \cdot |a+bc|}{|a| + |b|}$$
$$\ge \frac{|b(ac+b) - a(a+bc)|}{|a| + |b|}$$
$$= \frac{|b^2 - a^2|}{|a| + |b|}$$
$$\ge \frac{|b+a| \cdot |b-a|}{\sqrt{2(|a^2| + |b^2|)}}.$$

一方，次も成り立つ：
$$m^2 + n^2 = |a-b|^2 + |a+b|^2 = 2(|a|^2 + |b|^2).$$

よって，証明すべき次の不等式を得る：

$$\max\{|ac+b|,\,|a+bc|\} \geq \frac{mn}{\sqrt{m^2+n^2}}.$$

[別解 1]　次の書き換えに注意する.
$$ac+b = \frac{1+c}{2}(a+b) - \frac{1-c}{2}(a-b),$$
$$a+bc = \frac{1+c}{2}(a+b) + \frac{1-c}{2}(a-b).$$

$\alpha = \dfrac{1+c}{2}(a+b),\ \beta = \dfrac{1-c}{2}(a-b)$ とおくと,
$$|ac+b|^2 + |a+bc|^2 = |\alpha - \beta|^2 + |\alpha+\beta|^2 = 2(|a|^2 + |b|^2)$$

であるから, 次を得る :
$$(\max\{|ac+b|,\,|a+bc|\})^2 \geq |\alpha|^2 + |\beta|^2$$
$$= \left|\frac{1+c}{2}\right|^2 m^2 + \left|\frac{1-c}{2}\right|^2 n^2.$$

したがって, 与式を証明するには, 次を証明すれば十分である :
$$\left|\frac{1+c}{2}\right|^2 m^2 + \left|\frac{1-c}{2}\right|^2 n^2 \geq \frac{m^2 n^2}{m^2+n^2}.$$

これは, 次の不等式と同値である :
$$\left|\frac{1+c}{2}\right|^2 m^4 + \left|\frac{1-c}{2}\right|^2 n^4 + \left(\left|\frac{1+c}{2}\right|^2 + \left|\frac{1-c}{2}\right|^2\right)m^2 n^2 \geq m^2 n^2.$$

ところが, これは以下のように証明される :
$$\left|\frac{1+c}{2}\right|^2 m^4 + \left|\frac{1-c}{2}\right|^2 n^4 + \left(\left|\frac{1+c}{2}\right|^2 + \left|\frac{1-c}{2}\right|^2\right)m^2 n^2$$
$$\geq 2\left|\frac{1+c}{2}\right|\left|\frac{1-c}{2}\right|m^2 n^2 + \left(\left|\frac{1+2c+c^2}{4}\right| + \left|\frac{1-2c+c^2}{4}\right|\right)m^2 n^2$$
$$= \left(\left|\frac{1-c}{2}\right| + \left|\frac{1+2c+c^2}{4}\right| + \left|\frac{1-2c+c^2}{4}\right|\right)m^2 n^2$$
$$\geq \left|\frac{1-c^2}{2} + \frac{1+2c+c^2}{4} + \frac{1-2c+c^2}{4}\right|m^2 n^2$$
$$= m^2 n^2.$$

これで証明が完了した.

[別解 2]　$m^2 = |a+b|^2 = (a+b)\overline{(a+b)} = (a+b)(\overline{a}+\overline{b})$
$$= |a^2| + |b^2| + a\overline{b} + \overline{a}b,$$

$$n^2 = |a-b|^2 = (a-b)(\overline{a-b}) = (a-b)(\overline{a}-\overline{b})$$
$$= |a^2| + |b^2| - a\overline{b} - \overline{a}b$$

であるから，次を得る：

$$|a|^2 + |b|^2 = \frac{m^2+n^2}{2}, \quad a\overline{b} + \overline{a}b = \frac{m^2-n^2}{2}.$$

ここで，$c = x + iy$ ($x, y \in \mathbb{R}$, $i = \sqrt{-1}$) とおくと，以下の計算ができる．

$$|ac+b|^2 + |a+bc|^2$$
$$= (ac+b)(\overline{ac+b}) + (a+bc)(\overline{a+bc})$$
$$= |a|^2|c|^2 + |b|^2 + a\overline{b}\overline{c} + \overline{a}b\overline{c} + |a|^2 + |b|^2|c|^2 + \overline{a}bc + a\overline{b}\overline{c}$$
$$= (|c|^2+1)(|a|^2+|b|^2) + (c+\overline{c})(a\overline{b}+\overline{a}b)$$
$$= (x^2+y^2+1) \cdot \frac{m^2+n^2}{2} + 2x \cdot \frac{m^2-n^2}{2}$$
$$\geq \frac{m^2+n^2}{2}x^2 + (m^2-n^2)x + \frac{m^2+n^2}{2}$$
$$= \frac{m^2+n^2}{2}\left(x + \frac{m^2-n^2}{m^2+n^2}\right)^2 - \frac{m^2+n^2}{2}\left(\frac{m^2-n^2}{m^2+n^2}\right)^2 + \frac{m^2+n^2}{2}$$
$$\geq \frac{m^2+n^2}{2} - \frac{1}{2}\frac{(m^2-n^2)^2}{m^2+n^2}$$
$$= \frac{2m^2n^2}{m^2+n^2}.$$

これより，次を得る：

$$(\max\{|ac+b|, |a+bc|\})^2 \geq \frac{m^2n^2}{m^2+n^2}.$$

$$\therefore \max\{|ac+b|, |a+bc|\} \geq \frac{mn}{\sqrt{m^2+n^2}}.$$

◆第6章◆

● 初級

1. $y + z = 3 \cdots (1)$, $x + z = 5 \cdots (2)$, $x + y = 4 \cdots (3)$ とおく．$-(1) + (2) + (3)$ より，次を得る：

$-(y+z) + (x+z) + (x+y) = -3 + 5 + 4. \quad \therefore 2x = 6, \quad \therefore x = 3.$

同様に，$(1) - (2) + (3)$ より，次を得る：
$$(y+z) - (x+z) + (x+y) = 3 - 5 + 4. \quad \therefore \ 2y = 2, \quad \therefore \ y = 1.$$
さらに，$(1) + (2) - (3)$ より，次を得る：
$$(y+z) + (x+z) - (x+y) = 3 + 5 - 4. \quad \therefore \ 2z = 4, \quad \therefore \ z = 2.$$
よって，求める解は，$(x, y, z) = (3, 1, 2)$.

2. $\quad 3m - 1 = n \ \cdots (1), \quad (n - 7)m = 16 \ \cdots (2)$
とおく．(1) の n を (2) に代入して，
$$(3m - 8)m = 16. \quad \therefore \ 3m^2 - 8m - 16 = (3m + 4)(m - 4) = 0.$$
m は正整数なので，$m = 4$．これを (1) に代入して，$n = 11$．
よって，求める正整数の組は，$(m, n) = (4, 11)$．

3. 与式を辺々加え，左辺に移項して整理すると，
$$(x-1)^2 + (y-2)^2 + (z-3)^2 = 0$$
となる．よって，$(x, y, z) = (1, 2, 3)$ が必要である．また，これは確かに与えられた 3 式をみたす．

4. 第 1 の与式から，次を得る：
$$y + 2 = \frac{x^3 + 12x + 2(3x^2 + 4)}{3x^2 + 4} = \frac{(x+2)^3}{3x^2 + 4},$$
$$y - 2 = \frac{x^3 + 12x - 2(3x^2 + 4)}{3x^2 + 4} = \frac{(x-2)^3}{3x^2 + 4}.$$
また，第 2, 第 3 の与式から，同様の等式が得られる．

(1) もし $y = 2$ ならば，$x = z = 2$ が得られ，$(x, y, z) = (2, 2, 2)$ は 3 式をみたす．

(2) もし $y \neq 2$ ならば，次が成り立つ：
$$\frac{y+2}{y-2} = \left(\frac{x+2}{x-2}\right)^3, \quad \frac{z+2}{z-2} = \left(\frac{y+2}{y-2}\right)^3, \quad \frac{x+2}{x-2} = \left(\frac{z+2}{z-2}\right)^3.$$
これより，$\dfrac{x+2}{x-2} = \left(\dfrac{x+2}{x-2}\right)^{27}$ が得られるから，$\dfrac{x+2}{x-2} \in \{-1, 0, 1\}$ である．これより，2 組の解 $x = y = z = -2$，$x = y = z = 0$ を得る．

(1), (2) より，求める解は，$(x, y, z) = (-2, -2, -2), (0, 0, 0), (2, 2, 2)$ の 3 組である．

[別解]　関数 $f: \mathbb{R} \to \mathbb{R}$ を $f(x) = \dfrac{x^3 + 12x}{3x^2 + 4}$ で定義する．

$$f(a) - f(b) = \frac{3(ab-4)^2 + 4(a-b)^2}{(3a^2+4)(3b^2+4)} \cdot (a-b)$$

だから，f は単調増加関数である．

与えられた等式は，$y = f(x)$, $z = f(y)$, $x = f(z)$ となる．一般性を失うことなく，$x = \min\{x, y, z\}$ と仮定してよい．すると，$f(x) \leq f(y)$ であるから，$y \leq z$ であり，これより，$f(y) \leq f(z)$ または $z \leq x$ となる．したがって，$x \leq y \leq z \leq x$ となるから，$x = y = z$ が結論される．方程式 $f(x) = x$ は3つの解 $x = -2, 0, 2$ をもつから，求める解は，次の3組である：

$$(x, y, z) = (-2, -2, -2), (0, 0, 0), (2, 2, 2).$$

5. 初めの3つの方程式から w を消去して，第4の方程式と合わせて，x, y, z に関する次の方程式系を得る：

$$\begin{aligned}
c &= -abx + bcy + (c^2 - a^2)z, \\
b &= -acx + (b^2 - a^2)y + bcz, \\
0 &= ax + cy + bz.
\end{aligned}$$

これら3つの方程式から z を消去して，x, y に関する次の方程式系を得る：

$$\begin{aligned}
ba^2 &= ca(c^2 - a^2 - b^2)x + (b^2c^2 - (c^2 - a^2)(b^2 - a^2))y, \\
b &= -2acx + (b^2 - a^2 - c^2)y.
\end{aligned}$$

これらを書き換えて次を得る：

$$\begin{aligned}
ab &= a(b^2 + c^2 - a^2)y - c(a^2 + b^2 - c^2)x, \\
-b &= (c^2 + a^2 - b^2)y + 2acx.
\end{aligned}$$

これらは，余弦法則を用いて，次のように書き換えられる：

$$\begin{aligned}
y \cos A - x \cos C &= \frac{a}{2ac}, \\
y \cos B + x &= -\frac{b}{2ac}.
\end{aligned}$$

これらから y を消去してすると，x に関する次の方程式を得る：

$$-(\cos B \cos C + \cos A)x = \frac{a \cos B + b \cos A}{2ac} = \frac{1}{2a}.$$

ただし，ここでは $c = a\cos B + b\cos A$ を使った．しかし，
$$\cos A = \cos(\pi - B - C) = -\cos(B+C) = -\cos B\cos C + \sin B \sin C.$$
∴ $\cos B \cos C + \cos A = \sin B \sin C$

で，$\sin B \sin C \neq 0$ であるから，上の x に関する方程式は
$$x = -\frac{abc}{2(ab\sin C)(ac\sin B)}$$
と解くことができる．

なお，三角形 ABC の面積を S とすると，$S = \dfrac{1}{2}ac\sin B = \dfrac{1}{2}ba\sin C$ だから，この右辺は次のように書き換えられる：
$$x = -\frac{abc}{8S^2}.$$
これを順次前の方程式に代入して，次を得る：
$$y = \frac{abc\cos B}{8S^2}, \quad z = \frac{abc\cos C}{8S^2}, \quad w = \frac{abc\cos A}{8S^2}.$$
よって，解が 1 組だけ求まったので，題意は示された．

6. 与えられた条件式を辺々加えて，次を得る：
$$x^2 + y^2 + z^2 + xy + yz + zx \leq 6.$$
ところで，
$$(x-y)^2 + (y-z)^2 + (z-x)^2 = 2(x^2+y^2+z^2) - 2(xy+yz+zx) \geq 0$$
より，$xy + yz + zx \leq x^2 + y^2 + z^2$ だから，次を得る：
$$2(x+y+z)^2 \leq 18.$$
したがって，$\qquad -3 \leq x + y + z \leq 3.$

したがって，$x+y+z$ は $x=y=z=1$ のとき最大値 3，$x=y=z=-1$ のとき最小値 -3 をとり得る．

7. 第 1 の等式に第 2 の等式の 3 倍を辺々加えて，次を得る：
$$(x+y)^3 = 1.$$
したがって，$x+y = 1$, $xy = -2$ を得る．したがって，(x,y) は 2 次方程式 $t^2 - t - 2 = 0$ の根である．

したがって，求める解は，$(x,y) = (2, -1), (-1, 2)$ である．

8. $x^2y^2 + 1 \geq 2xy$ だから，$x^2 \geq xy$ を得る．

同様にして，$y^2 \geq yz$, $z^2 \geq zx$ を得る．

x, y, z のうちの 1 つが 0 であるとすると，たとえば $x = 0$ とすると，第 1 の方程式は $1 = 0$ となって，矛盾である．したがって，x, y, z はすべて 0 ではない．よって，$x \geq y \geq z \geq x$ となり，$x = y = z$ が結論される．

この結果，与えられた方程式は，
$$x^4 + 1 = 2x^2, \quad y^4 + 1 = 2y^2, \quad z^4 + 1 = 2z^2$$
となり，これらより，$(x, y, z) = (1, 1, 1)$ を得る．

● 中級

1. 与式を変形して，$xz - 2yt - 3 = 0$, $xt + yz - 1 = 0$.

よって，問題の連立方程式は，次の複素数を未知数とする方程式と同値である：
$$xz - 2yt - 3 = i\sqrt{2}(1 - xt - yz).$$
$$\therefore \ (x + i\sqrt{2}\,y)(z + i\sqrt{2}\,t) = 3 + i\sqrt{2}.$$

両辺の絶対値をとると，
$$(x^2 + 2y^2)(z^2 + 2t^2) = 11.$$

11 は素数であるから，次を得る：

 (1) $x^2 + 2y^2 = 1$, または, (2) $z^2 + 2t^2 = 1$.

(1) のとき，

$x = \pm 1$, $y = 0$. よって，$z^2 + 2t^2 = 11$ であるから，$z = \pm 3$, $t = \pm 1$. これらを与式に代入して確かめることにより，次の 2 つの解を得る：
$$(x, y, z, t) = (1, 0, 3, 1), (-1, 0, -3, -1).$$

(2) のとき，

$z = \pm 1$, $t = 0$. よって，$x^2 + 2y^2 = 11$ であるから，$x = \pm 3$, $y = \pm 1$. これらを与式に代入して確かめることにより，次の 2 つの解を得る：
$$(x, y, z, t) = (3, 1, 1, 0), (-3, -1, -1, 0).$$

2. 実数 x_1, x_2, x_3, x_4, x_5 が条件をみたすとする．このとき，与式の両辺に，それぞれ，$x_1^2, x_2^2, x_3^2, x_4^2, x_5^2$ を加えると，問題の条件は，
$$x_i(x_1 + x_2 + x_3 + x_4 + x_5) = -1 + x_i^2 \quad (i = 1, 2, 3, 4, 5)$$

と書き換えられる．よって，$a = x_1 + x_2 + x_3 + x_4 + x_5$ として，x_1, x_2, x_3, x_4, x_5 は方程式 $x^2 - ax - 1 = 0$ の解となる．

この 2 次方程式の判別式は $D = a^2 + 4 > 0$ なので，異なる 2 つの実数解をもつ．x_1 に等しい方を α，異なる方を β とすると，解と係数の関係より，$\alpha\beta = -1$ である．また，x_1, x_2, x_3, x_4, x_5 のうち α が k 個，β が $(5-k)$ 個とすると，次がわかる：
$$a = k\alpha + (5-k)\beta = k\alpha - \frac{5-k}{\alpha}.$$

これを，$\alpha^2 - a\alpha - 1 = 0$ に代入すると，$(k-1)\alpha^2 = 4 - k$ となる．

$\alpha^2 > 0$ より，$k = 2, 3$ であり，それぞれ，$\alpha = \pm\sqrt{2}, \pm\dfrac{\sqrt{2}}{2}$ となる．また，このとき，それぞれ，$\beta = \mp\dfrac{\sqrt{2}}{2}, \mp\sqrt{2}$（複号同順）となって，条件をみたす．

この結果，求める答は，$\pm\sqrt{2}, \pm\dfrac{\sqrt{2}}{2}$ である．

3. $g(x) = x^6 + 4x^5 + 3x^4 - 6x^3 - 20x^2 - 15x + 5$ を $f(x) = x^5 + 2x^4 - x^3 - 5x^2 - 10x + 5$ で割った商を $P(x)$，余りを $Q(x)$ とおけば，
$$g(x) = f(x)P(x) + Q(x)$$
となるから，$f(x) = 0, g(x) = 0$ の共通解は，$f(x) = 0, Q(x) = 0$ の共通解と 1 対 1 に対応する．$P(x), Q(x)$ を具体的に求めると，
$$g(x) = (x+2)f(x) + (x^3 - 5)$$
だから，$P(x) = x + 2, Q(x) = x^3 - 5$ である．

ところが，$f(x) = (x^3 - 5)(x^2 + 2x - 1) = Q(x)(x^2 + 2x - 1)$ であるから，$Q(x) \mid f(x)$．よって，$f(x) = 0, Q(x) = 0$ の共通解は，$Q(x) = 0$ の解と 1 対 1 に対応する．

$Q(x) = x^3 - 5 = 0$ の解は，5 の 3 乗根であり，これは複素数内に
$$\sqrt[3]{5}, \quad \sqrt[3]{5}(\cos 120° + i\sin 120°), \quad \sqrt[3]{5}(\cos 240° + i\sin 240°)$$
の 3 個ある．よって，求める実数解は $\sqrt[3]{5}$ である．

4. $A = xy + yz + zx, B = xyz$ とする．$S_n = x^n + y^n + z^n$ とすると，

$$x^{n+3} + y^{n+3} + z^{n+3}$$
$$= (x+y+z)(x^{n+2} + y^{n+2} + z^{n+2})$$
$$- (xy+yz+zx)(x^{n+1} + y^{n+1} + z^{n+1}) + xyz(x^n + y^n + z^n)$$

より，$S_{n+3} = -AS_{n+1} + BS_n$ である．ここで，

$$S_0 = x^0 + y^0 + z^0 = 3,$$
$$S_1 = x + y + z = 0,$$
$$S_2 = x^2 + y^2 + z^2 = (x+y+z)^2 - 2(xy+yz+zx) = -2A$$

なので，S_n を順に求めると，

$$S_3 = -AS_1 + BS_0 = 3B,$$
$$S_4 = -AS_2 + BS_1 = 2A^2,$$
$$S_5 = -AS_3 + BS_2 = -5AB.$$

$S_3 = 3$ より，$B = 1$ であり，$S_5 = 15$ より，$A = -3$ である．よって，$S_2 = -2A = 6$ である．

5. $y = kx + d$ を $x^3 + y^3 = 2$ に代入して，x について整理すると：

$$(k^3+1)x^3 + 3k^2 dx^2 + 3kd^2 x + d^3 - 2 = 0.$$

ところで，任意の 3 次方程式は少なくとも 1 つの実数解をもつので，それを上の方程式に代入することで，対応する y が得られてしまう．したがって，$k^3 + 1 = 0$ でなければならない．これより，$k = -1$ を得る．

この結果，上の 3 次方程式は，次のようになる：

$$3dx^2 - 3d^2 x + d^3 - 2 = 0 \quad \cdots \text{ (1)}$$

$d = 0$ のときは，これは $-2 = 0$ となり，解をもたない．

$d \neq 0$ のとき，(1) の判別式を Δ とすると，(1) が実数解をもたないための必要十分条件は，$\Delta = 9d^4 - 12d(d^3 - 2) < 0$ である．

$$9d^4 - 12d(d^3 - 2) = -3d^4 + 24d < 0.$$
$$\therefore \ 3d(8 - d^3) < 0 \iff 3d(2-d)(4 + 2d + d^2) < 0$$
$$\iff d(2-d)\{(d+1)^2 + 3\} < 0$$
$$\iff d < 0, \text{ または，} d > 2.$$

この結果，求める k, d の条件は，$k = -1$, $d \leq 0$，または，$d > 2$ である．

6. 問題の等式から，$x > 0$, $y > 0$, $x + y > 0$ としてよいことがわかる．
すると，与式は，次の (1), (2) と同値になる：
$$\frac{1}{x+y} = \frac{1}{\sqrt{3x}} - \frac{2\sqrt{2}}{\sqrt{7y}} \cdots (1), \qquad 1 = \frac{1}{\sqrt{3x}} + \frac{2\sqrt{2}}{\sqrt{7y}} \cdots (2)$$
これらの両辺を辺々掛け合わせて，次を得る：
$$\frac{1}{x+y} = \frac{1}{3x} - \frac{8}{7y}$$
$$\iff 21xy = (x+y)(7y - 24x)$$
$$\iff 7y^2 - 38xy - 24x^2 = 0$$
$$\iff (y - 6x)(7y + 4x) = 0.$$

いま，$x > 0$, $y > 0$ であるから，これより，$y = 6x$ を得る．これを (2) に代入して，次を得る：
$$x = \frac{11 + 4\sqrt{7}}{21}, \quad y = \frac{22 + 8\sqrt{7}}{7}.$$
これらは (1) もみたすので，与えられた連立方程式の解である．

7. $\qquad x + y + z = 2 \cdots (1)$
$\qquad (x+y)(y+z) + (y+z)(z+x) + (z+x)(x+y) = 1 \cdots (2)$
$\qquad x^2(y+z) + y^2(z+x) + z^2(x+y) = -6 \cdots (3)$
とおく．(2) を展開して整理すると，
$$x^2 + y^2 + z^2 + 3xy + 3yz + 3zx = 1.$$
$$\therefore (x+y+z)^2 + xy + yz + zx = 1.$$
これに (1) を代入して，次を得る：
$$xy + yz + zx = -3 \cdots (4)$$
(1), (4) を (3) に代入して，計算する：
$$x(xy + zx) + y(yz + xy) + z(zx + yz) = -6$$
$$\implies x(3 + yz) + y(3 + zx) + z(3 + xy) = 6$$
$$\implies x + y + z + xyz = 2$$
$$\implies xyz = 0 \cdots (5)$$

この結果，(1), (4), (5) より，x, y, z は 3 次方程式 $t^3 - 2t^2 - 3t = 0$ の 3 根であることがわかる．$t^3 - 2t^2 - 3t = t(t+1)(t-3) = 0$ より，この方程式の根は，$0, -1, 3$ である．よって，与えられた方程式系の根 (x, y, z) は，次の 6 個である：

$$(0, 3, -1),\ (0, -1, 3),\ (3, 0, -1),\ (3, -1, 0),\ (-1, 0, 3),\ (-1, 3, 0).$$

● 上級

1. 与式を因数分解して，次を得る：

$$x(x+1) = (y-1)y(y+1) \ \cdots\ (1), \qquad y(y+1) = (x-1)x(x+1) \ \cdots\ (2)$$

(2) を (1) に代入して，次を得る：

$$x(x+1) = (y-1)(x-1)x(x+1) \ \cdots\ (3)$$

まず，$x = 0$ または，$x = -1$ の場合を考察する．このとき (2) から，$y \in \{0, -1\}$ となるから，求める解として，次を得る：

$$(x, y) = (0, 0),\ (0, -1),\ (-1, 0),\ (-1, -1).$$

ここから，$x \notin \{0, -1\}$ とする．(3) において $x(x+1)$ を消去して，次を得る：

$$1 = (y-1)(x-1) \ \cdots\ (4)$$

これより，$x \neq 1, y \neq 1$ であることがわかる．したがって，(4) は次と同値である：

$$y = 1 + \frac{1}{x-1} = \frac{x}{x-1} \iff y + 1 = \frac{2x-1}{x-1}.$$

これを (2) に代入して，次を得る：

$$\frac{x}{x-1} \cdot \frac{2x-1}{x-1} = x(x-1)(x+1).$$

よって，次を得る：

$$2x - 1 = (x-1)^3(x+1) = x^4 - 2x^3 + x^2 - x^2 + 2x - 1.$$

$$\therefore\ x^3(x-2) = 0.$$

いま，$x \neq 0$ であるから，これより，$x = 2$ を得る．これを (4) に代入して，$y = 2$ を得るので，5 番目の解 $(x, y) = (2, 2)$ を得る．

この結果，求める解は

$$(x, y) = (0, 0),\ (0, -1),\ (-1, 0),\ (-1, -1),\ (2, 2)$$

である．

2. (0, 0, 0) は解ではないので，与えられた連立方程式は，次のように同値な連立方程式に書き換えられる：

$$\begin{cases} x(x^2+y^2+z^2) - 2xyz = 2 \\ (y-z)(x^2+y^2+z^2) = 14 \\ (z-x)(x^2+y^2+z^2) = 14 \end{cases} \iff \begin{cases} x(x^2+y^2+z^2) - 2xyz = 2 \\ (y-z)(x^2+y^2+z^2) = 14 \\ y = 2z - x \end{cases}$$

$$\iff \begin{cases} 2x^3 - 2x^2z + xz^2 = 2 \\ -2x^3 + 6x^2z - 9xz^2 + 5z^3 = 14 \\ y = 2z - x \end{cases}$$

$$\iff \begin{cases} 2x^3 - 2x^2z + xz^2 = 2 \\ 5z^3 - 16xz^2 + 20x^2z - 16x^3 = 0 \\ y = 2z - x \end{cases}$$

$x \neq 0$, $z \neq 0$ だから，$t = \dfrac{z}{x}$ とおくと，上の最後の等式から，次を得る：

$$5t^3 - 16t^2 + 20t - 16 = 0 \iff (t-2)(5t^2 - 6t + 8) = 0 \iff t = 2.$$

これより，$z = 2x$ が得られるから，問題の連立方程式は，結局，次と同値になる：

$$\begin{cases} 2x^3 - 2x^2z + xz^2 = 2 \\ z = 2x \\ y = 2z - x \end{cases}$$

これを解いて，$x = 1$, $y = 3$, $z = 2$ を得る．

3. (1) − (2) より，次を得る：

$$x^3 - y^3 + x^2y - xy^2 + x^2 - y^2 = 0.$$
$$\therefore \ (x-y)(x^2 + xy + y^2 + xy + x + y) = 0.$$
$$\therefore \ (x-y)(x+y)(x+y+1) = 0.$$

$x - y = 0$, i.e. $x = y$ のとき，与えられた方程式 (1) は，次のようになる：

$$x^3 + 1 - x^3 - x^2 = 0. \quad \therefore \ x^2 = 1. \quad \therefore \ x = \pm 1.$$

これより，$(x, y) = (1, 1)$, $(-1, -1)$ が解である．

$x + y = 0$ のとき，方程式 (1) は，次のようになる：

$$x^3 + 1 - x^3 - x^2 = 0. \quad \therefore \quad x^2 = 1. \quad \therefore \quad x = \pm 1.$$

これより, $(x, y) = (1, -1), (-1, 1)$ が解である.

$x + y + 1 = 0$ のとき, 方程式 (1) は, 次のようになる:

$$x^3 + 1 - x(x+1)^2 - (x+1)^2 = 0. \quad \therefore \quad x^3 + 1 - (x+1)^3 = 0.$$

$$\therefore \quad 3x(x+1) = 0. \quad \therefore \quad x = 0, -1.$$

これより, $(x, y) = (0, -1), (-1, 0)$ が解である.

以上をまとめると, 次の 6 組が求める解である:

$$(x, y) = (1, 1), \quad (-1, -1), \quad (1, -1), \quad (-1, 1), \quad (0, -1), \quad (-1, 0).$$

4. 与えられた条件式は変数 a, b, c に関して対称である. もし, これらの変数の 2 つを交換してみると, 書き換えによって, 条件式としては同じである. 例えば, a と b を交換すると, 条件式は次のようになる:

$$|b - a| \geq |c|, \quad |a - c| \geq |b|, \quad |c - b| \geq |a|.$$

ところが, $|b - a| = |a - b|, |a - c| = |c - a|, |c - b| = |b - c|$ であるから, これらは

$$|a - b| \geq |c|, \quad |c - a| \geq |b|, \quad |b - c| \geq |a|$$

となるが, これは与えられた条件式と同じである.

この対称性により, 一般性を失うことなく, $a \geq b \geq c$ と仮定してよい.

まず, $c \leq 0$ であることを示す. 実際, もし $a \geq b \geq c > 0$ であるとすると, $|b - c| < |a|$ であるが, これは条件式 $|b - c| \geq |a|$ に反する.

そこで, 次の不等式の列を考察する:

$$|a| + |c| = |a| - c \geq a - c = (a - b) + (b - c) = |a - b| + |b - c| \geq |c| + |a|.$$

ここで第 1 項と最後の項が相等しいから, この列の中の不等号はすべて等号が成り立つ. 特に, $a - b = |a - b| = |c|$ が成り立つ. いま, $c \leq 0$ であるから, これは $a + c = b$ を意味するので, 題意は証明された.

5. 与えられた条件 $t > 0$ と方程式より, $0 < a, b, c, d < 1$ がわかる. これらのうちの 2 つが等しくないとすると, 必然的に残りの 2 つも等しくない. 一般性を失うことなく, $a \neq b$ と仮定してよい.

もし, $a < b$ ならば, $a(1 - b^2) = b(1 - c^2)$ となるから, $b < c$ となる. 同様にして, $b < c$ ならば, $c < d$ となるから, $d < a$ となる. したがって, $a < b < c < d < a$

となって，矛盾する．

この矛盾は，$a > b$ と仮定しても同様にして得られるから，$a = b = c = d$ である．

この結果，与えられた 4 つの方程式は同一式になったので，方程式
$$a(1 - a^2) = t \cdots (*)$$
の解を求めれば十分である．

$a > 1$ ならば $a(1 - a^2) < 0$ であり，$a = 0, 1$ ならば $a(1 - a^2) = 0$ となるから，改めて $0 < a < 1$ である．ここで，$M = \max_{0 < a < 1}\{a(1 - a^2)\}$ とおく．すると，次がわかる：

　　　もし $t > M$ ならば，(*) は解を持たない．

　　　もし $t = M$ ならば，(*) は唯一の解をもつ．

　　　もし $0 < t < M$ ならば，(*) は 2 つの解をもつ．

ところで，M の値は，次のようにして求められる．方程式 $a(1-a^2) = M$, (i.e. $a^3 - a + M = 0$) が 3 つの実数解 $\{\alpha, \alpha, \beta\}$ をもつと仮定する．ただし，$\alpha > 0$, $\beta < 0$ である．すると，3 次方程式の解と係数の関係から，$2\alpha + \beta = 0$, $\alpha^2 + 2\alpha\beta = -1$ となる．この連立方程式系を解いて，$\alpha = \dfrac{1}{\sqrt{3}}$, $\beta = -\dfrac{2}{\sqrt{3}}$ を得る．したがって，
$$M = \frac{1}{\sqrt{3}}\left(1 - \frac{1}{3}\right) = \frac{2\sqrt{3}}{9}.$$

したがって，与えられた方程式系の解の個数は，次のようになる：

$0 < t < \dfrac{2\sqrt{3}}{9}$ のとき 2 個，$t = \dfrac{2\sqrt{3}}{9}$ のとき 1 個，$t > \dfrac{2\sqrt{3}}{9}$ のとき 0 個．

6. $p = x + z$, $q = xz$ とおくと，与えられた方程式系の 2 番目，3 番目，4 番目の方程式は，次のようになる：

$$(a) \begin{cases} p^2 = x^2 + z^2 + 2q \\ p^3 = x^3 + z^3 + 3pq \\ p^4 = x^4 + z^4 + 4p^2q - 2q^2 \end{cases}$$

同様に，$s = y + w$, $t = yw$ とおくと，与えられた方程式系の 2 番目，3 番目，4 番目の方程式は次のようになる：

(b) $\begin{cases} s^2 = y^2 + w^2 + 2t \\ s^3 = y^3 + w^3 + 3st \\ s^4 = y^4 + w^4 + 4s^2t - 2t^2 \end{cases}$

また，与えられた方程式系の 1 番目の方程式は，次のように表すことができる：
$$p = s + 2 \cdots (1)$$

よって，次を得る：

(c) $\begin{cases} p^2 = s^2 + 4s + 4 \\ p^3 = s^3 + 6s^2 + 12s + 8 \\ p^4 = s^4 + 8s^3 + 24s^2 + 32s + 16 \end{cases}$

(b), (c) を (a) に代入して，次を得る：

(d) $\begin{cases} x^2 + z^2 + 2q = y^2 + w^2 + 2t + 4s + 4 \\ x^3 + z^3 + 3pq = y^3 + w^3 + 3st + 6s^2 + 12s + 8 \\ x^4 + z^4 + 4p^2q - 2q^2 = y^4 + w^4 + 4s^2t - 2t^2 + 8s^3 + 24s^2 + 32s + 16 \end{cases}$

与えられた方程式系の 2 番目，3 番目，4 番目を用いて，(d) の方程式を単純化すると，次を得る：
$$q = t + 2s - 1 \cdots (2)$$
$$pq = st + 2s^2 + 4s - 4 \cdots (3)$$
$$2p^2q - q^2 = 2s^2t - t^2 + 4s^3 + 12s^2 + 16s - 25 \cdots (4)$$

(1) と (2) を (3) に代入して，次を得る：
$$t = \frac{s}{2} - 1 \cdots (5)$$

(5) を (2) に代入して，次を得る：
$$q = \frac{5}{2}s - 2 \cdots (6)$$

(1), (5), (6) を (4) に代入して，次を得る：
$$s = 2. \quad \therefore \quad t = 0, \quad p = 4, \quad q = 3.$$

この結果，x, z と y, w は，それぞれ，方程式 $X^2 - 4X + 3 = 0$, $Y^2 - 2Y = 0$ の根であることがわかる．よって，次を得る：
$$(x, z) = (3, 1), (1, 3).$$
$$(y, w) = (2, 0), (0, 2).$$

よって，与えられた連立方程式系の解は，次の 4 つである：
$$(x, y, z, w) = (3, 2, 1, 0),\ (3, 0, 1, 2),\ (1, 2, 3, 0),\ (1, 0, 3, 2).$$

7. 明らかに，$(x, y, z) = (0, 0, 0)$ は解であり，さらに x, y, z の 1 つが 0 ならば，残りの 2 つもまた 0 であることがわかる．

よって，これ以降は $xyz \neq 0$ と仮定する．

$a = \dfrac{x}{y}$, $b = \dfrac{z}{y}$ とおくと，与えられた方程式系は，
$$a + 1 + b = 3ay, \quad a^2 + 1 + b^2 = 3ab, \quad y(a^3 + 1 + b^3) = 3b$$
となる．第 1 式の y を第 3 式に代入すると，方程式系は次のようになる：
$$1 + a^2 + b^2 = 3ab, \quad (1 + a + b)(1 + a^3 + b^3) = 9ab.$$
ここで，$u = a + b$, $v = ab$ とおくと，上の方程式系は，次のようになる：
$$1 + u^2 - 2v = 3v, \quad (1 + u)(1 + u^3 - 3uv) = 9v.$$
第 1 式から，$v = \dfrac{u^2 + 1}{5}$ を得るから，これを第 2 式に代入して，次を得る：
$$u^4 + u^3 - 6u^2 + u - 2 = 0.$$
$$\therefore\ (u - 2)(u^3 + 3u^2 + 1) = 0.$$

$u - 2 = 0$ のとき，$u = 2$, $v = 1$ で，したがって，$a = b = 1$ である．これは，$x = y = z = 1$ を意味するから，解 $(x, y, z) = (1, 1, 1)$ を得る．

次に，$u^3 + 3u^2 + 1 = 0$ の解を考察する．$f(u) = u^3 + 3u^2 + 1$ とすると，$f'(u) = 3u^2 + 6u = 3u(u + 2)$ だから，u に関する関数 $f(u)$ は，$u = -2$ で極大値 5 を，$u = 0$ で極小値 1 をとる．したがって，$f(u) = 0$ は $(-\infty, -2)$ の範囲で唯一の解をもつ．この解を u_0 とおく．解と係数の関係より，a, b は方程式 $t^2 - u_0 t + \dfrac{u_0^2 + 1}{5} = 0$ の根である．判別式
$$\Delta = u_0^2 - 4\left(\dfrac{u_0^2 + 1}{5}\right) = \dfrac{u_0^2 - 4}{5} > 0$$
より，この方程式は (a, b) について，相異なる 2 つの実数解をもつ．a, b を交換することで，各対 $\{a, b\}$ は (x, y, z) について，2 個の解をもつ．したがって，$u^3 + 3u^2 + 1 = 0$ から導かれる解は 4 個である．

以上をまとめて，与えられた方程式系は合計 6 個の解をもつことが結論される．

◆第7章◆

● 初級

1. 一般性を失うことなく，$b \geq c$ と仮定してよい．

負でない実数 x, y について，$\sqrt{b} = x + y$, $\sqrt{c} = x - y$ とおく．すると，$b - c = 4xy$, $a = 1 - 2x^2 - 2y^2$ となる．これらを与式の左辺に代入して，次を得る：

$$\sqrt{a + \frac{(b-c)^2}{4}} + \sqrt{b} + \sqrt{c} = \sqrt{1 - 2x^2 - 2y^2 + 4x^2y^2} + 2x \quad \cdots (1)$$

$2x = \sqrt{b} + \sqrt{c}$ だから，AM–GM 不等式により，次を得る：

$$4x^2 = (\sqrt{b} + \sqrt{c})^2 \leq 2b + 2c \leq 2.$$

よって，$4x^2y^2 \leq 2y^2$ であり，次を得る：

$$1 - 2x^2 - 2y^2 + 4x^2y^2 \leq 1 - 2x^2 \quad \cdots (2)$$

(2) を (1) に代入して，コーシー–シュワルツの不等式を用いると，次の計算ができる：

$$\sqrt{a + \frac{(b-c)^2}{4}} + \sqrt{b} + \sqrt{c} \leq \sqrt{1 - 2x^2} + 2x$$
$$= \sqrt{1 - 2x^2} + x + x$$
$$\leq \sqrt{\left(\left(\sqrt{1 - 2x^2}\right)^2 + x^2 + x^2\right)(1 + 1 + 1)} = \sqrt{3}.$$

[別解] $a = u^2$, $b = v^2$, $c = w^2$ とおくと，$u^2 + v^2 + w^2 = 1$ で，与式は

$$\sqrt{u^2 + \frac{(v^2 - w^2)^2}{4}} + v + w \leq \sqrt{3} \quad \cdots (3)$$

となる．相加平均–相乗平均の不等式より，次が成り立つ：

$$u^2 + \frac{(v^2 - w^2)^2}{4} = 1 - (v^2 + w^2) + \frac{(v^2 - w^2)^2}{4}$$
$$= \frac{4 - 4(v^2 + w^2) + (v^2 - w^2)^2}{4}$$
$$= \frac{4 - 4(v^2 + w^2) + (v^2 + w^2)^2 - 4v^2w^2}{4}$$
$$= \frac{(2 - v^2 - w^2)^2 - 4v^2w^2}{4}$$

$$= \frac{(2-v^2-w^2-2vw)(2-v^2-w^2+2vw)}{4}$$

$$= \frac{\{2-(v+w)^2\}\{2-(v-w)^2\}}{4}$$

$$\leq 1 - \frac{(v+w)^2}{2} \cdots (4)$$

$$((v+w)^2 \leq 2(v^2+w^2) \leq 2 \text{ に注意する}).$$

(4) を (3) に代入して，次を得る：

$$\sqrt{1-\frac{(v^2+w^2)^2}{2}} + v+w \leq \sqrt{3} \cdots (5)$$

$\dfrac{v+w}{2} = x$ とすると，(5) は

$$\sqrt{1-2x^2} + 2x \leq \sqrt{3}$$

となるから，この後は上の解答のようにして，証明は完了する．

2. コーシー–シュワルツの不等式より，次が成り立つ：

$$\left(1+\frac{y}{x}+\frac{z}{x}\right)(1+xy+xz) \geq (1+y+z)^2.$$

両辺に $\dfrac{x}{(x+y+z)(1+y+z)^2}$ を掛けて，次を得る：

$$\frac{1+xy+xz}{(1+y+z)^2} \geq \frac{x}{x+y+z}.$$

同様にして，次も得られる：

$$\frac{1+yz+yx}{(1+z+x)^2} \geq \frac{y}{x+y+z}, \quad \frac{1+zx+zy}{(1+x+y)^2} \geq \frac{z}{x+y+z}.$$

これらの 3 つの不等式を辺々加えることで，示すべき不等式を得る：

$$\frac{1+xy+xz}{(1+y+z)^2} + \frac{1+yz+yx}{(1+z+x)^2} + \frac{1+zx+zy}{(1+x+y)^2} \geq 1.$$

3. a, b, c は三角形の辺の長さであるから，

$$-a+b+c > 0, \quad a-b+c > 0, \quad a+b-c > 0$$

である．GM–HM 不等式より，

$$\sqrt{\frac{a}{-a+b+c}} = \sqrt{1 \cdot \frac{a}{-a+b+c}} \geq \frac{2}{1+\dfrac{-a+b+c}{a}} = \frac{2a}{b+c}$$

が得られる．与式の左辺の第2項，第3項についても，同様な関係式が得られる．

よって，次の不等式を証明すれば十分である：
$$\frac{a}{b+c} + \frac{b}{a+c} + \frac{c}{a+b} \geq \frac{3}{2}.$$

ここで，$x = b+c, y = c+a, z = a+b$ とおくと，
$$a = \frac{-x+y+z}{2}, \quad b = \frac{x-y+z}{2}, \quad c = \frac{x+y-z}{2}$$

となり，上の不等式は次の不等式
$$\frac{-x+y+z}{2x} + \frac{x-y+z}{2y} + \frac{x+y-z}{2z} \geq \frac{3}{2}$$

と同値となる．この不等式は
$$\frac{y}{x} + \frac{z}{x} - 1 + \frac{x}{y} + \frac{z}{y} - 1 + \frac{x}{z} + \frac{y}{z} - 1 \geq 3$$

と書き換えられるが，一般に，任意の $u > 0$ について $u + \frac{1}{u} \geq 2$ が成り立つから，この不等式は正しい．

4. $\sqrt[3]{abc}$ は $\sqrt[3]{\frac{a}{4} \cdot b \cdot 4c}$ と書ける．

$\frac{a}{4}, b, 4c$ に AM–GM 不等式を適用して，次を得る：
$$\sqrt[3]{abc} = \sqrt[3]{\frac{a}{4} \cdot b \cdot 4c} \leq \frac{\frac{a}{4} + b + 4c}{3} = \frac{a}{12} + \frac{b}{3} + \frac{4c}{3}.$$

次に，$\frac{a}{4}$ と $2b$ に AM–GM 不等式を適用して，次を得る：
$$\sqrt{ab} = \sqrt{\frac{a}{2} \cdot 2b} \leq \frac{\frac{a}{2} + 2b}{2} = \frac{a}{4} + b.$$

上の2つの不等式を辺々加えて，両辺に a を加えることにより，証明すべき不等式を得る：
$$a + \sqrt{ab} + \sqrt[3]{abc} \leq a + \frac{a}{4} + b + \frac{a}{12} + \frac{b}{3} + \frac{4c}{3} = \frac{4}{3}(a+b+c).$$

5. AM–GM 不等式を用いれば，次の計算ができる：

$$x+y+\frac{2}{x+y}+\frac{1}{2xy} = \Big(\frac{x+y}{2}+\frac{2}{x+y}\Big)+\Big(\frac{x}{2}+\frac{y}{2}+\frac{1}{2xy}\Big)$$
$$\geq 2\sqrt{\frac{x+y}{2}\cdot\frac{2}{x+y}}+3\sqrt[3]{\frac{x}{2}\cdot\frac{y}{2}\cdot\frac{1}{2xy}} = 2+\frac{3}{2}=\frac{7}{2}.$$

ただし，上の不等式において等号が成り立つのは，
$$\frac{x+y}{2}=\frac{2}{x+y}, \quad\text{かつ},\quad \frac{x}{2}=\frac{y}{2}=\frac{1}{2xy}$$
が成立するときである．つまり，$x=y=1$ のときに，与式は最小値 $\frac{7}{2}$ をとる．

6. $a=\dfrac{x}{y}$, $b=\dfrac{y}{z}$, $c=\dfrac{z}{x}$ となる正の実数 x, y, z を用いると（例えば，$x=1$, $y=1/a$, $z=1/(ab)$ とすればよい），与えられた不等式は以下のように斉次不等式になる：
$$(x-y+z)(y-z+x)(z-x+y)\leq xyz.$$

$u=x-y+z$, $v=y-z+x$, $w=z-x+y$ とすると，$u+v=2x>0$, $v+w=2y>0$, $w+u=2z>0$ だから，u, v, w のうち，負であるものは高々 1 つである．

(1) u, v, w のうち，1 つが負の場合：$uvw<0<xyz$ となる．

(2) u, v, w すべてが正の場合：AM–GM 不等式より，
$$\sqrt{uv}=\sqrt{(x-y+z)(y-z+x)}\leq \frac{1}{2}\{(x-y+z)+(y-z+x)\}=x$$
を得る．同様にして，$\sqrt{vw}\leq y$, $\sqrt{wu}\leq z$ を得る．これら 3 つの不等式より，$uvw\leq xyz$ が得られる．

等号が成り立つのは，(2) で AM–GM 不等式で等号が成り立つ場合であるから，$x=y=z$ の場合である．したがって，$a=b=c=1$ の場合である．

7. (1) 三角不等式より，任意の実数 t について，次が成り立つ：
$$|t|+|t-2|\geq |t-(t-2)|=2.$$
これを用いて，以下の計算ができる：
$$x+y=(|a|+|a-2|)+(|b|+|b-2|)+(|c|+|c-2|)\geq 2+2+2=6.$$

(2) $f(t)=|t|+|t-2|$ と定める．すると，次を得る：
$$t\in[-1,0) \text{ について，}\quad f(t)=-t-(t-2)=2-2t\leq 4.$$
$$t\in[0,2] \text{ について，}\quad f(t)=t+(2-t)=2.$$

$t \in (2, 3]$ について， $f(t) = t + (t-2) = 2t - 2 \leq 4$.

そこで，$a, b, c \in [-1, 3] = [-1, 0) \cup [0, 2] \cup (2, 3]$ の所属を考える．

$a \leq b \leq c$ と仮定する．$a+b+c = 3$ より，$a, b, c \in [-1, 0)$ と $a, b, c \in (2, 3]$ の場合が起こらないことがわかる．そこで，a, b, c の少なくとも 1 つが $[0, 2]$ に属することを示す．a, b, c のいずれも $[0, 2]$ に属さないとすると，次の 2 つの場合が考えられる：

(i) $a, b \in [-1, 0)$, $c \in (2, 3]$. このとき，$a + b + c < 0 + 0 + 3 = 3$.
(ii) $a \in [-1, 0)$, $b, c \in (2, 3]$. このとき，$a + b + c > -1 + 2 + 2 = 3$.

これらは，いずれも $a+b+c = 3$ に反するので，(i),(ii) は起こらない．

さらに，同様の考察から，$a, b \in [-1, 0)$, $c \in [0, 2]$ の場合も，$a \in [0, 2]$, $b, c \in (2, 3]$ の場合も起こらないことがわかるから，$b \in [0, 2]$ が結論される．

したがって，$x + y = f(a) + f(b) + f(c) \leq 4 + 2 + 4 = 10$.

8. $t = a_1^2 + a_2^2 + \cdots + a_n^2$ とおく．$n \geq 3$ より，

$$0 < a_1 a_2 + a_2 a_3 + \cdots + a_n a_1$$
$$\leq a_1 a_2 + a_1 a_3 + \cdots + a_1 a_n + a_2 a_3 + \cdots + a_{n-1} a_n$$
$$= \frac{1}{2}\{(a_1 + a_2 + \cdots + a_n)^2 - (a_1^2 + a_2^2 + \cdots + a_n^2)\}$$
$$= \frac{1}{2}(1 - t)$$

であるから，$t < 1$ がわかる．

一方，コーシー–シュワルツの不等式より，

$$(a_1 b_1 + a_2 b_2 + \cdots + a_n b_n)^2 \leq (a_1^2 + a_2^2 + \cdots + a_n^2)(b_1^2 + b_2^2 + \cdots + b_n^2) = t$$

となるから，

$$a_1 b_1 + a_2 b_2 + \cdots + a_n b_n \leq \sqrt{t}$$

を得る．以上より，

$$a_1(b_1 + a_2) + a_2(b_2 + a_3) + \cdots + a_n(b_n + a_1)$$
$$= (a_1 b_1 + a_2 b_2 + \cdots + a_n b_n) + (a_1 a_2 + a_2 a_3 + \cdots + a_n a_1)$$
$$\leq \sqrt{t} + \frac{1}{2}(1 - t) = -\frac{1}{2}(\sqrt{t} - 1)^2 + 1 < 1 \quad (\because 0 < t < 1)$$

を得る．

9. チェビシェフの不等式を用いて，次を得る：
$$(a+b+c)(a^2+b^2+c^2) \leq 3(a^3+b^3+c^3).$$
これより，$a+b+c \leq 1$ を得る．一方，
$$4(ab+bc+ca) - 1 \geq a^2+b^2+c^2 \geq ab+bc+ca$$
であるから，$ab+bc+ca \geq \dfrac{1}{3}$ を得る．したがって，
$$3(ab+bc+ca) \leq (a+b+c)^2 \leq 1$$
であるから，$a+b+c \geq 1$ を得るので，$a+b+c=1$ が結論される．したがって，これと $3(ab+bc+ca)=(a+b+c)^2$ より，次を得る：
$$a = b = c = \frac{1}{3}.$$

10. 与式を移項して計算する．
$$\sum_{i=1}^{n} \frac{x_i^{k+1}}{1+x_i} \sum_{i=1}^{n} \frac{1}{x_i^k} - \sum_{i=1}^{n} \frac{1}{1+x_i} \sum_{i=1}^{n} x_i$$
$$= \sum_{i \neq j} \frac{x_i^{k+1}}{1+x_i} \cdot \frac{1}{x_j^k} - \sum_{i \neq j} \frac{x_j}{1+x_i}$$
$$= \sum_{i \neq j} \frac{x_i^{k+1} - x_j^{k+1}}{(1+x_i)x_j^k}$$
$$= \frac{1}{2} \sum_{i \neq j} \Big(\frac{x_i^{k+1} - x_j^{k+1}}{(1+x_i)x_j^k} + \frac{x_j^{k+1} - x_i^{k+1}}{(1+x_j)x_i^k} \Big)$$
$$= \frac{1}{2} \sum_{i \neq j} (x_i^{k+1} - x_j^{k+1}) \frac{(1+x_j)x_i^k - (1+x_i)x_j^k}{(1+x_j)(1+x_i)x_i^k x_j^k}$$
$$= \frac{1}{2} \sum_{i \neq j} (x_i^{k+1} - x_j^{k+1}) \frac{(x_i^k - x_j^k) + x_i x_j (x_i^{k-1} - x_j^{k-1})}{(1+x_j)(1+x_i)x_i^k x_j^k}$$
$$\geq 0.$$

［別解］ $x_1 \geq x_2 \geq \cdots \geq x_n > 0$ と仮定してよい．すると，次を得る：
$$\frac{1}{x_1^k} \leq \frac{1}{x_2^k} \leq \cdots \leq \frac{1}{x_n^k} \quad \cdots (1)$$

$$\frac{x_1^k}{1+x_1} \geq \frac{x_2^k}{1+x_2} \geq \cdots \geq \frac{x_n^k}{1+x_n} \quad \cdots (2)$$

チェビシェフの不等式を 2 度用いて，与えられた不等式の左辺は次のように計算できる：

$$\left(\frac{1}{1+x_1} + \frac{1}{1+x_2} + \cdots + \frac{1}{1+x_n}\right)(x_1 + x_2 + \cdots + x_n)$$

$$= \left(\frac{1}{x_1^k} \cdot \frac{x_1^k}{1+x_1} + \frac{1}{x_2^k} \cdot \frac{x_2^k}{1+x_2} + \cdots + \frac{1}{x_n^k} \cdot \frac{x_n^k}{1+x_n}\right)(x_1 + x_2 + \cdots + x_n)$$

$$\leq \left(\frac{1}{x_1^k} + \frac{1}{x_2^k} + \cdots + \frac{1}{x_n^k}\right)\left(\frac{x_1^k}{1+x_1} + \frac{x_2^k}{1+x_2} + \cdots + \frac{x_n^k}{1+x_n}\right)$$
$$\times \frac{(x_1 + x_2 + \cdots + x_n)}{n}$$

$$\leq \left(x_1 \cdot \frac{x_1^k}{1+x_1} + x_2 \cdot \frac{x_2^k}{1+x_2} + \cdots + x_n \cdot \frac{x_n^k}{1+x_n}\right)\left(\frac{1}{x_1^k} + \frac{1}{x_2^k} + \cdots + \frac{1}{x_n^k}\right)$$

$$= \left(\frac{x_1^{k+1}}{1+x_1} + \frac{x_2^{k+1}}{1+x_2} + \cdots + \frac{x_n^{k+1}}{1+x_n}\right)\left(\frac{1}{x_1^k} + \frac{1}{x_2^k} + \cdots + \frac{1}{x_n^k}\right)$$

$$= \sum_{i=1}^{n} \frac{x_i^{k+1}}{1+x_i} \sum_{i=1}^{n} \frac{1}{x_i^k}.$$

● 中級

1. 与式の左辺を S_n とし，n に関する数学的帰納法により，証明する.

$n = 2$ のとき，

$$S_2 = \sum_{k=1}^{1} \frac{2}{2-k} \cdot \frac{1}{2^{k-1}} = \frac{2}{2-1} \cdot 1 = 2 < 4$$

であるから，不等式は成り立つ.

$n \geq 2$ について，

不等式 $S_n = \sum_{k=1}^{n-1} \frac{n}{n-k} \cdot \frac{1}{2^{k-1}} < 4$ が成り立っていると仮定する.

$$S_{n+1} = \sum_{k=1}^{n} \frac{n+1}{n+1-k} \cdot \frac{1}{2^{k-1}} = \sum_{k=0}^{n-1} \frac{n+1}{n-k} \cdot \frac{1}{2^k}$$

$$= \frac{n+1}{2n} \sum_{k=0}^{n-1} \frac{n}{n-k} \cdot \frac{1}{2^{k-1}} = \frac{n+1}{2n}(2+S_n)$$

$$= \left(1 + \frac{1}{n}\right)\frac{2+S_n}{2} < \left(1 + \frac{1}{3}\right)\frac{2+4}{2} = 4.$$

よって，$S_{n+1} < 4$ が示されたので，証明が完了した．

2. $3(a^2+b^2+c^2) - (a+b+c)^2 = (a-b)^2 + (b-c)^2 + (c-a)^2$
が成り立つから，証明すべき不等式の左側の不等式は，次のようになる：

$$(a+b+c)^2 \geq (a+b+c)(\sqrt{ab} + \sqrt{bc} + \sqrt{ca}).$$

$a+b+c \geq 0$ より，次を得る：

$$a+b+c \geq \sqrt{ab} + \sqrt{bc} + \sqrt{ca}.$$

これは，よく知られた不等式

$$x^2 + y^2 + z^2 \geq xy + yz + zx$$

より，直ちに得られる．よって，左側の不等号の証明が完了した．

$x = \sqrt{a}$, $y = \sqrt{b}$, $z = \sqrt{c}$ とおくと，証明すべき不等式の右側は

$(x^2+y^2+z^2)(xy+yz+zx)+(x^2-y^2)^2+(y^2-z^2)^2+(z^2-x^2)^2 \geq (x^2+y^2+z^2)^2$

となる．両辺を展開して整理すると

$$(x^4 + y^4 + z^4) + (x^2yz + y^2zx + z^2xy)$$
$$+ (xy(x^2+y^2) + yz(y^2+z^2) + zx(z^2+x^2))$$
$$\geq 4(x^2y^2 + y^2z^2 + z^2x^2) \quad \cdots (*)$$

ところが，シュアーの不等式より，

$(x^4+y^4+z^4)+(x^2yz+y^2zx+z^2xy) \geq xy(x^2+y^2)+yz(y^2+z^2)+zx(z^2+x^2)$

が成り立ち，AM – GM の不等式から，次が成り立つ：

$$xy(x^2+y^2) + yz(y^2+z^2) + zx(z^2+x^2) \geq 2(x^2y^2 + y^2z^2 + z^2x^2).$$

これらより，$(*)$ が成り立つことが示された．

これで問題の証明が完了した．

3. コーシー – シュワルツの不等式より，

$$(a+b+c)(a^3+b^3+c^3) \geq (a^2+b^2+c^2)^2$$

なので，以下の不等式を得る：

$$(a+b+c)(a^2+b^2+c^2)(a^3+b^3+c^3)$$
$$\geq (a^2+b^2+c^2)^3$$
$$= (a^6+b^6+c^6) + 3\{a^4(b^2+c^2) + b^4(c^2+a^2) + c^4(a^2+b^2)\} + 6a^2b^2c^2$$
$$\geq (a^6+b^6+c^6) + 3(a^6+b^6+c^6) + 6a^2b^2c^2 \quad (\because \text{問題の条件式})$$
$$\geq 4(a^6+b^6+c^6).$$

ところで，最後の不等号で等号が成り立つためには，$abc=0$ が必要である．

また，逆に，$abc=0$ ならば，a, b, c のいずれかが 0 であるが，例えば $a=0$ とすると，問題の条件式より，$b=c$ となり，問題の不等式が等号で成り立つことが確かめられる．$b=0$ のときや，$c=0$ のときも同様である．

したがって，等号が成り立つための必要十分条件は，$abc=0$ である．

> **注** 上の不等式の 3 カ所の不等号において，等号が成り立つための条件をていねいに確かめると，$a=0, b=c$，または，$b=0, c=a$，または，$c=0, a=b$ が必要十分条件であることが導かれる．

4. $0<b<1, 0<c<1$ より，$b-c>-1$ が成り立つので，次を得る：

$$\left(1+\frac{1}{3}(b-c)\right)^3 - \left(\sqrt[3]{1+b-c}\right)^3$$
$$= \left(1+(b-c)+\frac{1}{3}(b-c)^2+\frac{1}{27}(b-c)^3\right) - (1+b-c)$$
$$= \frac{1}{3}(b-c)^2\left(1+\frac{1}{9}(b-c)\right)$$
$$\geq 0. \quad (\text{等号は } b=c \text{ のとき})$$

よって，$1+\dfrac{1}{3}(b-c) \geq \sqrt[3]{1+b-c}$ が成り立つ．

他の 2 項に関しても同様であるから，

$$a\sqrt[3]{1+b-c} + b\sqrt[3]{1+c-a} + c\sqrt[3]{1+a-b}$$
$$\leq a\left(1+\frac{1}{3}(b-c)\right) + b\left(1+\frac{1}{3}(c-a)\right) + c\left(1+\frac{1}{3}(a-b)\right)$$
$$= a+b+c+\frac{1}{3}(ab-ca+bc-ab+ca-bc)$$
$$= 1 \quad (\text{等号は}, a=b=c \text{ とき})$$

となって，題意の不等式を得る．

5. (1)　各 $i = 1, 2, \cdots, n$ について，$y_i = x_i - \dfrac{x_1 + x_2 + \cdots + x_n}{n}$ とおく．$\displaystyle\sum_{i=1}^{n} y_i^2 = S$ とおくと，$\displaystyle\sum_{i=1}^{n} y_i = 0$ より，次を得る：

$$\sum_{i=1}^{n}\sum_{j=1}^{n}(y_i - y_j)^2 = \sum_{i=1}^{n}\sum_{j=1}^{n} y_i^2 + \sum_{i=1}^{n}\sum_{j=1}^{n} y_j^2 - 2\sum_{i=1}^{n}\sum_{j=1}^{n} y_i y_j$$
$$= nS + nS + 0 = 2nS \cdots (\text{i})$$

一方，コーシー–シュワルツの不等式から，次を得る：

$$\left(\sum_{i=1}^{n}\sum_{j=1}^{n} |x_i - x_j|\right)^2 = \left(2\sum_{n \geq i > j \geq 1}(y_i - y_j)\right)^2$$
$$= 4\left(\sum_{i=1}^{n}(-n-1+2i)y_i\right)^2 \leq 4S \sum_{i=1}^{n}(-n-1+2i)^2$$
$$= 4S\left((n+1)^2 \sum_{i=1}^{n} 1 - 4(n+1)\sum_{i=1}^{n} i + 4\sum_{i=1}^{n} i^2\right)$$
$$= 4S\left((n+1)^2 n - 2(n+1)^2 n + \frac{2n(n+1)(2n+1)}{3}\right)$$
$$= \frac{2(n^2 - 1)}{3} \cdot 2nS \cdots (\text{ii})$$

(i), (ii) より，次を得る：

$$\left(\sum_{i=1}^{n}\sum_{j=1}^{n} |y_i - y_j|\right)^2 \leq \frac{2(n^2 - 1)}{3} \sum_{i=1}^{n}\sum_{j=1}^{n}(y_i - y_j)^2.$$

これは示すべき不等式に同じである．

等号は，コーシー–シュワルツの不等式における等号の成立条件であり，それは y_i と $-n-1+2i$ の比が一定であることである．これは，y_i ($i = 1, 2, \cdots, n$) が，したがって，x_i ($i = 1, 2, \cdots, n$) が等差数列をなすことと同値である．

6.　任意の正整数 x, y, z について，与式の左辺は負にならないことがわかる．x, y, z のどの1つが0であっても，与式の右辺は0であるから，与式は成立する．$x = 0$ のとき，与式は $y^4 z^4 \geq 0$ となるから，等号が成り立つのは，$y = 0$ または，$z = 0$ のときである．与式の左辺の対称性から，$y = 0$，$z = 0$ のときも，

それぞれ，$x=0$ または $z=0$，$x=0$ または $y=0$ を得る．

よって，等号が成り立つのは，任意の整数 t について，次の場合である：
$$(x,y,z) = (0,0,t), \quad (0,t,0), \quad (t,0,0).$$

これから後は，x,y,z がいずれも 0 でない場合を考察する．AM–GM 不等式より，次を得る：
$$(x^2+y^2z^2)\cdot(y^2+x^2z^2)\cdot(z^2+x^2y^2) \geq 8\cdot(\sqrt{x^2y^2z^2})^3 = 8\cdot|x|^3|y|^3|z|^3 \cdots (*)$$
ところが，任意の整数 x,y,z について，
$$|x|^3 \geq |x| \geq x, \quad |y|^3 \geq |y|^2 \geq y^2, \quad |z|^3 \geq z^3$$
が成り立つから，$|x|^3|y|^3|z|^3 \geq xy^2z^3$ を得る．これと $(*)$ を合わせて，問題の不等式の証明が完了した．

等号は，AM–GM 不等式において等号が成り立つ場合であり，$x^2 = y^2 = z^2 = 1$，$|x||z|^3 = xz^3$ が成り立つ場合である．すなわち，$|x| = |y| = |z| = 1$ で，x と z の符号が一致する場合である．よって，等号が成り立つ場合は，次のようになる：
$$(x,y,z) = (1,1,1), \quad (1,-1,1), \quad (-1,1,-1), \quad (-1,-1,-1).$$

7. まず，$k \geq 4$ であることを証明する．そのためには，$a^2 > bc$ をみたす任意の正の数 a, b, c について，
$$(a^2-bc)^2 > 4(b^2-ca)(c^2-ab) \cdots (*)$$
が成立することを証明すればよい．

$b^2 \geq ca$ かつ $c^2 \geq ab$ であると仮定すると，
$$b^2 \times c^2 \geq ca \times ab = a^2 \times bc > bc \times bc = b^2c^2$$
となり矛盾するので，$b^2 < ca$ または $c^2 < ab$ である．

$b^2 < ca$ かつ $c^2 \geq ab$ のときと，$b^2 \geq ca$ かつ $c^2 < ab$ のときは，
$$(a^2-bc)^2 > 0 \geq 4(b^2-ca)(c^2-ab)$$
となるので，$(*)$ は成立する．

$b^2 < ca$ かつ $c^2 < ab$ のときは，
$$(a^2-bc) - (ca-b^2) - (ab-c^2) = \frac{1}{2}\{(b-c)^2 + (c^a)^2 + (a-b)^2\} > 0$$
より，$a^2-bc > (ca-b^2) + (ab-c^2) > 0$ なので，

$$(a^2 - bc)^2 > \{(ca - b^2) + (ab - c^2)\}^2 \geq 4(ca - b^2)(ab - c^2)$$

であり，$(*)$ が成立することがわかる．

次に，$k \leq 4$ であることを証明する．$k > 4$ であると仮定すると，$0 < \varepsilon < 1$ かつ $5\varepsilon < k - 4$ であるような ε が存在する．このとき，$a = 1 + \varepsilon > 0$, $b = c = 1 > 0$ とすると，

$$a^2 - bc = (1 + \varepsilon)^2 - 1 = 2\varepsilon + \varepsilon^2 > 0$$

より，$a^2 > bc$ であるが，

$$\begin{aligned}(a^2 - bc)^2 &= (2\varepsilon + \varepsilon^2)^2 = \varepsilon^2(\varepsilon^2 + 4\varepsilon + 4) \\ &< \varepsilon^2(5\varepsilon + 4) < k\varepsilon^2 \\ &= k(-\varepsilon)(-\varepsilon) = k(b^2 - ca)(c^2 - ab)\end{aligned}$$

となり，矛盾する．よって，$k \leq 4$ である．

以上より，$k = 4$ が結論される．

8. 与えられた不等式を書き換えて，次を得る：

$$-6a(a^2 - 2b) \leq -27c + 10(\sqrt{a^2 - 2b})^3 \cdots (1)$$

方程式 $x^3 + ax^2 + bx + c = 0$ の 3 根を α, β, γ とすると，根と係数の関係より，次を得る：

$$\alpha + \beta + \gamma = -a, \quad \alpha\beta\gamma = -c, \quad \alpha\beta + \beta\gamma + \gamma\alpha = b.$$
$$\therefore \alpha^2 + \beta^2 + \gamma^2 = a^2 - 2b.$$

したがって，(1) は次の不等式と同値である：

$$6(\alpha + \beta + \gamma)(\alpha^2 + \beta^2 + \gamma^2) \leq 27\alpha\beta\gamma + 10(\alpha^2 + \beta^2 + \gamma^2)^{\frac{3}{2}} \cdots (2)$$

$\alpha^2 + \beta^2 + \gamma^2 = 0$ の場合，すなわち，$\alpha = \beta = \gamma = 0$ の場合，(2) は明らかに成立し，このとき (1) では等号が成り立つ．

$\alpha^2 + \beta^2 + \gamma^2 > 0$ の場合：$\alpha^2 \leq \beta^2 \leq \gamma^2$ と仮定すると，(2) は斉次型だから，$\alpha^2 + \beta^2 + \gamma^2 = 9$ と仮定できる．これより，$\gamma^2 \geq 3$, $2\alpha\beta \leq 6$ を得る．したがって，(2) は次と同値である：

$$2(\alpha + \beta + \gamma) - \alpha\beta\gamma \leq 10 \cdots (3)$$

コーシー – シュワルツの不等式を用いて次を得る：

$$\{2(\alpha + \beta + \gamma) - \alpha\beta\gamma\}^2 = \{2(\alpha + \beta) + (2 - \alpha\beta)\gamma\}^2$$

$$\leq \{4+(2-\alpha\beta)^2\}\{(\alpha+\beta)^2+\gamma^2\}$$
$$= \{8-4\alpha\beta+(\alpha\beta)^2\}(9+2\alpha\beta)$$
$$= 2(\alpha\beta)^3+(\alpha\beta)^2-20\alpha\beta+72$$
$$= (\alpha\beta+2)^2(2\alpha\beta-7)+100$$
$$\leq 100. \quad (\because\ 2\alpha\beta \leq 6)$$

よって,(3) が証明されたので,(1) すなわち与式が証明された.

(3) で等号が成り立つのは,次が成り立つときである:

$$|\alpha| \leq |\beta| \leq |\gamma|, \quad \alpha^2+\beta^2+\gamma^2 = 9,$$
$$\frac{\alpha+\beta}{2} = \frac{\gamma}{2-\alpha\beta}, \quad \alpha\beta+2 = 0,$$
$$2(\alpha+\beta+\gamma)-\alpha\beta\gamma \geq 0.$$

この連立方程式を解いて,$\alpha = -1, \beta = \gamma = 2$.

したがって,(3) の等号が成り立つための必要十分条件は,非負実数 t について,$\{\alpha, \beta, \gamma\} = \{-t, 2t, 2t\}$ が成り立つことである.よって,与式で等号が成り立つための必要十分条件は,非負実数 t について,$a = -3t, b = 0, c = 4t^3$ が成り立つことである.

● 上級

1. 背理法により証明する.問題の 3 つの不等式のうち,少なくとも 2 つが偽であるとする.3 つの不等式の対称性から,一般性を失うことなく,第 1 と第 3 の不等式が偽であると仮定してよい.すなわち,

$$\frac{2}{a}+\frac{3}{b}+\frac{6}{c} < 6, \quad \frac{2}{c}+\frac{3}{a}+\frac{6}{b} < 6$$

と仮定する.すると,次を得る:$\dfrac{5}{a}+\dfrac{9}{b}+\dfrac{8}{c} < 12.$

また,$b+c \geq a(bc-1)$ より,次を得る:$\dfrac{1}{a} \geq \dfrac{bc-1}{b+c}.$

これらより,次を得る:$\dfrac{5(bc-1)}{b+c}+\dfrac{9}{b}+\dfrac{8}{c} < 12.$

分母を払って整理すると,

$$5b^2c^2+12bc-12b^2c-12c^2b+9c^2+8b^2 < 0 \quad \cdots (1)$$

$$\therefore \quad (2bc-2b-3c)^2 + b^2(c-2)^2 < 0 \cdots (2)$$

これは矛盾である．よって，題意は証明された．
　等号が成り立つ場合を検証する．問題の 3 つの不等式のうち，少なくとも 2 つで等号が成り立つとする．それは，上の (2) において等号が成り立つ場合であるから，

$$c-2 = 0, \quad 2bc-2b-3c = 0. \quad \therefore \quad c = 2, \ b = 3, \ a = 1.$$

与式の対称性から，等号が成り立つための必要十分は，(a, b, c) が次の 3 組のいずれかになる場合である：$(1, 3, 2), \ (2, 1, 3), \ (3, 2, 1)$.

参考　上の証明で，(1) から (2) への変形に気付くのはかなり難しいが，次のような解決策がある．
　(1) を b に関する 2 次式の形に整理すると，

$$(5c^2 - 12c + 8)b^2 - 12c(c-1)b + 9c^2 < 0 \cdots (1)$$

ところが，2 次の係数は，$5c^2 - 12c + 8 = 5\left(c - \dfrac{6}{5}\right)^2 + \dfrac{4}{5} > 0$ であり，判別式は

$$D = (12c(c-1))^2 - 36c^2(5c^2 - 12c + 8)$$
$$= 36c^2(4(c-1)^2 - (5c^2 - 12c + 8)) = -36c^2(c-2)^2 \leq 0$$

となるから，(1) は不可能である．

[別解]　$x = 1/a, \ y = 1/b, \ z = 1/c$ とおくと．$x, y, z > 0$ で $xy + yz + zx \geq 1$ であり，

$$2x + 3y + 6z \leq 6, \quad 2y + 3z + 6x \leq 6, \quad 2z + 3x + 6y \leq 6$$

のうちの少なくとも 2 つは真であることを証明すれば十分である．
　背理法で証明する．上の 3 つの不等式のうち，少なくとも 2 つが偽であると仮定する．3 つの不等式の対称性から，$2x + 3y + 6z < 6, \ 2y + 3z + 6x < 6$ と仮定しても一般性を失わない．すると，次を得る：

$$144 > ((2x + 3y + 6z) + (2y + 3z + 6x))^2$$
$$= (8x + 5y + 9z)^2$$
$$= 64x^2 + 80xy + 25y^2 + 81z^2 + 90yz + 144zx$$
$$= 64x^2 - 64xy + 16y^2 + 9y^2 - 54yz + 81z^2 + 144(xy + yz + zx)$$

$$= (8x-4y)^2 + (3y-9z)^2 + 144(xy+yz+zx) \geq 144.$$

これは矛盾である．したがって，仮定が誤りであるから，与えられた3つの不等式のうちの少なくとも2つは真である．

等号が成り立つ条件を調べる．等号は，与えられた3つの不等式のうち，少なくとも2つで等号が成り立つ場合だから，$8x - 4y = 3y - 9z = 0$ より，$(1/x) : (1/y) : (1/z) = 2 : 1 : 3$ を得る．したがって，等号が成り立つための必要十分条件は，

$$(a, b, c) = (1, 3, 2), \quad (3, 2, 1) \quad \text{または} \quad (2, 1, 3).$$

2. $a \geq b \geq c$ として，$x = a+b, y = a-b$ とおく．問題の不等式の左辺を F とする．

$$F = \frac{(c-y)^2}{\{c+(x-y)/2\}^2 + \{(x+y)/2\}^2}$$
$$+ \frac{(c+y)^2}{\{c+(x+y)/2\}^2 + \{(x-y)/2\}^2} + \frac{(x-c)^2}{x^2+c^2}$$
$$= \frac{2(y-c)^2}{x^2+y^2-2cy+2cx+2c^2} + \frac{2(y+c)^2}{x^2+y^2+2cy+2cx+2c^2} + \frac{(x-c)^2}{x^2+c^2}$$
$$= \frac{2(y-c)^2}{(y-c)^2+(x+c)^2} + \frac{2(y+c)^2}{(y+c)^2+(x+c)^2} + \frac{(x-c)^2}{x^2+c^2}$$

ここで，F の第1項と第2項の和を G とおき，$(x+c)^2 = D$ とおくと，

$$G = 2\left(2 - \frac{D}{(y-c)^2+D} - \frac{D}{(y+c)^2+D}\right)$$
$$= 2\left(2 - D \cdot \frac{(y-c)^2+D+(y+c)^2+D}{\{(y-c)^2+D\}\{(y+c)^2+D\}}\right)$$
$$= 2\left(2 - 2D \cdot \frac{y^2+D+c^2}{y^4+2(D-c^2)y^2+(D+c^2)^2}\right).$$

これが $y = 0$ のときに最小になることを示すが，そのためには

$$\frac{y^2+D+c^2}{y^4+2(D-c^2)y^2+(D+c^2)^2} \leq \frac{1}{D+c^2}$$
$$\iff y^2(D+c^2) \leq y^4 + 2(D-c^2)y^2$$
$$\iff y^2(y^2+D-3c^2) \geq 0$$

が成り立つことを示せばよい．ところで，これは

$$D = (x+c)^2 = (a+b+c)^2 \geq (3c)^2 > 3c^2$$

により，成り立つ．よって，次を得る：

$$F \geq \frac{4c^2}{c^2+(x+c)^2} + \frac{(x-c)^2}{x^2+c^2}.$$

$x \geq 2c$ のとき，次が成り立つ：

$$\frac{4c^2}{c^2+(x+c)^2} + \frac{(x-c)^2}{x^2+c^2} \geq \frac{3}{5}$$

$$\iff \frac{20c^2}{c^2+(x+c)^2} - 2 + \frac{5(x-c)^2}{x^2+c^2} - 1 \geq 0$$

$$\iff \frac{16c^2 - 4cx - 2x^2}{c^2+(x+c)^2} + \frac{4x^2 - 10cx + 4c^2}{x^2+c^2} \geq 0$$

$$\iff \frac{-(x-2c)(x+4c)}{c^2+(x+c)^2} + \frac{(x-2c)(2x-c)}{x^2+c^2} \geq 0$$

$$\iff -(x-2c)(x+4c)(x^2+c^2) + (x-2c)(2x-c)(x^2+2cx+2c^2) \geq 0$$

$$\iff (x-2c)(x^3 - cx^2 + c^2x - 6c^3) \geq 0$$

$$\iff (x-2c)(x-2c)(x^2 + cx + 3c^2) \geq 0.$$

よって，与式の証明が完了した．等号は，上の不等式で等号が成り立つ場合に成り立ち，$x - 2c = 0$ より，$a = b = c$ のときに成立する．

3. 多項式 $ab(a^2-b^2) + bc(b^2-c^2) + ca(c^2-a^2)$ は，$a = b$ とすると 0 になるので，$a-b$ で割り切れることがわかる．同様に，$b-c, c-a$ でも割り切れるから，次を得る：

$$|ab(a^2-b^2) + bc(b^2-c^2) + ca(c^2-a^2)| = |(a-b)(b-c)(c-a)(a+b+c)|.$$

対称性より，$a \geq b \geq c$ と仮定しても一般性を失わない．$x = a-b, y = b-c, z = a-c, w = a+b+c$ とおく．$z = x+y$ である．

$x \geq 0, y \geq 0$ であるから，AM–GM 不等式を用いて，次を得る：

$$|(a-b)(b-c)(a-c)(a+b+c)| = |xyzw| \leq \left|\left(\frac{x+y}{2}\right)^2 zw\right| = \frac{1}{4}|z^3 w|.$$

また，$x^2 + y^2 - \frac{(x+y)^2}{2} = \frac{(x-y)^2}{2} \geq 0$ より，

$$(a^2+b^2+c^2)^2 = \left[\frac{1}{3}\left((a-b)^2 + (b-c)^2 + (a-c)^2 + (a+b+c)^2\right)\right]^2$$

$$= \Big[\frac{1}{3}(x^2 + y^2 + z^2 + w^2)\Big]^2$$
$$\geq \Big[\frac{1}{3}\Big(\frac{(x+y)^2}{2} + z^2 + w^2\Big)\Big]^2 = \frac{1}{9}\Big(\frac{3}{2}z^2 + w^2\Big)^2.$$

再び AM – GM 不等式より,次を得る:
$$\frac{1}{9}\Big(\frac{3}{2}z^2 + w^2\Big)^2 = \frac{16}{9}\Big[\frac{1}{4}\Big(\frac{z^2}{2} + \frac{z^2}{2} + \frac{z^2}{2} + w^2\Big)\Big]^2$$
$$\geq \frac{16}{9}\Big(\sqrt[4]{\frac{z^2}{2}\frac{z^2}{2}\frac{z^2}{2}w^2}\Big)^2 = \frac{4\sqrt{2}}{9}|z^3 w|.$$

以上を合わせて,次を得る:
$$|ab(a^2 - b^2) + bc(b^2 - c^2) + ca(c^2 - a^2)| \leq \frac{1}{4} \cdot \frac{9}{4\sqrt{2}}(a^2 + b^2 + c^2)^2$$
$$= \frac{9\sqrt{2}}{32}(a^2 + b^2 + c^2)^2.$$

よって,$M = \dfrac{9\sqrt{2}}{32}$ について,問題の不等式は成り立つ.

上記の不等式で,等号が成り立つための必要十分条件は,$x = y$, $z^2 = 2w^2$ のときである.したがって,$a = 1 + \dfrac{3\sqrt{2}}{2}$, $b = 1$, $c = 1 - \dfrac{3\sqrt{2}}{2}$ とすれば条件をみたし,両辺は正になって,等号が成立する.

したがって,求める最小の M は,$M = \dfrac{9\sqrt{2}}{32}$ である.

4. 以下,a, b, c を変数とする式 $P(a, b, c)$ について,
$$\sum_{cyc} P(a, b, c) = P(a, b, c) + P(b, c, a) + P(c, a, b)$$
とする.

与式に $a = 0$, $b = c = \dfrac{1}{2}$ を代入すると,
$$\frac{\frac{1}{2}}{1 + \frac{1}{4}k} + \frac{\frac{1}{2}}{1 + \frac{1}{4}k} \geq \frac{1}{2}$$
となり,$k \leq 4$ がわかる.以下、$k = 4$ で与式が成立することを示す.

コーシー – シュワルツの不等式より,
$$\Big(\sum_{cyc} \frac{a}{1 + 9bc + 4(b-c)^2}\Big)\Big(\sum_{cyc} a\big(1 + 9bc + 4(b-c)^2\big)\Big) \geq (a+b+c)^2 = 1 \;\cdots\; (1)$$

が成り立つ．また，この左辺の第2の因子を書き下すと，
$$\sum_{cyc} a(1+9bc+4(b-c)^2) = a+b+c+3abc+4(a^2b+a^2c+b^2c+b^2a+c^2a+c^2b)$$
であり，シュアーの不等式より，次を得る：
$$3abc + 4(a^2b+a^2c+b^2c+b^2a+c^2a+c^2b)$$
$$\leq a^3+b^3+c^3+6abc+3(a^2b+a^2c+b^2c+b^2a+c^2a+c^2b)$$
$$= (a+b+c)^3.$$
したがって，次を得る：
$$\sum_{cyc} a(1+9bc+4(b-c)^2) \leq a+b+c+(a+b+c)^3 = 2 \cdots (2)$$
(1), (2) より，
$$\sum_{cyc} \frac{a}{1+9bc+4(b-c)^2} \geq \frac{1}{2}$$
となる．以上より，求める最大値は $k=4$ である．

5. $\alpha = \sqrt{1+\dfrac{8bc}{a^2}},\ \beta = \sqrt{1+\dfrac{8ca}{b^2}},\ \gamma = \sqrt{1+\dfrac{8ab}{c^2}}$ とすると，$\alpha > 1,\ \beta > 1,\ \gamma > 1$ で，次が成り立つ：
$$(\alpha^2-1)(\beta^2-1)(\gamma^2-1) = 8^3 \cdots (1)$$
$$\therefore\ \alpha^2\beta^2\gamma^2 - (\alpha^2\beta^2+\beta^2\gamma^2+\gamma^2\alpha^2) + (\alpha^2+\beta^2+\gamma^2) - 1 = 8^3 \cdots (1')$$
また，証明すべき不等式は，次のように書き換えられる：
$$\frac{1}{\alpha}+\frac{1}{\beta}+\frac{1}{\gamma} \geq 1, \quad \text{または，} \ \frac{\beta\gamma+\gamma\alpha+\alpha\beta}{\alpha\beta\gamma} \geq 1 \cdots (*)$$
$x = \alpha+\beta+\gamma,\ y = \alpha\beta+\beta\gamma+\gamma\alpha,\ z = \alpha\beta\gamma$ とおくと，$(1')$ より，次を得る：
$$z^2 - (y^2-2xz) + (x^2-2y) - 1 = 8^3 \cdots (1'')$$
そこで，$(*)$ が成り立つことを，背理法で証明する．いま，$(*)$ が成り立たないと仮定する．すなわち，$y < z$ が成り立つと仮定する．すると，$(1'')$ より，
$$8^3 + 1 = 2xz + x^2 - 2y + (z^2-y^2) > 2xz + x^2 - 2z \cdots (2)$$
を得る．$y < z$，すなわち，$\dfrac{1}{\alpha}+\dfrac{1}{\beta}+\dfrac{1}{\gamma} < 1$ に AM–GM 不等式を適用すると，
$$1 > \frac{1}{\alpha}+\frac{1}{\beta}+\frac{1}{\gamma} \geq 3\sqrt[3]{\frac{1}{z}}, \qquad \therefore\ z > 3^3$$

を得る．また，AM–GM 不等式より，次も成り立つ：
$$x = \alpha + \beta + \gamma \geq 3\sqrt[3]{\alpha\beta\gamma} = 3\sqrt[3]{z} > 9.$$

したがって，$2xz + x^2 - 2z = 2(x-1)z + x^2 \geq 2(9-1)3^3 + 9^2 = 8^3 + 1$ が得られるが，これは (2) に矛盾する．したがって，$(*)$ が成立しないという仮定が誤りであることがわかり，$(*)$，つまり，与式が正しいことが示された．

[別解] a, b, c に適当な因子を掛けることで，問題を $a+b+c = 1$ である場合に還元できる．関数 $f(t) = 1/\sqrt{t}$ は，$f''(t) = \dfrac{3}{4\sqrt{t^5}}$ だから，$t > 0$ において下に凸である．したがって，イェンセンの不等式により，すべての $x, y, z > 0$ に関して，次が成り立つ：
$$\frac{a}{\sqrt{x}} + \frac{b}{\sqrt{y}} + \frac{c}{\sqrt{z}} \geq \frac{1}{\sqrt{ax + by + cz}}.$$

ここで，$x = a^2 + 8bc, y = b^2 + 8ca, z = c^2 + 8ab$ とおくと，次を得る：
$$\frac{a}{\sqrt{a^2 + 8bc}} + \frac{b}{\sqrt{b^3 + 8ca}} + \frac{c}{\sqrt{c^2 + 8ab}} \geq \frac{1}{\sqrt{a^3 + b^3 + c^3 + 24abc}}$$
$$\geq \frac{1}{\sqrt{(a+b+c)^3}} = 1.$$

よって，AM–GM 不等式より，目標の不等式を得る：
$$(a+b+c)^3 = a^3 + b^3 + c^3 + 3\sum_{cyc}(a^2 b + b^2 a) + 6abc$$
$$\geq a^3 + b^3 + c^3 + 18\sqrt[6]{a^6 b^6 c^6} + 6abc$$
$$= a^3 + b^3 + c^3 + 24abc.$$

参考 Math. Association of America 発行の公式誌 "USA Math. Olympiads 2001" には，ここで示した 2 つの解答の他に 5 つの解答が載っている．

---

6. $\dfrac{x^5 - x^2}{x^5 + y^2 + z^2} = 1 - \dfrac{x^2 + y^2 + z^2}{x^5 + y^2 + z^2}$ などにより，問題の不等式は，次の不等式と同値である：
$$\frac{x^2 + y^2 + z^2}{x^5 + y^2 + z^2} + \frac{x^2 + y^2 + z^2}{x^2 + y^5 + z^2} + \frac{x^2 + y^2 + z^2}{x^2 + y^2 + z^5} \leq 3 \quad \cdots (1)$$

コーシー–シュワルツの不等式より,
$$(x^5+y^2+z^2)(yz+y^2+z^2) \geq \left(\sqrt{x^5yz}+\sqrt{y^4}+\sqrt{z^4}\right)^2$$
$$\geq (x^2+y^2+z^2)^2 \quad (\because\ x,y,z>0,\ xyz\geq 1)$$

だから,次が成り立つ:
$$\frac{x^2+y^2+z^2}{x^5+y^2+z^2} \leq \frac{yz+y^2+z^2}{x^2+y^2+z^2}.$$

同様にして,次が得られる:
$$\frac{x^2+y^2+z^2}{x^2+y^5+z^2} \leq \frac{zx+z^2+x^2}{x^2+y^2+z^2}, \quad \frac{x^2+y^2+z^2}{x^2+y^2+z^5} \leq \frac{xy+x^2+y^2}{x^2+y^2+z^2}.$$

上の3式を辺々加えて,次を得る:
$$(1)\text{の左辺} \leq \frac{yz+y^2+z^2}{x^2+y^2+z^2} + \frac{zx+z^2+x^2}{x^2+y^2+z^2} + \frac{xy+x^2+y^2}{x^2+y^2+z^2}$$
$$= 2 + \frac{xy+yz+zx}{x^2+y^2+z^2}.$$

ところで,
$$x^2+y^2+z^2-xy-yz-zx = \frac{1}{2}\{(x-y)^2+(y-z)^2+(z-x)^2\} \geq 0$$

より,$\dfrac{xy+yz+zx}{x^2+y^2+z^2}\leq 1$ なので,(1)の左辺 ≤ 3 が示された.

[別解] 次の不等式が成り立つ:
$$\frac{x^5-x^2}{x^5+y^2+z^2} - \frac{x^5-x^2}{x^3(x^2+y^2+z^2)} = \frac{x^2(y^2+z^2)(x^3-1)^2}{x^3(x^5+y^2+z^2)(x^2+y^2+z^2)} \geq 0.$$
$$\therefore\ \frac{x^5-x^2}{x^5+y^2+z^2} \geq \frac{x^5-x^2}{x^3(x^2+y^2+z^2)}.$$

同様にして,次を得る:
$$\frac{y^5-y^2}{x^2+y^5+z^2} \geq \frac{y^5-y^2}{y^3(x^2+y^2+z^2)}, \quad \frac{z^5-z^2}{x^2+y^2+z^5} \geq \frac{z^5-z^2}{z^3(x^2+y^2+z^2)}.$$

よって,次を得る:
$$(\text{与式の左辺}) \geq \frac{x^5-x^2}{x^3(x^2+y^2+z^2)} + \frac{y^5-y^2}{y^3(x^2+y^2+z^2)} + \frac{z^5-z^2}{z^3(x^2+y^2+z^2)}$$
$$= \frac{1}{x^2+y^2+z^2}\left(x^2+y^2+z^2-\frac{1}{x}-\frac{1}{y}-\frac{1}{z}\right) \cdots (1)$$

一方,$xyz\geq 1$ より,

$$x^2 + y^2 + z^2 - \frac{1}{x} - \frac{1}{y} - \frac{1}{z} \geq x^2 + y^2 + z^2 - xy - yz - zx \geq 0 \cdots (2)$$

(1), (2) より，問題の不等式が得られる．

7. $a_2 a_3 \cdots a_n = 1$ より，$a_2 = \dfrac{x_2}{x_1}$, $a_3 = \dfrac{x_3}{x_2}$, $\cdots$, $a_n = \dfrac{x_1}{x_{n-1}}$ なる正の実数 $x_1, x_2, \cdots, x_{n-1}$ が存在する．このとき，問題の不等式は次のようになる：

$$(x_1 + x_2)^2 (x_2 + x_3)^3 \cdots (x_{n-1} + x_1)^n > n^n x_1^2 x_2^3 \cdots x_{n-1}^n.$$

AM–GM 不等式より，以下を得る：

$$(x_1 + x_2)^2 \geq 2^2 x_1 x_2,$$

$$(x_2 + x_3)^3 = \left(2\left(\frac{x_2}{2}\right) + x_3\right)^3 \geq 3^3 \left(\frac{x_2}{2}\right)^2 x_3,$$

$$(x_3 + x_4)^4 = \left(3\left(\frac{x_3}{3}\right) + x_4\right)^4 \geq 4^4 \left(\frac{x_3}{3}\right)^3 x_4,$$

$$\vdots$$

$$(x_{n-1} + x_1)^n = \left((n-1)\left(\frac{x_{n-1}}{n-1}\right) + x_1\right)^n \geq n^n \left(\frac{x_{n-1}}{n-1}\right)^{n-1} x_1.$$

これらを辺々掛け合わせれば

$$(x_1 + x_2)^2 (x_2 + x_3)^3 \cdots (x_{n-1} + x_1)^n > n^n x_1^2 x_2^3 \cdots x_{n-1}^n.$$

を得る．

等号が成立する条件は，AM–GM 不等式で等号が成立する条件であるから，

$$x_1 = x_2, \quad x_2 = 2x_3, \quad \cdots, \quad x_{n-1} = (n-1)x_1$$

であり，これより $x_1 = (n-1)! \, x_1$ が導かれるが，$n \geq 3$ よりこれは成立しない．

◆第 8 章◆

● 初級

1. $m, n, p \in \mathbb{N}$ であって，$\sqrt{m}, \sqrt{n}, \sqrt{p}$ が等差数列であるならば，$p + m + 2\sqrt{pm} = 4n$ が成り立つから，$\sqrt{pm}$ は有理数である．これより，次がわかる：

$$m = a^2 d, \quad n = b^2 d, \quad p = c^2 d \quad (a, b, c, d \in \mathbb{N}_0,\ a + c = 2b).$$

したがって，与えられた集合から 45 個を選んで等差数列を作ることができると

すると，それは $a_1\sqrt{d}, a_2\sqrt{d}, \cdots, a_{45}\sqrt{d}$ のかたちをしていなければならない．ただし，$a_1, a_2, \cdots, a_{45}, d \in \mathbb{N}$ であって，$a_1, a_2, \cdots, a_{45}$ は等差数列である．

この場合，これらの数の最大値は $\sqrt{45^2 d}$ であるが，$\sqrt{45^2 d} \geq \sqrt{2025} > \sqrt{2015}$ であるから，これは矛盾である．

2. そのような無限列があったと仮定して，矛盾を導く．

与えられた漸化式より，$a_{n+1} > a_n \ (n \geq 2)$ である．よって，$\sqrt{a_5 + a_4} > \sqrt{a_4 + a_3}$ であるが，この両辺は整数であるから，$\sqrt{a_5 + a_4} \geq \sqrt{a_4 + a_3} + 1$ が成り立つ．両辺を平方して整理すると，
$$a_5 \geq a_3 + 2\sqrt{a_4 + a_3} + 1.$$
$a_5 = a_4 + \sqrt{a_4 + a_3}$ より，
$$a_4 \geq a_3 + \sqrt{a_4 + a_3} + 1.$$
さらに，$a_4 = a_3 + \sqrt{a_3 + a_2}$ より，次を得る：
$$\sqrt{a_3 + a_2} \geq \sqrt{a_4 + a_3} + 1 > \sqrt{a_4 + a_3}.$$
これは $a_4 > a_2$ に反する．したがって，題意をみたす無限列は存在しない．

覚書 解答の議論から，正整数 $a_1, a_2, a_3, a_4, a_5, a_6$ であり，
$$a_{n+2} = a_{n+1} + \sqrt{a_{n+1} + a_n} \quad (1 \leq n \leq 4)$$
をみたすものは存在しないことがわかる．

---

3. まず，次の方程式 $\lambda = \dfrac{3\lambda + 4}{2\lambda + 3}$ を解く．

$$\lambda = \frac{3\lambda + 4}{2\lambda + 3} \implies 2\lambda^2 + 3\lambda = 3\lambda + 4 \implies \lambda = \pm\sqrt{2}.$$

したがって，次を得る：
$$\frac{b_{n+1} - \sqrt{2}}{b_{n+1} + \sqrt{2}} = \frac{3b_n + 4 - \sqrt{2}(2b_n + 3)}{3b_n + 4 + \sqrt{2}(2b_n + 3)} = \frac{(\sqrt{2} - 1)^2}{(\sqrt{2} + 1)^2} \cdot \frac{b_n - \sqrt{2}}{b_n + \sqrt{2}}.$$

ここで，$c_n = \dfrac{b_n - \sqrt{2}}{b_n + \sqrt{2}} \ (n \in \mathbb{N})$ とおくと，
$$c_1 = \frac{2 - \sqrt{2}}{2 + \sqrt{2}}, \quad c_{n+1} = (\sqrt{2} - 1)^4 c_n$$

となる．したがって，$c_n = (\sqrt{2}-1)^2(\sqrt{2}-1)^{4(n-1)} = (\sqrt{2}-1)^{4n-2}$．

$\therefore\ c_n = \dfrac{b_n - \sqrt{2}}{b_n + \sqrt{2}} \Longrightarrow \dfrac{1+c_n}{1-c_n} = \dfrac{b_n}{\sqrt{2}} \Longrightarrow b_n = \sqrt{2}\cdot \dfrac{1+(\sqrt{2}-1)^{4n-2}}{1-(\sqrt{2}-1)^{4n-2}}$.

4. $\qquad a_n + 2 = \dfrac{2(2+a_{n-1})}{1+a_{n-1}},\quad a_n - 1 = \dfrac{1-a_{n-1}}{1+a_{n-1}}$

より，次を得る：
$$\frac{a_n + 2}{a_n - 1} = (-2)\cdot \frac{a_{n-1}+2}{a_{n-1}-1}\quad (n \geq 2).$$

与えられた漸化式を反復して適用することにより，$n \geq 2$ について，次を得る：
$$\frac{a_n+2}{a_n-1} = (-2)^{n-1}\cdot \frac{a_1+2}{a_1-1} \Longrightarrow a_n = \frac{(-2)^n + 2}{(-2)^n - 1}.$$

$a_1 = 0$ だから，a_1 もこの表示で表されている．よって，求める表示は，
$$a_n = \frac{(-2)^n + 2}{(-2)^n - 1}\quad (n \geq 1).$$

5. $n_1 = 5a$, $n_2 = 2b$, $n_3 = 11c$, $n_4 = 7d$, $n_5 = 17e$ ($a, b, c, d, e \in \mathbb{Z}$) とおくと，次が求められる：
$$n_1 + n_3 = 2n_2,\quad n_2 + n_4 = 2n_3,\quad n_3 + n_5 = 2n_4.$$

これらから，次の連立1次方程式系が得られる：
$$5a - 4b + 11c = 0,\quad 2b - 22c + 7d = 0,\quad 11c - 14d + 17e = 0.$$

d, e をつかって，a, b, c を求めると，
$$c = \frac{14d - 17e}{11},\quad b = \frac{21}{2}d - 17e,\quad a = \frac{28d - 51e}{5}\quad \cdots (1)$$

を得る．これらから，次を得る：
$$d = 2x,\quad 6x - 6e \equiv 0\pmod{11},\quad x - e \equiv 0 \pmod 5.$$
$$\therefore\ x - e \equiv 0 \pmod{55},\quad e = x - 55y\ (x, y \in \mathbb{Z}).$$

したがって，次を得る：
$$a = x + 561y,\quad b = 4x + 935y,\quad c = x + 85y,\quad d = 2x,\quad e = x - 55y.$$

$d = 2x$ より，d は偶数で，次を得る：
$$c = \frac{28x - 17e}{11},\quad a = \frac{56x - 51e}{5}.$$

これより，求める等差数列は，次のようになる：$x, y \in \mathbb{Z}$ について，
$$n_1 = 5x + 2805y,$$
$$n_2 = 8x + 1870y,$$
$$n_3 = 11x + 935y,$$
$$n_4 = 14x,$$
$$n_5 = 17x - 935y.$$

なお，この数列の公差は $3x - 935y$ である．

6. (1) 与えられた漸化式より，次が得られる：
$$\frac{1}{a_{n+1}} = \frac{n - a_n}{(n-1)a_n} = \frac{n}{(n-1)a_n} - \frac{1}{n-1}.$$
両辺を n で割って整理すると，次を得る：
$$\frac{1}{na_{n+1}} - \frac{1}{(n-1)a_n} = -\left(\frac{1}{n-1} - \frac{1}{n}\right).$$
$$\therefore \quad \frac{1}{(n-1)a_n} - \frac{1}{a_2} = \sum_{k=2}^{n-1}\left(\frac{1}{ka_{k+1}} - \frac{1}{(k-1)a_k}\right)$$
$$= -\sum_{k=2}^{n-1}\left(\frac{1}{k-1} - \frac{1}{k}\right) = -\left(1 - \frac{1}{n-1}\right) \quad (n \geq 2).$$
$$\therefore \quad \frac{1}{(n-1)a_n} = 3 + \frac{1}{n-1} = \frac{3n-2}{n-1} \implies a_n = \frac{1}{3n-2} \quad (n \geq 2).$$
$a_1 = 1 = \dfrac{1}{3-2}$ と考えると，すべての $n \geq 1$ で $a_n = \dfrac{1}{3n-2}$ が成り立つ．

(2) $k \geq 2$ について，$a_k^2 = \dfrac{1}{(3k-2)^2} < \dfrac{1}{(3k-4)(3k-1)}$ であるから，$n \geq 2$ について，次が成り立つ：
$$\sum_{k=1}^n a_k^2 < 1 + \sum_{k=2}^n \frac{1}{(3k-4)(3k-1)} = 1 + \frac{1}{3}\sum_{k=2}^n\left(\frac{1}{3k-4} - \frac{1}{3k-1}\right)$$
$$= 1 + \frac{1}{3}\left[\left(\frac{1}{2} - \frac{1}{5}\right) + \left(\frac{1}{5} - \frac{1}{8}\right) + \cdots + \left(\frac{1}{3n-4} - \frac{1}{3n-1}\right)\right]$$
$$= 1 + \frac{1}{3}\left(\frac{1}{2} - \frac{1}{3n-1}\right) < 1 + \frac{1}{6} = \frac{7}{6}.$$
ところで，$a_1^2 = 1 < \dfrac{7}{6}$ であるから，$\displaystyle\sum_{k=1}^n a_k^2 < \frac{7}{6}$ $(n \geq 1)$ が成り立つ．

● 中級

1. 関数列の定義式より，次を得る：
$$f_n(x) = 3xf_{n-1}(x) + (1-x-2x^2)f_{n-2}(x),$$
$$f_n(x) - (x+1)f_{n-1}(x) = (2x-1)f_{n-1}(x) - (2x-1)(x+1)f_{n-2}(x),$$
$$f_n(x) - (x+1)f_{n-1}(x) = (2x-1)\{f_{n-1}(x) - (x+1)f_{n-2}(x)\}.$$

これより，次が得られる：
$$f_n(x) - (x+1)f_{n-1}(x) = (2x-1)^{n-1}\{f_1(x) - (x+1)f_0(x)\}$$
$$= (2x-1)^{n-1}(x-2).$$
$$\therefore \quad f_n(x) - (2x-1)^n = (x+1)\{f_{n-1}(x) - (2x-1)^{n-1}\}$$
$$= (x+1)^n\{f_0(x) - (2x-1)^0\}$$
$$= (x+1)^n.$$
$$\therefore \quad f_n(x) = (2x-1)^n + (x+1)^n.$$

$Q(x) = x^3 - x^2 + x = x(x^2 - x + 1)$ とおく．$f_n(x)$ は $Q(x)$ で割り切れるから，$f_n(0) = 0$ または，$f_n(0) = 1^n + (-1)^n = 0$．これより，$n$ は奇数であることがわかる．加えて，$f_n(-2) = -(5^n + 1)$ (n は奇数) は，$(-2)^2 - (-2) + 1 = 7$ で割り切れる．7を法として考察すると，3がnを割り切ることが必要条件であることがわかる．実際，$n = 6m+3$ ならば，$f_n(x)$ は $Q(x)$ で割り切れる．よって，次を得る：

$$x^3 - x^2 + x \mid f_n(x) \iff n = 6m+3 \ (m \in \mathbb{N}).$$

2. (1) $\{a_n\}$ は上昇的であるから，すべての正整数 n に対して，$a_{n+1} - a_n$ は正整数である．したがって，$a_{n+1} - a_n$ の最小値 s が存在する；$s = \min\{a_{n+1} - a_n \mid n \in \mathbb{N}\}$．

$a_{m+1} - a_m = s$ をみたす $m \in \mathbb{N}$ を1つ選び，k を $2^k > p$ をみたす正整数とすると，$a_{2n} = 2a_n$ であることを繰り返し用いることにより，

$$a_{2^k(m+1)} - a_{2^k m} = 2(a_{2^{k-1}(m+1)} - a_{2^{k-1}m}) = \cdots = 2^{k-1}(a_{2(m+1)} - a_{2m})$$
$$= 2^k(a_{m+1} - a_m) = 2^k s$$

となる．一方，$2^k m \leq n \leq 2^k(m+1) - 1$ なる n に対して，$a_{n+1} - a_n$ は s 以上であるから，すべて s に等しくなる必要がある．すなわち，$a_{2^k m}, a_{2^k m+1}, \cdots, a_{2^k(m+1)}$ は公差 s の等差数列となる．

$0 \leq i < j \leq p-1$ なる整数 i, j に対して，$a_{2^k m+i}$ と $a_{2^k m+j}$ を p で割った余りが等しいと仮定すると，$a_{2^k m+j} - a_{2^k m+i} = (j-i)s$ は p の倍数である．しかし，$0 < j-i < p$ かつ $0 < s \leq a_2 - a_1 = a_1 < p$ であるから，これは p が素数であることに反する．以上より，p 個の数 $a_{2^k m}, a_{2^k m+1}, \cdots, a_{2^k m+p-1}$ を p で割った余りはすべて相異なる．特に，この p 個の数の中には p の倍数が存在する．

(2) 正整数 n に対して，$2^{k_n} \leq n < 2^{k_n}+1$ をみたす非負整数 k_n をとると，$k_n \leq k_{n+1}$, $k_{2n} = k_n + 1$ をみたすことがわかる．したがって，$a_n = np + 2^{k_n}$ とすると，数列 $\{a_n\}$ は上昇的となる．さらに，p は奇素数なので，2^{k_n} は p の倍数ではなく，したがって，a_n も p の倍数ではないので，この数列 $\{a_n\}$ が問題の条件をみたす．

3. すべての $n \geq 2$ について，
$$x_{n+1} = \sqrt[n+1]{9^n(n+10)} < \sqrt[n]{9^{n-1}(n+9)} = x_n$$
を証明するには，同値な不等式
$$(9^n(n+10))^n < (9^{n-1}(n+9))^{n+1}$$
を証明すれば十分である．これは，次のように単純化される：
$$9(n+10)^n < (n+9)^{n+1} \quad (n = 2, 3, 4, \cdots)$$
AM–GM 不等式により，次を得る：
$$\sqrt[n+1]{9(n+10)^n} \leq \frac{9 + n(n+10)}{n+1} = n+9.$$
したがって，$9(n+10)^n \leq (n+9)^{n+1}$ がすべての $n = 2, 3, 4, \cdots$ で成り立つから，与えられた数列は単調減少である．さらに，任意の $n \geq 0$ について，$9 \neq n+10$ であるから，AM–GM 不等式において等号の成立する場合は起こらない．よって，与えられた数列は狭義単調減少である．

ところで，
$$x_n = 9\sqrt[n]{1 + \frac{n}{9}} > 9 \quad (n = 2, 3, 4, \cdots)$$
であるから，下界 9 が存在するので，与えられた数列は下に有界である．

4. まず，次の補題を証明する．

> 補題　$a_n = n^2 + 3 \quad (n \geq 1) \quad \cdots \quad (1)$

（証明）数学的帰納法により証明する．

[I]　$a_1 = 4 = 1^2 + 3$ だから，$n = 1$ のとき，(1) は正しい．$a_2 = 7 = 2^2 + 3$ だから，$n = 2$ のときも (1) は正しい．

[II]　(1) が，$n = k - 1 \geq 1$，$n = k$ で (1) が正しいと仮定する．すると，$n = k + 1$ について，

$$\begin{aligned}
a_{k+1} &= 2a_k - a_{k-1} + 2 \\
&= 2(k^2 + 3) - ((k-1)^2 + 3) + 2 \quad \text{（帰納法の仮定）} \\
&= k^2 + 2k + 4 \\
&= (k+1)^2 + 3.
\end{aligned}$$

よって，$n = k + 1$ のときも (1) は正しいことが示された．　　　　（証明終）

(1) を用いて，以下の計算ができる：

$$\begin{aligned}
a_m a_{m+1} &= (m^2 + 3)((m+1)^2 + 3) \\
&= (m^2 + 3)(m^2 + 2m + 4) \\
&= m^4 + 2m^3 + 7m^2 + 6m + 12 \\
&= (m^2 + m + 3)^2 + 3 \\
&= a_{m^2 + m + 3}.
\end{aligned}$$

よって，$a_m a_{m+1}$ はこの数列の項である．

[別解 1]　与えられた漸化式を書き換えて，次を得る：

$$a_{n+1} - a_n = a_n - a_{n-1} + 2 \quad (n \geq 2).$$

したがって，この数列の連続する 2 項の差は，n が大きくなるにしたがって 2 ずつ増加する．よって，$a_2 - a_1 = 3$ から順にこれを書き上げると，次のようになる：

$$\begin{aligned}
a_2 - a_1 &= 3, \\
a_3 - a_2 &= 5, \\
a_4 - a_3 &= 7,
\end{aligned}$$

$$\vdots$$
$$a_m - a_{m-1} = 2m - 1.$$

これらのすべての等式を辺々加えると，左辺は次々と消去されるので，次を得る：
$$a_m - a_1 = 3 + 5 + 7 + \cdots + 2m - 1.$$

等差数列の和の公式を用いると，次を得る：
$$a_m - a_1 = \frac{(2m+2)(m-1)}{2} = m^2 - 1.$$

$a_1 = 4$ であるから，すべての $m \geq 1$ について，$a_m = m^2 + 3$ を得る．

これを用いて計算する：
$$\begin{aligned} a_m a_{m+1} &= (m^2 + 3)\{(m+1)^2 + 3\} \\ &= m^4 + 2m^3 + 7m^2 + 6m + 12 \\ &= (m^2 + m + 3)^2 + 3. \end{aligned}$$

したがって，$n = m^2 + m + 3$ とすると，$a_m a_{m+1} = a_n$ となり，題意は示された．

[別解 2] 数列の a_m, a_{m+1} から始めて続く数項を計算してみると，次のようになる：
$$\begin{aligned} a_{m+2} &= 2a_{m+1} - a_m + 2 = 2(a_{m+1} + 1) - a_m, \\ a_{m+3} &= 2a_{m+2} - a_{m+1} + 2 = 3(a_{m+1} + 2) - 2a_m, \\ a_{m+4} &= 4(a_{m+1} + 3) - 3a_m. \end{aligned}$$

これより，一般に次の等式が証明される：

補題 $a_{m+k} = k(a_{m+1} + k - 1) - (k-1)a_m \quad (k = 0, 1, 2, \cdots) \cdots (1)$

（証明）数学的帰納法で証明する．

[I] $k = 0$, $k = 1$ の場合は，(1) が正しいことは簡単に確かめられる．

[II] $k = r - 1$, $k = r$ の場合に (1) が正しいと仮定すると，$k = r + 1$ の場合は，次 のようになる：

$a_{m+r+1} = 2a_{m+r} - a_{m+r-1} + 2$
$= 2(r(a_{m+1} + r - 1) - (r-1)a_m) - ((r-1)(a_{m+1} + r - 2) - (r-2)a_m) + 2$
$= (r+1)(a_{m+1} + r) - ra_m.$

よって，$k = r+1$ のときもまた (1) は成立するから，帰納法により (1) の証明は完了する． (証明終)

補題の (1) において，$k = a_m$ を代入して，次を得る：
$$a_{m+a_m} = a_m(a_{m+1} + a_m - 1) - (a_m - 1)a_m = a_m a_{m+1}.$$

したがって，$a_m a_{m+1} = a_k$, $k = m + a_m$ を得る．したがって，$a_m a_{m+1}$ はこの数列の項である．

5. まず，a_n, b_n の先頭部分を計算して，$c_1, c_2, \cdots$ を予測する．

n	$\sqrt{n}$	a_n	$n + a_n = b_n$	
1	1	1	$1 + 1 = 2$	$c_1 = 1^2$
2	$1.4\cdots$	1	$2 + 1 = 3$	
3	$1.7\cdots$	2	$3 + 2 = 5$	
4	2	2	$4 + 2 = 6$	$c_2 = 2^2$
5	$2.2\cdots$	2	$5 + 2 = 7$	
6	$2.4\cdots$	2	$6 + 2 = 8$	
7	$2.6\cdots$	3	$7 + 3 = 10$	$c_3 = 3^2$
8	$2.8\cdots$	3	$8 + 3 = 11$	
9	3	3	$9 + 3 = 12$	

以上から，$c_n = n^2$ が予想されるので，これを証明する．

補題 1 任意の正整数 p に対して，$b_n = p^2$ となる $n \in \mathbb{N}$ は存在しない．

(証明) 背理法で証明する．$b_n = p^2$ と仮定する．ここで
$$l^2 = n + \left[\frac{1}{2} + \sqrt{2}\right]$$
とおく．$[x]$ は x を超えない最大の整数を表す．

$l^2 - n = \left[\frac{1}{2}\right] = m$ とおく．m は正整数なので，
$$m \leq \frac{1}{2} + \sqrt{n} < m+1. \quad \therefore \quad m - \frac{1}{2} \leq \sqrt{n} < m + \frac{1}{2}.$$
両辺を平方して，
$$m^2 - m + \frac{1}{4} \leq n < m^2 + m + \frac{1}{4}.$$
$$\therefore \quad m^2 - m + 1 \leq n \leq m^2 + m.$$
$n = l^2 - m$ を代入して，
$$m^2 + 1 \leq l^2 \leq m^2 + 2m < m^2 + 2m + 1 = (m+1)^2.$$
すなわち，$m^2 < l^2 < (m+1)^2$ で，矛盾である． （証明終）

補題 2 任意の正整数 p に対して，$b_n = p^2 + k$, $1 \leq k \leq 2p$ となる $n \in \mathbb{N}$ が存在する．

（証明）$1 \leq k < p$ のとき，$k' = k + p - 1$, $n = (p-1)^2 + k'$ とおくと，
$$p^2 - p + 1 \leq (p-1)^2 + k' < p^2.$$
$$\therefore \quad p - \frac{1}{2} < \sqrt{(p-1)^2 + k'} < p.$$
よって，次を得る：
$$b_n = n + a_n = (p-1)^2 + k' + \left[\frac{1}{2} + \sqrt{(p-1)^2 + k'}\right]$$
$$= (p-1)^2 + k' + p = p^2 + k.$$
$p \leq k \leq 2p$ の場合は，$k' = k - p$, $n = p^2 + k'$ とおくと，上と同様にして，次を得る：
$$b_n = n + a_n = p^2 + k' + \left[\frac{1}{2} + \sqrt{p^2 + k'}\right]$$
$$= p^2 + k' + p = p^2 + k. \quad （証明終）$$

以上の 2 つの補題により，$\{b_n\}$ は平方数でない正の整数全体の集合に一致することがわかった．その補集合 $\{c_n\}$ は平方数の全体で，$c_n = n^2$ $(n \in \mathbb{N})$ が示された．

6. まず,次の補題を証明する.

> **補題** 任意の実数 α と正整数 n について,次が成り立つ:
> $$\sum_{i=1}^{n-1}[i\alpha] \leq \frac{n-1}{2}[n\alpha] \quad \cdots \text{ (1)}$$

(証明) 一般に,次の不等式が成り立つ:
$$[i\alpha] + [(n-i)\alpha] \leq [n\alpha].$$
この不等式を,$i=1, 2, \cdots, n-1$ について,辺々加えるとよい. (証明終)

本来の問題に戻ろう.n に関する帰納法で証明する.

$n=1$ の場合は明らかに正しい.

$n=k \geq 1$ の場合に正しいと仮定して,$n=k+1$ の場合を考える.
$$a_i = x_i + \frac{2}{k}x_{k+1}, \quad b_i = y_i + \frac{2}{k}y_{k+1} \quad (i=1, 2, \cdots, k)$$
とおく.すると,次がわかる:
$$a_1 \leq a_2 \leq \cdots \leq a_k, \quad b_1 \geq b_2 \geq \cdots \geq b_k, \quad \sum_{i=1}^{k}ia_i = \sum_{i=1}^{k}ib_i.$$

帰納法の仮定から,次が成り立っている:
$$\sum_{i=1}^{k}a_i[i\alpha] \geq \sum_{i=1}^{k}b_i[i\alpha].$$

これに加えて,$x_{k+1} \geq y_{k+1}$ も成り立っている.実際,もし $x_{k+1} < y_{k+1}$ ならば,
$$x_1 \leq x_2 \leq \cdots \leq x_{k+1} < y_{k+1} \leq \cdots \leq y_2 \leq y_1$$
が得られ,これは $\displaystyle\sum_{i=1}^{k+1}ix_i = \sum_{i=1}^{k+1}iy_i$ に反することになる.

したがって,補題を使って,次が得られる:
$$\sum_{i=1}^{k+1}x_i[i\alpha] - \sum_{i=1}^{k}a_i[i\alpha] = x_{k+1}\Big([(k+1)\alpha] - \frac{2}{k}\sum_{i=1}^{k}[i\alpha]\Big)$$

$$\geq y_{k+1}\Big([(k+1)\alpha] - \frac{2}{k}\sum_{i=1}^{k}[i\alpha]\Big)$$
$$= \sum_{i=1}^{k+1} y_i[i\alpha] - \sum_{i=1}^{k} b_i[i\alpha].$$

これは，$\sum_{i=1}^{k+1} x_i[i\alpha] \geq \sum_{i=1}^{k+1} y_i[i\alpha]$ を意味する．

帰納法により，証明は完了した．

[別解]　$z_i = x_i - y_i$ $(i = 1, 2, \cdots, n)$ とおくと，次を得る：
$$z_1 \leq z_2 \leq \cdots \leq z_n, \quad \sum_{i=1}^{n} iz_i = 0.$$

したがって，
$$\sum_{i=1}^{n} z_i[i\alpha] \geq 0 \ \cdots \ (2)$$

を証明すれば十分である．
$$\Delta_1 = z_1, \quad \Delta_2 = z_2 - z_1, \quad \cdots, \quad \Delta_n = z_n - z_{n-1}$$

とおくと，次が成り立つ：
$$z_i = \sum_{j=1}^{i} \Delta_j \ (i = 1, 2, \cdots, n), \quad 0 = \sum_{i=1}^{n} iz_i = \sum_{i=1}^{n} i\sum_{j=1}^{i} \Delta_j = \sum_{j=1}^{n} \Delta_j \sum_{i=j}^{n} i.$$

したがって，次を得る：
$$\Delta_1 = -\sum_{j=2}^{n} \Delta_j \sum_{i=j}^{n} i \Big/ \sum_{i=1}^{n} i \ \cdots \ (3)$$

これを用いて計算する：
$$\sum_{i=1}^{n} z_i[i\alpha] = \sum_{i=1}^{n}[i\alpha] \sum_{j=1}^{i} \Delta_j = \sum_{j=1}^{n} \Delta_j \sum_{i=j}^{n}[i\alpha]$$
$$= \sum_{j=2}^{n} \Delta_j \sum_{i=j}^{n}[i\alpha] - \sum_{j=2}^{n} \Delta_j \Big(\sum_{i=j}^{n} i \Big/ \sum_{i=1}^{n} i\Big) \sum_{i=1}^{n}[i\alpha]$$
$$= \sum_{j=2}^{n} \Delta_j \sum_{i=j}^{n} i\Big(\sum_{i=j}^{n}[i\alpha] \Big/ \sum_{i=j}^{n} i - \sum_{i=1}^{n}[i\alpha] \Big/ \sum_{i=1}^{n} i\Big).$$

したがって，(2) を証明するためには，次の不等式を証明すれば十分である．

$$\sum_{i=j}^{n}[i\alpha] \Big/ \sum_{i=j}^{n} i \geq \sum_{i=1}^{n}[i\alpha] \Big/ \sum_{i=1}^{n} i \quad (2 \leq j \leq n) \cdots (4)$$

ところで，次が成り立つ：

$$(4) \iff \sum_{i=j}^{n}[i\alpha] \Big/ \sum_{i=j}^{n} i \geq \sum_{i=1}^{j-1}[i\alpha] \Big/ \sum_{i=1}^{j-1} i$$

$$\iff \sum_{i=1}^{n}[i\alpha] \Big/ \sum_{i=1}^{n} i \geq \sum_{i=1}^{j-1}[i\alpha] \Big/ \sum_{i=1}^{j-1} i.$$

したがって，任意の $k \geq 1$ について，次の不等式を証明すれば十分である：

$$\sum_{i=1}^{k+1}[i\alpha] \Big/ \sum_{i=1}^{k+1} i \geq \sum_{i=1}^{k}[i\alpha] \Big/ \sum_{i=1}^{k} i.$$

ところが，これは次を証明することと同値である：

$$[(k+1)\alpha] \times \frac{k}{2} \geq \sum_{i=1}^{k}[i\alpha]$$

$$\iff \sum_{i=1}^{k}([(k+1)\alpha] - [i\alpha] - [(k+1-i)\alpha]) \geq 0.$$

ところで，一般に任意の実数 x, y について，$[x+y] \geq [x]+[y]$ が成り立つから，上の不等式が成立し，したがって，(4) が成立する．これで証明が完了した．

● **上級**

1. 問題の条件と $a_k \neq \dfrac{1}{2}$ であることから，次を得る：

$$b_{k+2}^2 - b_k^2 = \frac{(b_{k+1} - b_k)^2 - (b_{k+2} - b_{k+1})^2}{2a_k - 1} \quad (k \in \mathbb{N}_0).$$

ここで，$n > 2$ を固定し，$0, 1, 2, \cdots, n-2$ にわたって和をとると，a_k は $1/2$ より大きい実数の増加列であることから，次を得る：

$$b_n^2 + b_{n-1}^2 - b_1^2 - b_0^2$$
$$= \frac{(b_1 - b_0)^2}{2a_0 - 1} - \sum_{k=0}^{n-3}\left(\frac{1}{2a_k - 1} - \frac{1}{2a_{k+1} - 1}\right)(b_{k+2} - b_{k+1})^2 - \frac{(b_n - b_{n-1})^2}{2a_{n-2} - 1}$$
$$\leq \frac{(b_1 - b_0)^2}{2a_0 - 1}.$$

この結果，次を得る：
$$b_n^2 \leq b_n^2 + b_{n-1}^2 \leq b_0^2 + b_1^2 + \frac{(b_1-b_0)^2}{2a_0-1}.$$
これは，b_n が上に有界であることを示す．

2. $\{a_n\}$ が周期的と仮定し，背理法で証明する．仮定から，任意の自然数 k に対して，$a_n = a_{n+kp}$，すなわち，$[x^{n+1}] - x[x^n] = [x^{n+kp+1}] - x[x^{n+kp}]$ だから，次が成り立つ：
$$x([x^{n+kp}] - [x^n]) = [x^{n+kp+1}] - [x^{n+1}].$$
十分大きな k に対して，$[x^{n+kp}] > [x^n]$ であるから，x は有理数である．
$e_n = x^n - [x^n]$ とおくと，$0 \leq e_n < 1$ である．x は整数でない有理数であるから，x が既約分数 $\dfrac{v}{u}$ で表されるとき，x^n は既約分数 $\dfrac{v^n}{u^n}$ に等しい．したがって，任意の $n, m \in \mathbb{N}$, $n \neq m$ について，
$$e_n \cdot \frac{v^n - [x^n]u^n}{u^n} \neq e_m \cdot \frac{v^m - [x^m]u^m}{u^m}.$$
ところで，$a_n = [x^{n+1}] - x[x^n] = x^{n+1} - e_{n+1} - x(x^n - e_n) = e_n x - e_{n+1}$ であるから，$a_{n+p} = a_n$ より，次を得る：
$$e_{n+p}x - e_{n+p+1} = e_n x - e_{n+1}.$$
$$\therefore e_{n+p+1} - e_{n+1} = x(e_{n+p} - e_n).$$

よって，以下が得られる：
$$e_{p+2} - e_2 = x(e_{p+1} - e_1)$$
$$e_{p+3} - e_3 = x(e_{p+2} - e_2) = x^2(e_{p+1} - e_1)$$
$$\cdots$$
$$e_{p+n} - e_n = x^{n-1}(e_{p+1} - e_1).$$
$0 \leq e_{p+n}, e_n < 1$ なので，任意の n に対して，
$$1 > |e_{p+n} - e_n| = x^{n-1}|e_{p+1} - e_1|$$
がなりたつが，$x > 1$ でかつ $e_{p+1} \neq e_1$ より，右辺は $n \to \infty$ のとき，限りなく大きくなるので矛盾である．

したがって，$\{a_n\}$ は周期的ではあり得ない．

[別解]　背理法で示す．上と同様に，まず x が有理数であることを示す．

次に，$y = x^p$ とし，次のようにおく：
$$b_m = \sum_{k=0}^{p-1} x^{p-k-1} a_{mp+k} = [x^{mp+p}] - x^p[x^{mp}] = [y^{m+1}] - y[y^m].$$

$a_{p+n} = a_n$ より $b_{m+1} = b_m$ である．また，x は整数でない有理数で $x > 1$ なので，$y = x^p$ も整数でない有理数で，$y > 1$ である．

さらに，$c_m = [y^{m+1}] - [y^m]$ とおけば，c_m は整数で，
$$c_{m+1} - c_m y = [y^{m+2}] - (y+1)[y^{m+1}] + y[y^m] = b_{m+1} - b_m = 0$$
より，$c_{m+1} = c_m y$ となる．したがって，$c_m = c_1 y^{m-1}$ である．また，
$$\lim_{m \to \infty} [y^m] = \infty \text{ より，} \lim_{m \to \infty} c_m = \infty$$
であり，特に，$c_1 \neq 0$ である．

有理数 y を既約分数 $y = \dfrac{q}{p}$ (p, q は整数) と表したとき，$c_m = c_1 \cdot \dfrac{q^{m-1}}{p^{m-1}}$ が整数となるためには，p^{m-1} が c_1 の約数でなければならない．しかし，y は整数でない有理数なので $p \geq 2$ であり，m が十分大きいとき，$p^{m-1} > c_1$ となる．よって，p^{m-1} は c_1 の約数になり得ない．これは矛盾である．

以上で，数列 $\{a_n\}$ が周期的でないことが証明された．

3. (A) 明らかに，$K = (a_{2n-1} + a_{2n})/a_n$ は正の有理数である．実際，K は整数であることを示す．そのために，a_n がすべて q によって割り切れる最小の項を $K = p/q$ と書く．すべての項を q で割ると，その対応する比が K となるような新しい数列が得られる．この過程を反復して新しい数列を次々と作っていくと，その後継の数列は a_n がすべて q の任意に大きい冪で割り切れることを示すから，$q = 1$ でなければならず，したがって，K は整数である．

$\{a_n\}$ は狭義単調増加数列であるから，$K > 2$ であり，K は整数であるから，$K \geq 3$ である．

$K = 3$ ではないことを示す．正整数 $b_n = a_{n+1} - a_n$ を考察する．$K = 3$ ならば，$3b_n = b_{2n-1} + 2b_{2n} + b_{2n+1}$ であるから，この右辺の 3 つの項のうち少なくとも 1 つは b_n より小さくなければならない．したがって，任意の添数字 m に対して，添数字 $n > m$ が存在して，$b_n < b_m$ となる．これは矛盾である．この結果，$K \geq 4$ である．

(B) $K = 4$ の場合は，$a_n = 2n - 1$ とすると，$(a_{2n-1} + a_{2n})/a_n = (2(2n-1) - 1 + 2(2n) - 1)/(2n - 1) = 4$ であるから，確かに存在する．

$K \geq 5$ については,$a_1 = 1$,$a_{2n-1} = \lfloor (Na_n-1)/2 \rfloor$,$a_{2n} = \lfloor Na_n/2 \rfloor + 1$ とおけばよい.実際,$a_{2n-1} < a_{2n}$ は明らかである.また,$a_{2n} < a_{2n+1}$ は,$a_2 < a_3$ を確認すると,$a_n < a_{n+1}$ ならば,

$$a_{2n+1} - a_{2n} \geq \frac{(Na_{n+1}-2)}{2} - \left(\frac{Na_n}{2} + 1\right)$$
$$= \frac{N(a_{n+1}-a_n)}{2} - 2 \geq \frac{N}{2} - 2 \geq \frac{1}{2}$$

であるから,これも成立する.

4. 方程式の左辺は整数なので,右辺も整数である.したがって,$x = \dfrac{n}{44}$ $(n \in \mathbb{Z})$ とおける.ここで,$n = 44m + r$ $(m, r \in \mathbb{Z}, 0 \leq r \leq 43)$ とすると,問題の方程式は

$$\sum_{k=1}^{9} \left[k\left(m + \frac{r}{44}\right)\right] = 44m + r \iff \sum_{k=1}^{9} km + \sum_{k=1}^{9}\left[\frac{kr}{44}\right] = 44m + r$$
$$\iff m = r - \sum_{k=1}^{9}\left[\frac{kr}{44}\right]$$

と変形できる.上式より,r が決まると m がそれに応じてただ一つに定まることがわかるので,方程式の実数解は r としてとり得る数と同じく 44 個ある.その総和を S とし,各 r に対応する m を m_r とすると,次を得る:

$$44S = \sum_{r=0}^{43}(44m_r + r) = \sum_{r=0}^{43}\left(44\left(r - \sum_{k=1}^{9}\left[\frac{kr}{44}\right]\right) + r\right)$$
$$= \sum_{r=0}^{43} 45r - 44 \sum_{r=0}^{43}\sum_{k=1}^{9}\left[\frac{kr}{44}\right]$$
$$= 45 \times \frac{43 \times 44}{2} - 44 \sum_{r=0}^{43}\sum_{k=1}^{9}\left[\frac{kr}{44}\right].$$
$$\therefore\ S = \frac{45 \times 43}{2} - \sum_{r=0}^{43}\sum_{k=1}^{9}\left[\frac{kr}{44}\right]$$
$$= \frac{1935}{2} - \sum_{r=0}^{43}\sum_{k=1}^{9}\left[\frac{kr}{44}\right].$$

ここで, $T = \sum_{r=0}^{43}\sum_{k=1}^{9}\left[\dfrac{kr}{44}\right] = \sum_{r=1}^{43}\sum_{k=1}^{9}\left[\dfrac{kr}{44}\right] = \sum_{k=1}^{9}\sum_{r=1}^{43}\left[\dfrac{kr}{44}\right]$ とおくと,

$$2T = \sum_{k=1}^{9}\sum_{r=1}^{43}\left(\left[\dfrac{kr}{44}\right] + \left[\dfrac{k(44-r)}{44}\right]\right) = \sum_{k=1}^{9}\sum_{r=1}^{43}\left(\left[\dfrac{kr}{44}\right] + \left[k - \dfrac{kr}{44}\right]\right).$$

ところで, 次がわかる:

$$\left[\dfrac{kr}{44}\right] + \left[k - \dfrac{kr}{44}\right] = \begin{cases} k & \text{if } \dfrac{kr}{44} \in \mathbb{Z} \\ k-1 & \text{if } \dfrac{kr}{44} \notin \mathbb{Z} \end{cases}$$

$1 \leq k \leq 9$, $1 \leq r \leq 43$ の範囲で $\dfrac{kr}{44}$ が整数となる (k, r) の組は,

$(4, 11)$, $(8, 11)$, $(2, 22)$, $(4, 22)$, $(6, 22)$, $(8, 22)$, $(4, 33)$, $(8, 33)$

の 8 組だから, 次の計算ができる:

$$2T - 8 = \sum_{k=1}^{9}\sum_{r=1}^{43}(k-1) = \sum_{k=1}^{9}43(k-1) = 43 \times \dfrac{9 \times 8}{2} = 1548.$$

したがって, $T = \dfrac{1548 + 8}{2} = 778$.

ゆえに, 求める値は, $S = \dfrac{1935}{2} - 778 = \dfrac{379}{2}$.

5. $A_m = \{a_j + j \mid 1 \leq j \leq m\}$ ($m \geq 1$) とおく. また, 正整数のうち $a_j + j$ ($j \geq 1$) の形で表せないものからなる集合を S とする. $1 \in S$ であり, $A_m \cap S =$ であることに注意する.

S が 2016 個以上の元を持っているとし, S の 2016 番目に小さい元を L とする. すると, 集合 $A_{L-2015} \cup \{k \in S \mid k \leq L\}$ は, $(L - 2015) + 2016 = L + 1$ 個の元を持つが, 一方でどの元も L 以下であるから, 矛盾する. よって, S の元の個数は 2015 以下である. S の最大の元を N, S の元の個数を b ($1 \leq b \leq 2015$) とおいたとき, 示すべき式が成り立つことを示す.

m を $N < m$ なる整数とする. 集合 $S \cup A_m$ の元の個数は $m + b$ であり, どの元も $m + 2015$ 以下である. 整数 k が $1 \leq k \leq m + 1$, $k \notin S$ をみたすとすると, $a_i + i = k$ なる正整数 i があるが, $i = k - a_i \leq (m + 1) - 1 = m$ より, $k \in A_m$ となる. よって, 集合 $S \cup A_m$ は以下の元からなることがわかる:

(i) 1 以上 $m + 1$ 以下の整数すべて.

(ⅱ) $m+2$ 以上 $m+2015$ 以下の整数のうちの $b-1$ 個.

よって, 次の不等式が成り立つ:

$$\sum_{j=1}^{m+b} j \leq \sum_{j \in A_m \cup S} j \leq \sum_{j=1}^{m+b} j + (b-1)(2015-b).$$

$C = \sum_{j \in S} j - \dfrac{b^2-b}{2}$ とおき, 整理すると,

$$0 \leq \sum_{j=1}^{m}(a_j - b) + C \leq (b-1)(2015-b)$$

となる. m, n が $N < m < n$ なる整数のとき, この不等式で m を n に変えたものも成立する. よって,

$$\Big|\sum_{j=m+1}^{n}(a_j - b)\Big| = \Big|\Big(\sum_{J=1}^{n}(a_j - b) + C\Big) - \Big(\sum_{j=1}^{m}(a_j - b) + C\Big)\Big|$$

$$= (b-1)(2015-b) = 1007^2 - (1008-b)^2 \leq 1007^2$$

であるから, 題意は示された.

6. 等差数列 $s_{s_1}, s_{s_2}, s_{s_3}, \cdots$ の公差を D で表し, 各 n に対して,

$$d_n = s_{n+1} - s_n$$

とおく. d_n が n に依らない定数であることを示せばよい.

まず, $\{d_n\}_{n=1}^{\infty}$ が有界数列であることを示そう. $\{s_n\}_{n=1}^{\infty}$ が狭義単調増加数列であるから, すべての n について $d_n \geq 1$ である. したがって, 次を得る:

$$d_n = s_{n+1} - s_n \leq d_{s_n} + d_{s_n+1} + \cdots + d_{s_{n+1}-1} = s_{s_{n+1}} - s_{s_n} = D.$$

よって, d_n は確かに有界であり,

$$m = \min\{d_n \mid n = 1, 2, 3, \cdots\}, \quad M = \max\{d_n \mid n = 1, 2, 3, \cdots\}$$

が存在することがわかる.

以下, $M = m$ が成り立つことを示そう. これが示されれば, $\{d_n\}$ が定数列となり, 題意の証明が完了する.

背理法で示す. $m < M$ であると仮定する.

$d_n = m$ が成り立つような n を一つ選ぶと, $m = d_n = s_{n+1} - s_n$ であり, $D = s_{s_{n+1}} - s_{s_n} = s_{s_n+m} - s_{s_n}$ であるから, $d_k \leq M$ がすべての k に対して成

り立つことに注意すれば，
$$D = d_{s_n} + d_{s_n+1} + \cdots + d_{s_n+m-1} \leq mM \cdots (1)$$
が成り立つことがわかり，さらに等号が成り立つのは $d_j = M$ がすべての j ($s_n \leq j \leq s_n + m - 1$) に対して成り立つとき，また，そのときに限ることもわかる．

一方，$d_n = M$ が成り立つような n を一つ選ぶと，同様な議論から，
$$D = d_{s_n} + d_{s_n+1} + \cdots + d_{s_n+M-1} \geq mM \cdots (2)$$
が成り立ち，ここで等号が成立するのは，$d_j = m$ がすべての j ($s_n \leq j \leq s_n + M - 1$) に対して成り立つとき，また，そのときに限るということも示される．

不等式 (1), (2) から，$D = mM$ であり，
$$d_n = m \implies d_{s_n} = d_{s_n+1} = \cdots = d_{s_{n+1}-1} = M,$$
$$d_n = M \implies d_{s_n} = d_{s_n+1} = \cdots = d_{s_{n+1}-1} = m$$
となることが示される．特に，$d_n = m$ ならば，$d_{s_n} = M$ である．$s_n \geq s_1 + (n-1) \geq n$ がすべての n に対して成り立つが，もし $d_n = m$ ならば，$s_n > n$ であることもわかる．なぜならば，$s_n = n$ であるとすると，$m = d_n = d_{s_n} = M$ となって，$m < M$ の仮定に反するからである．同様な議論から，$d_n = M$ ならば，$d_{s_n} = m$ であり，$s_n > n$ となることも示される．これらのことから，狭義単調増加数列 $n_1, n_2, n_3, \cdots$ が存在して，
$$d_{s_{n_1}} = M, \quad d_{s_{n_2}} = m, \quad d_{s_{n_3}} = M, \quad d_{s_{n_4}} = m, \quad \cdots$$
となる．数列 $d_{s_1}, d_{s_2}, d_{s_3}, \cdots$ は 2 つの等差数列 $s_{s_1}, s_{s_2}, s_{s_3}, \cdots$ と $s_{s_1+1}, s_{s_2+1}, s_{s_3+1}, \cdots$ の対応する項の差から得られる数列に他ならないから，これ自身等差数列になっているはずである．したがって，$m = M$ が成り立っていなければならない．

7. 正整数 x を固定する．x より大きい正整数 y に対して，
$$\frac{a_x a_{x+1} + a_{x+1} a_{x+2} + \cdots + a_{y-1} a_y}{a_x a_y} = b_y$$
とおくと，以下が得られる：
$$b_y + b_{y+2}$$
$$= \frac{1}{a_x} \left(\frac{a_x a_{x+1} + \cdots + a_{y-1} a_y}{a_y} + \frac{a_x a_{x+1} + \cdots + a_{y+1} a_{y+2}}{a_{y+2}} \right)$$

$$= \frac{1}{a_x}\Big(\frac{a_x a_{x+1} + \cdots + a_{y-1}a_y}{a_y} + \frac{a_x a_{x+1} + \cdots + a_y a_{y+1}}{a_{y+2}} + a_{y+1}\Big)$$

$$= \frac{1}{a_x}\Big(\frac{a_x a_{x+1} + \cdots + a_{y-1}a_y + a_y a_{y+1}}{a_y} + \frac{a_x a_{x+1} + \cdots + a_y a_{y+1}}{a_{y+2}}\Big)$$

$$= \frac{1}{a_x}\Big(\frac{1}{a_y} + \frac{1}{a_{y+2}}\Big)(a_x a_{x+1} + \cdots + a_y a_{y+1})$$

$$= \Big(\frac{a_{y+1}}{a_y} + \frac{a_{y+1}}{a_{y+2}}\Big) \cdot \frac{a_x a_{x+1} + \cdots + a_y a_{y+1}}{a_x a_{y+1}}$$

$$= \Big(\frac{a_{y+1}}{a_y} + \frac{a_{y+1}}{a_{y+2}}\Big) b_{y+1}.$$

$b_x = 0$ とおくと, $y = x$ についても上の等式は成り立つ. ここで,

$$0 < \frac{a_{y+1}}{a_y} + \frac{a_{y+1}}{a_{y+2}} = \frac{a_2}{a_1} + \frac{a_2}{a_3} < 2$$

であるから, $0 < \theta < \pi/2$ なる θ によって, $2\cos\theta$ と表すことができので,

$$b_y + b_{y+2} = 2\cos\theta \cdot b_{y+1}$$

となる. $b_x = 0$, $b_{x+1} = 1$ より, $n \in \mathbb{N}_0$ について, $b_{x+n} = \dfrac{\sin n\theta}{\sin\theta}$ であることが帰納的にわかる ($\sin n\theta + \sin(n+2)\theta = 2\cos\theta \sin(n+1)\theta$ であることに注意する). よって, 任意の正整数 n について, $\dfrac{\sin n\theta}{\sin\theta} \leq c$ をみたす c の最小値を求めればよい.

まず, $0 < \alpha < \dfrac{\pi}{2}$ をみたす任意の α について, $c > \dfrac{\sin\alpha}{\sin\theta}$ となることを示す. $\dfrac{2\pi}{m} < \pi - 2\alpha$ をみたすように正整数 m を十分大きくとる. $0, \theta, 2\theta, \cdots, m\theta$ を 2π で割った余りを $\phi_0, \phi_1, \cdots, \phi_m$ とする. ただし, ψ を 2π で割った余りとは, $\psi = 2k\pi + \psi$ ($k \in \mathbb{N}$, $0 \leq \psi < 2\pi$) をみたす ψ を表すものとする. 鳩ノ巣原理より, m 個の区間 $\Big[\dfrac{2\pi(i-1)}{m}, \dfrac{2\pi i}{m}\Big)$ ($i = 1, 2, \cdots, m$) の中に, $\phi_0, \phi_1, \cdots, \phi_m$ のうちの 2 個以上が属するものがある. ϕ_p, ϕ_q ($p < q$) が同じ区間に属するとする. $\phi_p = \phi_q$ とすると, $(q-p)\theta$ は 2π の整数倍であり, 次が成り立つ:

$$\frac{a_1 a_2 + \cdots + a_{q-p}a_{q-p+1}}{a_1 a_{q-p+1}} = \frac{\sin(q-p)\theta}{\sin\theta} = 0,$$

$$\frac{a_1 a_2 + \cdots + a_{q-p+1}a_{q-p+2}}{a_1 a_{q-p+2}} = \frac{\sin(q-p+1)\theta}{\sin\theta} = \frac{\sin\theta}{\sin\theta} = 1.$$

1 つ目の等式より, $a_1 a_2 + \cdots + a_{q-p}a_{q-p+1} = 0$ であり, これを 2 つ目の式に代入することで $a_{q-p+1} = a_1$ を得るが, これは $a_1, a_2, \cdots$ が相異なるという仮

定に反する．よって，$\psi_p \neq \psi_q$ であり，特に，$0 < |\phi_q - \phi_p| < \dfrac{2\pi}{m} < \pi - 2\alpha$ である．$(q-p)\theta, 2(q-p)\theta, \cdots$ を 2π で割った余りは $\phi_q - \phi_p$ ずつ変化していくので，$k(q-p)\theta$ を 2π で割った余りが区間 $(\alpha, \pi - \alpha)$ に含まれるような正整数 k が存在して，
$$c \geq \dfrac{\sin k(q-p)\theta}{\sin \theta} > \dfrac{\sin \alpha}{\sin \theta}$$
が成り立つ．

よって，$0 < \alpha < \pi/2$ をみたす任意の α について，$c > \dfrac{\sin \alpha}{\sin \theta}$ である．したがって，$c \geq \dfrac{1}{\sin \theta}$ である．

他方，$c = \dfrac{1}{\sin \theta}$ であれば，つねに $\dfrac{\sin n\theta}{\sin \theta} \leq c$ をみたす．

以上より，条件をみたす c の最小値は，次のようになる：
$$c = \dfrac{1}{\sin \theta} = \dfrac{1}{\sqrt{1 - \cos^2 \theta}} = 2 \bigg/ \sqrt{4 - \left(\dfrac{a_2}{a_1} + \dfrac{a_2}{a_3}\right)^2}.$$

◆第 9 章◆

● 初級

1. (1) $t = 3^x$ とおくと，$t > 0$.
与えられた不等式は，$t^2 - 18 < 7t$． ∴ $t^2 - 7t - 18 < 0$.
$$(t+2)(t-9) < 0. \quad \therefore \quad -2 < t < 9.$$
$t > 0$ だから，$0 < t < 9 = 3^2$． ∴ $0 < 3^x < 3^2$.
底は，$3 > 1$ だから，不等式の解は，$x < 2$.

(2) $\dfrac{1}{9}\left(\dfrac{1}{3}\right)^{2x} + \dfrac{1}{9}\left(\dfrac{1}{3}\right)^x > \dfrac{2}{9}$ より $\left(\dfrac{1}{3}\right)^{2x} + \left(\dfrac{1}{3}\right)^x - 2 > 0$.

$\therefore \left\{\left(\dfrac{1}{3}\right)^x + 2\right\}\left\{\left(\dfrac{1}{3}\right)^x - 1\right\} > 0$.

$\left(\dfrac{1}{3}\right)^x + 2 > 0$ だから，$\left(\dfrac{1}{3}\right)^x > 1$.

底 $\dfrac{1}{3} < 1$ より，不等式の解は，$x < 0$.

2. (1) 真数条件 $x - 1 > 0, 2x - 1 > 0$ から，$x > 1$ $\cdots$ ①

底の変換公式より，
$$2\log_4(2x-1) = \frac{2\log_2(2x-1)}{\log_2 4} = \log_2(2x-1)$$
であるから，与式は，$2\log_2(x-1) < \log_2(2x-1) + 1$.
$$\therefore \quad \log_2(x-1)^2 < \log_2 2(2x-1).$$
底 $2 > 1$ より，$x^2 - 6x + 3 < 0$. $\therefore \quad 3 - \sqrt{6} < x < 3 + \sqrt{6}$.
よって，①と合わせて，不等式の解は，$1 < x < 3 + \sqrt{6}$.

(2) 真数条件 $x + 2 > 0$, $x > 0$ から，$x > 0 \cdots$ ①

底の条件から，$a > 0$, $a \neq 1 \cdots$ ②

ところで，$\log_{\sqrt{a}} x = \dfrac{\log_a x}{\log_a \sqrt{a}} = \dfrac{\log_a x}{\dfrac{1}{2}} = \log_a x^2$

だから，与式は，$\log_a(x+2) \geq \log_a x^2$.

②より，底 a と 1 との大小で場合分けする．

（ⅰ） $a > 1$ のとき，$x + 2 \geq x^2$. $\therefore \quad (x+1)(x-2) \leq 0$. $\therefore \quad -1 \leq x \leq 2$.
よって，①より，$0 < x \leq 2$.

（ⅱ） $0 < a < 1$ のとき，$x + 2 \leq x^2$. $\therefore \quad (x+1)(x-2) \geq 0$.
よって，$x \leq -1, 2 \leq x$ を得るが，①より，$x \geq 2$.

したがって，不等式の解は，（ⅰ），（ⅱ）より，
　　$a > 1$ のとき，$0 < x \leq 2$. 　$0 < a < 1$ のとき，$x \geq 2$.

3. $2^x = a$, $3^x = b$ とおくと，与えられた方程式は次のようになる：
$$1 + a^2 + b^2 - a - b - ab = 0.$$
両辺を 2 倍して変形すると，次を得る：
$$(1-a)^2 + (a-b)^2 + (b-1)^2 = 0.$$
したがって，$a = b = 1$ を得る．すなわち，$2^x = 3^x = 1$ を得る．
よって，$x = 0$ が唯一の解である．

4. $x = 2$ が解であることは容易に確かめられる．これが唯一の解であることを示そう．

実際，両辺を 13^x で割ると，

$$\left(\frac{10}{13}\right)^x + \left(\frac{11}{13}\right)^x + \left(\frac{12}{13}\right)^x = 1 + \left(\frac{14}{13}\right)^x$$

となる．この左辺は x に関する狭義単調減少関数であり，右辺は x に関する狭義単調増加関数である．よって，2 つの曲線は高々 1 点でしか交わらない．

5. 与えられた等式の両辺に $\log_5$ を作用させて次を得る：

$$(\log_5 x)(\log_5 15) + (\log_5 45x)(\log_5 x) = 0$$
$$\implies \log_5 x(\log_5 15 + \log_5 45 + \log_5 x) = 0$$
$$\implies \log_5 x(\log_5 675 + \log_5 x) = 0$$
$$\implies \log_5 x = 0, \text{ または，} \log_5 675 + \log_5 x = 0$$
$$\implies x = 1, \text{ または，} x = \frac{1}{675}.$$

6. $2^x = a$, $3^x = b$ とおくと，与えられた方程式は，次のようになる：

$$\frac{a^3 + b^3}{a^2 b + ab^2} = \frac{7}{6} \iff \frac{a^2 - ab + b^2}{ab} = \frac{7}{6}$$
$$\iff 6a^2 - 13ab + 6b^2 = 0$$
$$\iff (2a - 3b)(3a - 2b) = 0.$$

したがって，次を得る：

$$2^{x+1} = 3^{x+1}, \quad 2^{x-1} = 3^{x-1}.$$

前者から，$x = -1$，後者から，$x = 1$ を得る．
$x = -1$, $x = 1$ がともに与えられた方程式をみたすことは容易に確かめられる．

● 中級

1. 条件式から，明らかに次が成立する：

$$\cos(\pi \log_3(x+6)) = \cos(\pi \log_3(x-2)) = \pm 1.$$

したがって，偶奇が一致する整数 k, h が存在して，次をみたす：

$$\pi \log_3(x+6) = k\pi, \quad \pi \log_3(x-2) = h\pi.$$

これより，$x + 6 = 3^k$, $x - 2 = 3^h$ を得る．
これより x を消去して，$3^k - 3^h = 8$ を得る．
$k, h < 0$ ならば，この等式が成り立たないことは簡単に確かめられる．よって，

$$3^h(3^{k-h} - 1) = 8.$$

これより，$3^h = 1$ であり，$h = 0$ を得る．したがって，$k = 2$ である．
結局，解 $x = 3$ を得る．

2. 明らかに，$x > 0$ である．与えられた方程式を書き換えると，
$$\log_2 x = 2^{x+1} - 2^{x^2+x}$$
となる．$0 < x < 1$, $1 < x$ の範囲では，右辺の 2 つの項は異符号となり，$x = 1$ では両辺が 0 となり，与式が成立する．

したがって，$x = 1$ が与えられた方程式の唯一の解である．

[別解]　$x > 0$ である．$\log_2(x+1)$ を与式の両辺に加えて，
$$2^{x^2+x} + \log_2(x^2+x) = 2^{x+1} + \log_2(x+1)$$
を得る．$t > 0$ の範囲で，関数 $t \to 2^t + \log_2 t$ は 2 つの狭義単調増加関数の和であるから，狭義単調増加関数である．よって，$x > 0$ で $x^2 + x = x + 1$ が結論される．これより，$x = 1$ が与式の解となる．

3. a, b, c の属する区間内に，対数の底 d を選ぶ．この底のもとで対数をとると，与えられた不等式は次のようになる：

任意の $x, y, z > 0$ について，
$$\frac{y+z}{x} + \frac{z+x}{y} + \frac{x+y}{z} \geq \frac{4x}{y+z} + \frac{4y}{z+x} + \frac{4z}{x+y}.$$
x, y, z の対称性から，これを証明するには，$\dfrac{z}{x} + \dfrac{z}{y} \geq 4\dfrac{z}{x+y}$ を示せば十分である．

ところがこの不等式は，$\dfrac{1}{x}, \dfrac{1}{y}$ に関する AM–HM 不等式と同値である．

また，等号が成り立つための必要十分条件は，$\dfrac{1}{x} = \dfrac{1}{y}$ だから，$x = y$ である．

したがって，上の式で等号が成り立つための必要十分条件は，$x = y = z$ であり，与式で等号が成り立つための必要十分条件は，$a = b = c$ である．

4. 与えられた方程式より，次がわかる：
$$x > 0, \quad y > 0, \quad x \neq 1, \quad y \neq 1.$$
第 1 の方程式を変形して，次を得る：
$$2(\log_x y)^2 - 5\log_x y + 2 = 0.$$

$$\therefore (2\log_x y - 1)(\log_x y - 2) = 0.$$
$$\therefore \log_x y = \frac{1}{2}, \quad \log_x y = 2.$$
$$\therefore y = \sqrt{x}, \quad y = x^2.$$

第 2 の方程式を用いて，それぞれの場合に計算する：

(1) $y = \sqrt{x}$ のとき, $12 - x = \sqrt{x}$. $\therefore \sqrt{x} = 3$. $\therefore x = 9, y = 3$.

(2) $y = x^2$ のとき, $12 - x = x^2$. $\therefore x = 3$. $\therefore x = 3, y = 9$.

したがって，求める解は，$(x, y) = (9, 3), (3, 9)$ の 2 組である．

5. $f(t) = t^3 + 3t - 3 + \log(t^2 - t + 1)$ とおく．すると，
$$f'(t) = 3t^2 + \frac{3t^2 - t + 2}{t^2 - t + 1} > 0$$
を得る．これは，$f(t)$ が狭義増加関数であることを意味する．したがって，$f(f(f(t)))$ もまた狭義増加関数である．しかし，与えられた方程式系から，$f(f(f(x))) = x$ が得られる．これは，$f(x) = x$ の場合にのみ起こる．この方程式は $x = 1$ という解のみをもつ．したがって，$x = y = z = 1$ が唯一の解である．

参考 数学オリンピックでは，基本的に微分は取り扱わないが，初等関数の微分は「使用可」とする国も多い．

---

6. 与えられた 2 式を辺々引いて，次の等式を得る：
$$5^x + 3^x + \log_2(x + 3) = 5^y + 3^y + \log_2(y + 3).$$
関数 $f(t) = 5^t + 3^t + \log_2(t + 3)$ は単調増加であるから，仮定より $x = y$ であり，整数 x について，$5^x = 3^x + \log_2(x + 3)$ である．真数条件より，$x > -3$ であり，$-2, -1, 0$ は解ではなく，1 は解であることがわかる．

関数 $g(t) = \left(\dfrac{3}{5}\right)^x + \left(\dfrac{4}{5}\right)^x$ は単調減少であるから, $x \geq 2$ において, $5^x \geq 3^x + 4^x$ が成り立つ．一方，整数 $x \geq 2$ について，$4^x > \log_2(x + 3)$ であるから，$x \geq 2$ においては解は存在しない．

したがって，$(x, y) = (1, 1)$ がただ一組の解である．

7. 2 番目の方程式から，$y = \dfrac{1}{x^2} \cdots (1)$

1番目の方程式から，$\left(\dfrac{x}{y}\right)^x = \left(\dfrac{1}{xy}\right)^y \cdots (2)$

を得る．(1) を (2) に代入して，次を得る：
$$x^{3x} = x^y. \quad \therefore \quad x^{3x-y} = 1 \cdots (3)$$

$x = \pm 1$ のとき，(1) から $y = 1$ を得る．$(x, y) = (-1, 1), (1, 1)$ は (2) をみたすことは簡単に確認できるので，これらは求める解である．

$x \neq -1, x \neq 1$ のとき，(3) より，$y = 3x$ を得る．よって，$x^3 = \dfrac{1}{3}$，すなわち，$x = \dfrac{1}{\sqrt[3]{3}}$ を得る．このとき，(1) より，$y = \sqrt[3]{9}$ である．

この結果，求める解は次の 3 組である：
$$(x, y) = (-1, 1), \ (1, 1), \ \left(\dfrac{1}{\sqrt[3]{3}}, \sqrt[3]{9}\right).$$

● 上級
1. 対数の定義から，$x < 6, y < 6, z < 6$ である．

与えられた方程式系を，次のように書き換える：
$$\dfrac{x}{\sqrt{x^2 - 2x + 6}} = \log_3(6 - y),$$
$$\dfrac{y}{\sqrt{y^2 - 2y + 6}} = \log_3(6 - z),$$
$$\dfrac{z}{\sqrt{z^2 - 2z + 6}} = \log_3(6 - x).$$

ここで区間 $(-\infty, 6)$ 上で，2 つの関数 $f(u) = \dfrac{u}{\sqrt{u^2 - 2u + 6}}$，$g(u) = \log_3(6 - u)$ を考える．次を得る：
$$f'(u) = \dfrac{6 - u}{(u^2 - 2u + 6)\sqrt{u^2 - 2u + 6}} > 0, \quad \forall u \in (-\infty, 6),$$
$$g'(u) = \dfrac{-1}{(6 - u)\log 3} < 0, \quad \forall u \in (-\infty, 0).$$

したがって，$(-\infty, 6)$ で $f(u)$ は単調増加であり，$g(u)$ は単調減少である．

(x, y, z) が与えられた連立方程式系の解であるとする．この連立方程式系の巡回的対称性から，$x = \max\{x, y, z\}$ と仮定してよい．すると，次がわかる：
$$g(y) = f(x) = \max\{f(x), f(y), f(z)\} = \max\{g(x), g(y), g(z)\}$$

$$\implies y = \min\{x, y, z\}$$
$$\implies g(z) = f(y) = \min\{f(x), f(y), f(z)\} = \min\{g(x), g(y), g(z)\}$$
$$\implies z = \max\{x, y, z\}$$
$$\implies z = x$$
$$\implies f(z) = f(x)$$
$$\implies g(x) = g(y)$$
$$\implies x = y \implies x = y = z.$$

したがって，与えられた連立方程式系の解は $x = y = z$ の形をしている．
$x = y = z$ に対しては，与えられた連立方程式系は，次のようになる：
$$f(x) = g(x), \quad f(y) = g(y), \quad f(z) = g(z) \cdots (*)$$
そこで，方程式 $f(u) = g(u)$ を考える．
$(-\infty, 6)$ において，$f(u)$ は単調増加，$g(u)$ は単調減少であるから，$f(u) = g(u)$ は 2 つ以上の解をもたない．$f(u) = g(u)$ を直接に解いて，解 $u = 3$ を得る．したがって，$f(u) = g(u)$ は一意的な解 $u = 3$ をもつ．この結果，連立方程式系 $(*)$ は，したがって，与えられた連立方程式系は唯一の解 $x = y = z = 3$ をもつ．

2. (a) $x \in A$ とすると，$3^x = x + 2$ である．よって，次が成り立つ：
$$x = \log_3(x + 2), \quad 1 = \log_2(3^x - x).$$
辺々加えると，$\log_3(x + 2) + \log_2(3^x - x) = x + 1 = (x + 2) - 1 = 3^x - 1$.
よって，$x \in B$ だから，$A \subset B$ である．

(b) $1 \in B$ であるから，$B \not\subset \mathbb{R} \setminus \mathbb{Q}$ である．
$a \neq 1$ で，$3^a = a + 2$ なるものを選ぶ．上の (a) より，$a \in B$ である．
$a \in \mathbb{R} \setminus \mathbb{Q}$ を示せば，$B \not\subset \mathbb{Q}$ が結論される．これを，背理法で示す．もし，$a = \dfrac{m}{n}$ が有理数で，既約であるとすると，$3^{\frac{m}{n}} = \dfrac{m}{n} + 2 \in \mathbb{Q}$ であるから，$3^{\frac{m}{n}} \in \mathbb{Q}$ である．これより，$n = 1$ となり，$3^m = m + 2$ が成立する．ところが，これをみたすのは $m = 1$ だけであるから，矛盾である．

3. $S_n = \displaystyle\sum_{k=1}^{n} \lfloor \log_2 k \rfloor$ とおく．$2^k \leq x < 2^{k+1}$ のとき，$\lfloor \log_2 x \rfloor = k$ なので，次を得る：

$$S_{2^r-1} = 0 + (1+1) + (2+2+2+2) + \cdots + \underbrace{((r-1) + \cdots + (r-1))}_{2^{r-1}}.$$

そこで，$a_r = S_{2^r-1}$ とおけば，
$$a_r = 2^{r-1} \cdot (r-1) + a_{r-1}$$
という漸化式が成り立つ．これより，
$$a_r - 2^r(r-2) = a_{r-1} - 2^{r-1}((r-1)-2) = a_1 - 2^1 \times (-1).$$
$$\therefore a_r = 2^r(r-2) + 2.$$

したがって，$S_{255} = a_8 = 1538$, $S_{511} = a_9 = 3586$ であり，$S_n = 1994$ となる n は $255 < n < 511$ の範囲にあることがわかる．$255 \leq n < 511$ のとき，$S_n = 1538 + 8(n-255) = 1994$ を解いて，求める答 $n = 312$ を得る．

4. まず，次の計算をする：
$$\sum_{k=2}^{n} (\log_{\frac{3}{2}}(k^3+1) - \log_{\frac{3}{2}}(k^3-1)) = \sum_{k=2}^{n} \log_{\frac{3}{2}} \frac{k^3+1}{k^3-1}$$
$$= \log_{\frac{3}{2}} \prod_{k=2}^{n} \frac{k^3+1}{k^3-1} = \log_{\frac{3}{2}} \prod_{k=2}^{n} \frac{(k+1)(k^2-k+1)}{(k-1)(k^2+k+1)}$$
$$= \log_{\frac{3}{2}} \Big(\prod_{k=2}^{n} \frac{k+1}{k-1} \cdot \prod_{k=2}^{n} \frac{k^2-k+1}{k^2+k+1} \Big) \cdots (1)$$

ところで，次が成り立つ：
$$\prod_{k=2}^{n} \frac{k+1}{k-1} = \frac{3}{1} \cdot \frac{4}{2} \cdot \frac{5}{3} \cdots \frac{n-1}{n-3} \cdot \frac{n}{n-2} \cdot \frac{n+1}{n-1} = \frac{n(n+1)}{2} \cdots (2)$$

また，$(k-1)^2 + (k-1) + 1 = k^2 - k + 1$ であるから，
$$\prod_{k=2}^{n} \frac{k^2-k+1}{k^2+k+1} = \frac{3}{7} \cdot \frac{7}{13} \cdot \frac{13}{17} \cdots \frac{n^2-n+1}{n^2+n+1} = \frac{3}{n^2+n+1} \cdots (3)$$

(2), (3) を (1) に代入して，次の計算ができる：
$$\sum_{k=2}^{n} (\log_{\frac{3}{2}}(k^3+1) - \log_{\frac{3}{2}}(k^3-1)) = \log_{\frac{3}{2}} \Big(\frac{n(n+1)}{2} \cdot \frac{3}{n^2+n+1} \Big)$$
$$= \log_{\frac{3}{2}} \Big(\frac{3}{2} \cdot \frac{n^2+n}{n^2+n+1} \Big)$$
$$< \log_{\frac{3}{2}} \frac{3}{2} = 1.$$

5. 対数の定義より, $a > 0$, $a^2 - 1 > 0$ で, 任意の $x \in (0, 1]$ について $a^x - 1 \neq 1$ であるから, 次を得る:
$$a > 1, \quad a \neq 2, \quad x \neq \log_a 2.$$
したがって, 与えられた不等式が任意の $x \in (0, 1]$ で成立するということは,
$$\log_a 2 > 1$$
の成立を意味する. したがって, $a < 2$ である.

一方, 次が得られる:
$$\log_a(a^x + 1) + \frac{1}{\log_{a^{x-1}} a} \leq x - 1 + \log_a(a^2 - 1)$$
$$\iff \log_a(a^x + 1)(a^x - 1) \leq \log_a a^{x-1}(a^2 - 1)$$
$$\iff (a^x - 1)(a^x + 1) \leq a^{x+1} - a^{x-1}$$
$$\iff a^{2x} - a^{x+1} + a^{x-1} - 1 \leq 0$$
$$\iff (a^{x+1} + 1)(a^{x-1} - 1) \leq 0.$$

任意の $a > 1$, $0 < x \leq 1$ について $a^{x+1} + 1 > 0$ であり, 任意の $0 < x \leq 1$ について,
$$a^{x-1} - 1 \leq 0 \iff a > 1$$
であるから, 求める a の範囲は, $1 < a < 2$ である.

◆第 10 章◆

● 初級

1. 3 は素数であるから, $x \to f(x)$ を用いて f のタイプを示すと,

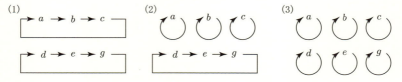

の 3 つがあり, $a \to f(a) = b \to f(f(a)) = f(b) = c \to f(f(f(a))) = f(f(b)) = f(c) = a$ であるから, これ以外には存在しないことがわかる. (1) の場合では, 6 個のものを 3 個ずつ 2 組に分ける分け方は, $({}_6C_3)/2 = 10$ 通り, (2) の場合で d, e, g の選び方は ${}_6C_3 = 20$ 通りである. よって,

(1) のタイプの写像は，$10 \times 2 \times 2 = 40$ 個.

(2) のタイプの写像は，$20 \times 2 = 40$ 個.

(3) のタイプの写像は 1 個.

よって，求める写像の総計は，$40 + 40 + 1 = 81$ 個である．

2. もし，$g(y_1) = g(y_2)$ ならば，第 1 の条件式より，$y_1 = y_2$ が得られるから，g は単射である．同様にして，f も単射であることがわかる．

第 1 の条件式に $y = 0$ を代入してみると，$f(g(x) + g(0)) = f(g(x))$ となり，したがって，$g(x) + g(0) = g(x)$ だから，$g(0) = 0$ が結論される．同様に，$f(0) = 0$ もわかる．

両方の条件式に $x = 0$ を代入すると，任意の y について，$f(g(y)) = g(f(y)) = y$ を得るから，f と g は全単射であり $g = f^{-1}$；g は f の逆関数であることがわかる．

この結果，第 1 と第 2 の条件式は
$$f(g(x) + g(y)) = x + y, \quad g(f(x) + f(y)) = x + y \quad (x, y \in \mathbb{Q})$$
となるから，これは次の条件式に還元される：
$$g(x + y) = g(x) + g(y), \quad f(x + y) = f(x) + f(y) \quad (x, y \in \mathbb{Q})$$

ここで，$a = f(1), b = g(1)$ とおくと，$f(x) = ax, g(x) = bx \ (x \in \mathbb{Q})$ が簡単に確かめられる．

$g = f^{-1}$ だから，$ab = 1$ である．したがって，求める関数は
$$f(x) = ax, \quad g(x) = \frac{x}{a} \quad (a \in \mathbb{Q} - \{0\})$$
であり，これらは問題の条件式をみたす．

3. 与えられた条件式に $x = 0$ を代入して，次を得る：
$$f(f(y)) = y \quad (\forall y \in \mathbb{N}_0) \quad \cdots \quad (1)$$
$x = 1, y = 0$ として (1) と与式を用いると，次を得る：
$$1 + f(0) = f(f(1 + f(0))) = f(f(1) + 0) = 1 \implies f(0) = 0.$$
$f(1) = a$ とおき，$x = 1, y = f(z) \ (z \in \mathbb{N}_0)$ とおくと，
$$f(1 + z) = f(1 + f(f(z))) = f(1) + f(z) = f(z) + a \quad (z \in \mathbb{N}_0).$$
z に関する帰納法により，次を得る：

$$f(n) = an \quad (\forall n \in \mathbb{N}_0) \cdots (2)$$
(2) を与式に代入して,次を得る:
$$a(x^2 + ay) = ax^2 + y. \quad \therefore \quad a^2 y = y \ (y \in \mathbb{N}_0).$$
よって,$a = \pm 1$. ところが,$a \geq 0$ であるから,$a = 1$ である.
この結果,$f(n) = n \ (\forall n \in \mathbb{N}_0)$ を得る.
この f が与えられた条件式をみたすことは容易に確かめられる.

4. $x = y = 1$ を (1) に代入して,$f(1) = f(1) + f(1) - 1$ を得る.よって,$f(1) = 1$ である.

$n \geq 2$ のとき,$f(n) = 1$ ならば,任意の正整数 p に対して,
$$f(n^p) = \underbrace{f(n) + \cdots + f(n)}_{p} - (p-1) = 1$$
となり,条件 (2) と矛盾する.よって,次を得る:
$$n \geq 2 \text{ のとき},\ f(n) \geq 2 \cdots (4)$$
(3) より,$f(30) = f(2) + f(3) + f(5) - 2 = 4$ である.
よって,$f(2) + f(3) + f(5) = 6$ である.(4) と合わせて,次を得る:
$$f(2) = f(3) = f(5) = 2 \cdots (5)$$
$14400 = 30^2 \times 2^4$ なので,(5) と (1) より,
$$f(30^2) = 2f(30) - 1 = 7, \quad f(2^4) = 4f(2) - 3 = 5.$$
よって,次を得る: $f(14400) = 7 + 5 - 1 = 11$.

● **中級**

1. まず,実数値関数 $g : \mathbb{R} \to \mathbb{R}$ で,$g(g(x)) = g(x) + x$ をみたすものを求める.実際,$g(x) = \alpha x$ としてみると,
$$g(g(x)) = \alpha^2 x = \alpha x + x, \quad \alpha^2 - \alpha - 1 = 0$$
だから,次を得る:
$$\alpha = \frac{\sqrt{5} + 1}{2}.$$
そこで,
$$f(n) = \left[g(n) + \frac{1}{2} \right], \text{ ここで } [\ *\ ] \text{ はガウス記号}$$

とおくと，次が示される：

(1) $\alpha > 1$ だから，任意の $n \in \mathbb{N}$ について，
$$f(n+1) = \left[\alpha(n+1) + \frac{1}{2}\right] > \left[\alpha n + \frac{1}{2}\right] = f(n)$$
が成り立つので，f は狭義単調増加である．

(2) $f(1) = 2$.

(3) $|f(n) - g(n)| < \dfrac{1}{2}$.

(4) 任意の $n \in \mathbb{N}$ について，$g(g(n)) - g(n) - n = 0$.

次に $f(f(n)) = f(n) + n \; (\forall n \in \mathbb{N})$ を証明する．

$$\begin{aligned}
&|f(f(n)) - f(n) - n| \\
&= |g(g(n)) - g(n) - n - g(g(n)) + f(f(n)) - f(n) + g(n)| \\
&= |g(g(n)) - f(f(n)) + f(n) - g(n)| \quad (\because \; (4)) \\
&= |g(g(n)) - g(f(n)) + g(f(n)) - f(f(n)) + f(n) - g(n)| \\
&= |(\alpha - 1)((g(n) - f(n)) + g(f(n)) - f(f(n))| \\
&\leq (\alpha - 1)|g(n) - f(n)| + |g(f(n)) - f(f(n))| \\
&\leq \frac{1}{2}(\alpha - 1) + \frac{1}{2} \quad (\because \; (3)) \\
&= \frac{\alpha}{2} < 1.
\end{aligned}$$

ところで，$f(f(n)) - f(n) - n$ は整数だから，$f(f(n)) - f(n) - n = 0$ である．これと上の (1), (2) を合わせて，条件をみたす関数が存在することが結論された．

2. 題意をみたす関数は存在しないことを示す．

元 $a, b \in S$, $a \neq b$ に対し，元 $c \in S$ を $a < c, b < c$ となるように選ぶ．このとき，$a < bc, b < c$ であるから，次が成り立つ：
$$f(a^4 b^4 c^4) = f(a^2) f(b^2 c^2) = f(a^2) f(b) f(c).$$
さらに，$b < ac, a < c$ なので，次も成り立つ：
$$f(a^4 b^4 c^4) = f(b^2) f(a^2 c^2) = f(b^2) f(a) f(c).$$
これらの式を比較することにより，次がわかる：
$$f(a^2) f(b) = f(b^2) f(a) \quad (a, b \in S).$$
したがって，比 $f(a^2) : f(a)$ の値は a によらず一定であるので，ある正の有理数

k が存在して，$f(a^2) = kf(a)$ となる．与式にこれを適用すれば，$a, b \in S, a \neq b$ に対して，
$$f(ab) = \frac{f(a)f(b)}{k}$$
が成り立つので，$f(a)f(a^2) = f(a^2(a^2)^2)$ および $f(a^4) = kf(a^2)$ を合わせて，次を得る：
$$f(a)f(a^2) = f(a^6) = \frac{f(a)f(a^5)}{k} = \frac{(f(a))^2 f(a^4)}{k^2} = \frac{(f(a))^2 f(a^2)}{k}.$$
したがって，任意の $a \in S$ について，$f(a) = k$ であり，$f(2)f(3) = f(2^2 \cdot 3^2)$ より $k = 0, 1$ となるが，これは $k \in S$ に反する．

以上より，題意をみたす関数は存在しないことが示された．

3. 与式に $a = b = c = 0$ を代入すると，$3f(0)^2 = 6f(0)^2$ となり，$f(0) = 0$ を得る．与式に $b = -a, c = 0$ を代入すると，$(f(-a) - f(a))^2 = 0$ が得られ，任意の整数 a について，$f(-a) = f(a)$ であることがわかる．また，与式に $c = -(a+b)$ を代入すると，任意の整数 a, b に対し，
$$f(a+b)^2 - 2(f(a) + f(b))f(a+b) + (f(a) - f(b))^2 = 0 \cdots (*)$$
であることがわかる．

ある正整数 r について，$f(r) = 0$ であったと仮定すると，$(*)$ に $b = r$ を代入して，$(f(a+r) - f(a))^2 = 0$ が得られ，f は r を周期とする関数であることがわかる．特に，$f(1) = 0$ ならば，f は定値関数，よって，次が結論される：

$$\text{任意の整数 } n \text{ について，} \quad f(n) = 0 \cdots (1)$$

以下，$f(1) = k \neq 0$ とする．

$(*)$ に $(a, b) = (1, 1)$ を代入すると，$f(2)^2 - 4kf(2) = 0$ を得るので，$f(2) = 0$，または，$f(2) = 4k$ である．

$f(2) = 0$ の場合は，f は周期 2 の関数であり，次が結論される：

$$\text{任意の整数 } n \text{ について，} \quad f(2n) = 0, \ f(2n+1) = k \cdots (2)$$

以下，$f(2) = 4k \ (\neq 0)$ とする．

$(*)$ に $(a, b) = (2, 2)$ を代入すると，$f(4)^2 - 16kf(4) = 0$ を得るので，$f(4) = 0$，または，$f(4) = 16k$ である．

$f(4) = 0$ の場合は，f は周期 4 の関数であり，$f(3) = f(-1) = f(1) = k$ であるから，次が結論される：

任意の整数 n について，
$$f(4n) = 0, \quad f(4n+1) = k, \quad f(4n+2) = 4k, \quad f(4n+3) = k \cdots (3)$$
以下，$f(4) = 16k \ (\neq 0)$ とする．
$(*)$ に $(a, b) = (2, 1)$ を代入すると，$f(3)^2 - 10kf(3) + 9k^2 = 0$ を得るので，$f(3) = k$，または，$f(3) = 9k$ である．$(*)$ に $(a, b) = (4, -1)$ を代入すると，$f(3)^2 - 34kf(3) + 225k^2 = 0$ を得るので，$f(3) = 9k$，または，$f(3) = 25k$ である．したがって，$f(3) = 9k$ を得る．これらの下で，

$$\text{任意の非負整数 } x \text{ に対して，} \quad f(x) = kx^2 \cdots (4)$$

が成り立つことを，x についての帰納法で示す．$x = 0, 1, 2, 3, 4$ についてはすでに示した．$x > 4$ とし，$0 \leq x \leq n-1$ に対して，$f(x) = kx^2$ の成立を仮定する．$(*)$ に $(a, b) = (n-1, 1)$ を代入して計算すると，$f(n) = kn^2$，または，$f(n) = k(n-2)^2$ を得る．また，$(*)$ に $(a, b) = (n-2, 2)$ を代入して計算すると，$f(n) = kn^2$，または，$f(n) = k(n-4)^2$ を得る．$n \neq 3$ のとき，$k(n-2)^2 \neq k(n-4)^2$ であるから，$f(n) = kn^2$ が結論され，帰納法が完了した．

負の整数 x に対しても，$f(x) = f(-x) = k(-x)^2 = kx^2$ がわかる．

以上より，条件をみたす f は (1), (2), (3), (4) のいずれかに限られる．

これらの関数が実際に条件をみたすことを確かめよう．(1) については自明である．

(2) については，$(f(a), f(b), f(c)) = (0, 0, 0), (0, k, k)$ のときについて確認すればよい．

(3) については，$(f(a), f(b), f(c)) = (0, 0, 0), (0, k, k), (0, 4k, 4k), (4k, k, k)$ のときについて確認すればよい．

また，$a^4 + b^4 + (a+b)^4 = 2a^2b^2 + 2b^2(a+b)^2 + 2(a+b)^2a^2$ が恒等式なので，(4) もみたす．

以上より，求める f は上記の (1), (2), (3), (4) の 4 通りがすべてである．

4. (a) に $x = y = z$ を代入すると，$(f(x, x))^3 = 1$ であるから，次を得る：
$$f(x, x) = 1 \quad (\forall x \in \mathbb{Z}).$$
さらに，(a) に $y = z$ を代入して，上の関係を用いると，次を得る：
$$f(x, y)f(y, x) = 1 \quad (\forall x, y \in \mathbb{Z}).$$
すると，次が成立する．

$$f(x, z) = f(x, y)f(y, z) = \frac{f(x, y)}{f(z, y)} \quad (\forall x, y, z \in \mathbb{Z}).$$

これと条件 (b) より，次を得る：

$$2 = f(x+1, x) = \frac{f(x+1, y)}{f(x, y)}.$$

$$\frac{f(x+1, y)}{2^{x+1}} = \frac{f(x, y)}{2^x} \quad (\forall x \in \mathbb{Z}).$$

この結果，$\dfrac{f(x, y)}{2^x}$ は x に関して定数であることがわかる．

特に，$x = y$ としてみると，

$$\frac{f(x, y)}{2^x} = \frac{f(y, y)}{2^y} = \frac{1}{2^y}$$

となるから，求める関数は，次のようになる：

$$f(x, y) = 2^{x-y} \quad (\forall (x, y) \in \mathbb{Z} \times \mathbb{Z}).$$

5. まず，数学的帰納法により，次を証明する．

(1)　$f(n) \leq f(n+1) \leq f(n) + 1 \quad (\forall n \in \mathbb{N})$

（証明）　$n = 1$ のとき，$f(2) = 2 - f(f(1)) = 2 - 1 = f(1)$ だから，(1) は正しい．

$n = 2$ のとき，$f(3) = 3 - f(f(2)) = 3 - 1 = 2$ だから，(1) は正しい．

すべての $k \geq n = 2$ について，(1) が正しいと仮定する．すると，$n = k+1$ について，(1) より，$f(n) < n$ である．$f(k) \leq f(k+1) \leq f(k) + 1 \leq k$ であるから，$f(k+1) = f(k)$ であるか，または，$f(k+1) = f(k) + 1$ である．帰納法の仮定より，

$$f(f(k)) \leq f(f(k+1)) \iff k+1 - f(k+1) \leq k+2 - f(k+2)$$
$$\iff f(k+2) \leq f(k+1) + 1.$$

$$f(f(k+1)) \leq f(f(n)+1) \leq f(f(n)) + 1$$
$$\implies k+2 - f(k+2) \leq k+1 - f(k+1) + 1$$
$$\implies f(k+1) \leq f(k+2)$$

であるから，(1) は $n = k+1$ のときも正しい．

帰納法により，(1) はすべての $n \in \mathbb{N}$ について正しい．　　　　（証明終）

次に，再び数学的帰納法により，この問題の主題を証明する．

(2) $f(n+f(n)) = n$

（証明） $n=1$ については，$f(1+f(1)) = f(2) = 1$ だから，(2) は正しい．
$n = k \geq 1$ のとき，(2) が正しいとする；すなわち，$f(k+f(k)) = k$ が成り立つとする．すると，次がわかる：

$$f(f(k+f(k))) = f(k) \implies k+f(k)+1-f(k+f(k)+1) = f(k)$$
$$\implies f(k+1+f(k)) = k+1.$$

もし，$f(k+1) = f(k)$ ならば，(2) は $n = k+1$ で成立することになる．
もし，$f(k+1) = f(k)+1$ ならば，次が得られる：

$$f(k+1+f(k+1)) = k+1+f(k+1) - f(f(k+f(k+1)))$$
$$= k+1+f(k+1) - f(f(k+f(k))+1))$$
$$= k+1+f(k+1) - f(k+1)$$
$$= k+1.$$

よって，(2) は $n = k+1$ のときにもまた正しい．
これで帰納法による証明が完了した．

6. まず，f が単射であることを示す．実際，任意に固定した $n \in \mathbb{N}$ について，$f(m_1) = f(m_2)$ ならば，次が成り立つ：

$$m_1^2 + 2n^2 = f(f(m_1)^2 + 2f(n)^2) = f(f(m_2)^2 + 2f(n)^2) = m_2^2 + 2n^2.$$

したがって，$m_1^2 = m_2^2$ を得るが，$m_1, m_2 \in \mathbb{N}$ だから，$m_1 = m_2$ である．
f が単射であるから，次が成り立つ：

$$f(m)^2 + 2f(n)^2 = f(p)^2 + 2f(q)^2 \iff m^2 + 2n^2 = p^2 + 2q^2 \cdots (1)$$

$f(1) = a$ とおくと，$f(3a^2) = 3$ を得る．よって，(1) より，次を得る：

$$f(5a^2)^2 + 2f(a^2)^2 = f(3a^2)^2 + 2f(3a^2)^2 = 3f(3a^2)^2 = 27.$$

ところで，方程式 $x^2 + 2y - 2 = 27$ の正の整数解は，$(x, y) = (3, 3), (5, 1)$ であるから，$f(2a^2) = 2$，$f(4a^2) = 4$．再び (1) より，次を得る：

$$2f(4a^2)^2 - 2f(2a^2)^2 = f(5a^2)^2 - f(a^2)^2 = 24.$$

また，方程式 $x^2 - y^2 = 12$ の正の整数の解は，$(x, y) = (4, 2)$ であるから，$f(2a^2) = 2$，$f(4a^2) = 4$ がわかる．再び (1) より，次を得る：

$$f((k+4)a^2) = 2f((k+3)a^2)^2 - 2f((k+1)a^2)^2 + f(ka^2)^2.$$
（これは次の等式をもとにしている：$(k+4)^2 + 2(k+1)^2 = k^2 + 2(k+3)^2$.）

したがって，k に関する帰納法により，$f(ka^2) = k$ を得る．よって，$f(a^3) = a = f(1)$ であり，したがって，$a = 1$ が結論されるので，求める関数は恒等関数
$$f(n) = n \quad (\forall n \in \mathbb{N})$$
である．

この恒等関数が問題の条件をみたすことは容易に確かめられる．

● 上級

1. 題意をみたす関数 f の全体の集合を S とする．$f \in S$ を1つ選び，$a = f(1)$ とする．問題の条件式で，
$$t = 1 \text{ を代入すれば，} f(f(s)) = a^2 s,$$
$$s = 1 \text{ を代入すれば，} f(at^2) = f(t)^2$$
を得る．これらと，問題の条件式より，次を得る：任意の $s, t \in \mathbb{N}$ に対し，
$$(f(s)f(t))^2 = f(s)^2 f(at^2) = f(s^2 f(f(at^2)))$$
$$= f(s^2 a^2 at) = f(a(ast)^2) = f(ast)^2.$$

この両辺は正なので，$f(s)f(t) = f(ast)$.

特に，$s = 1$ とおけば，$af(t) = f(at)$.

したがって，次を得る：
$$af(st) = f(ast) = f(s)f(t) \quad \cdots (1)$$

続いて，3段階で S の元の特徴を調べる．

(Step 1) $f(t)$ は a の倍数である；$a \mid f(t)$.

（証明）p を素数とし，$p^\alpha \mid a$, $p^\beta \mid f(t)$ をみたす最大の p の指数を α, β とする．(1) より，$f(t)^k = a^{k-1}f(t^k)$ であるから，任意の $k \in \mathbb{N}$ について，$k\beta \geq (k-1)\alpha$ である．$k \to \infty$ とすれば，$\beta \geq \alpha$ がわかる．p は任意の素数であったから，$f(t)$ は a の倍数である． （証明終）

(Step 2) $g(t) = f(t)/a$ とすれば，$g : \mathbb{N} \to \mathbb{N}$ は全単射である．

（証明）g は次をみたす：

$$g(a) = a, \quad g(st) = g(s)g(t), \quad g(g(t)) = t \quad (\forall s, \forall t \in \mathbb{N}).$$

これを使うと，$g(t^2 g(s)) = g(t^2)g(g(s)) = s(g(t))^2$ だから，$g \in S$ が結論される．また，$g(t) \le f(t)$ ($\forall t \in \mathbb{N}$) である．$g(g(t)) = t$ ($\forall t \in \mathbb{N}$) より，g は全単射である． (証明終)

(Step 3) 任意の素数 p について，$g(p)$ も素数である．

（証明） $g(p) = uv$ ($u, v \ge 2$) と分解できたとする．$p = g(g(p)) = g(uv) = g(u)g(v)$ なので，$g(u) = 1$ または $g(v) = 1$ である．どちらでも同じなので，$g(u) = 1$ とすると，$u = g(g(u)) = g(1) = 1$ となり矛盾する．また，$g(p) \ne 1$ なので，$g(p)$ は素数である． (証明終)

これらの性質を使って，本来の問題を解決する．$1998 = 2 \times 3^3 \times 37$ と素因数分解できる．p_1, p_2, p_3 を互いに相異なる素数として，

$$g(2) = p_1, \quad g(3) = p_2, \quad g(37) = p_3$$

とおけば，$f(1998) \ge g(1998) = p_1 p_2^3 p_3 \ge 3 \times 2^3 \times 37 \ge 120$ である．

他方，$h \in S$ を，$h(2) = 3$, $h(3) = 2$, $h(37) = 5$, $h(5) = 37$ とし，$2, 3, 5, 37$ 以外の p については $h(p) = p$ と定め，一般に $t \in \mathbb{N}$ の素因数分解 $t = p_1^{m_1} p_2^{m_2} \cdots p_k^{m_k}$ に対して，

$$h(t) = h(p_1)^{m_1} h(p_2)^{m_2} \cdots h(p_k)^{m_k}$$

と定めれば，$h \in S$ であることは容易に確認でき，$h(1998) = 120$ である．

したがって，求める最小値は 120 である．

2. (1) に $x = 1$, $y = a$ を代入して，$f(1) \ge 1$.

(2) より，$n \in \mathbb{N}$ と $x \in \mathbb{Q}^+$ に対して，

$$f(nx) \ge nf(x) \quad \cdots (4)$$

((4) の証明) (帰納法で示す)

$n = 1$ の場合は自明．

$n = 2$ の場合は，$f(2x) = f(x+x) \ge f(x) + f(x) = 2f(x)$ で成立する．

$n \le 2$ の場合は正しいとする．(2) より，

$$f((n+1)x) = f(x + nx) \ge f(x) + f(nx) = f(x) + nf(x) = (n+1)f(x)$$

となり，$n+1$ のときも正しい． (証明終)

したがって，特に任意の $n \in \mathbb{N}$ (正整数の全体) に対して，

$$f(n) \geq nf(1) \geq n \cdots (5)$$

再び (1) より, $f\left(\dfrac{m}{n}\right)f(n) \geq f(m)$ だから, 任意の $q \in \mathbb{Q}^+$ について, $f(q) > 0$ を得る. これと (2) より, f は狭義単調増加関数であることがわかる. さらに, (5) より, 次を得る:

$$f(x) \geq f(\lfloor x \rfloor) \geq \lfloor x \rfloor > x - 1.$$

一方, (1) より, 次が成り立つ:

$$f(x)^n \geq f(x^n) \quad (n \in \mathbb{N}) \cdots (6)$$

((6) の証明)(帰納法で示す)

$n = 1$ の場合は自明.

$n = 2$ の場合は, (1) より, $f(x)^2 = f(x)f(x) \geq f(x^2)$ で成立する.

$n \leq 2$ の場合は正しいとする. (1) より,

$$f(x)^{n+1} = f(x)^n \cdot f(x) \geq f(x^n \cdot x) = f(x^{n+1})$$

となり, $n + 1$ のときも正しい. （証明終）

(6) より, $f(x)^n \geq f(x^n) > x^n - 1$ であるから, 任意の $x > 1$ と任意の $n \in \mathbb{N}$ について, $f(x) > \sqrt[n]{x^n - 1}$ がわかる. よって, 次を得る:

$$\text{任意の } x > 1 \text{ に対し}, \quad f(x) \geq x \cdots (7)$$

(7) と (1) より, $a^n = f(a)^n \geq f(a^n) \geq a^n$ が成り立つから, $f(a^n) = a^n$ である. また, $x \geq 1$ のとき, $a^n - x > 1$ となる $n \in \mathbb{N}$ をとると, (2) と (7) より,

$$a^n = f(a^n) \geq f(x) + f(a^n - x) \geq x + (a^n - x) = a^n$$

となり, $x \geq 1$ ならば, $f(x) = x$ を得る.

最後に, (1), (4) より, 任意の $x \in \mathbb{Q}^+$ と $n \in \mathbb{N}$ に対し,

$$nf(x) = f(n)f(x) \geq f(nx) \geq nf(x)$$

だから, $f(nx) = nf(x)$ を得る. よって, 任意の $x = \dfrac{m}{n} \in \mathbb{Q}^+$, $m, n \in \mathbb{N}$, $0 < x < 1$ についても,

$$f(x) = f\left(\dfrac{m}{n}\right) = \dfrac{f(m)}{n} = \dfrac{m}{n} = x$$

となる. この結果, 任意の $x \in \mathbb{Q}^+$ について, $f(x) = x$ となる.

3. $g(x) = \dfrac{1}{f(x)}$ とすると, $g : \mathbb{Q}^+ \to \mathbb{R}^+$ は関数で, 与えられた条件は次のよ

うになる：
$$g(x+y)g(x)g(y) = g(xy)(g(x)+g(y)) \cdots (*)$$
$f(1) = c$ とする；$g(1) = \dfrac{1}{c}$ である．すると，$(*)$ より，$g(x+1) = cg(x) + 1$ がわかるから，以下がわかる：
$$g(2) = 2, \quad g(3) = 2c+1, \quad g(4) = 2c^2 + c + 1,$$
$$g(5) = 2c^3 + c^2 + c + 1, \quad g(6) = 2c^4 + c^3 + c^2 + c + 1.$$
一方，$(*)$ において，$x = 2, y = 3$ とすると，
$$g(5)g(2g(3)) = g(6)(g(2) + g(3))$$
となるから，次を得る：
$4c^5 - 3c^3 - c^2 - c + 1 = 0 \iff (c-1)(c+1)(2c-1)(2c^2 + 2c + 1) = 0.$
したがって，$c = 1, \dfrac{1}{2}$ を得る．

(1) $c = 1$ のとき，$g(x+1) = g(x) + 1$ となる．すると，帰納的に次を得る：
$$g(n) = n \quad (n \in \mathbb{N}),$$
$$g(x+n) = g(x) + n \quad (x \in \mathbb{Q}^+, \ n \in \mathbb{N}).$$
$(*)$ に $y = n$ を代入すると，次を得る：
$$(g(x) + n)g(x)n = g(nx)(g(x) + n), \quad \therefore \ g(nx) = ng(x).$$
これに，$x = \dfrac{p}{q}, n = q \ (p, q \in \mathbb{N})$ を代入すると，任意の $x \in \mathbb{Q}^+$ について，$g(x) = x$ となるから，$f(x) = \dfrac{1}{x}$ となる．

(2) $c = \dfrac{1}{2}$ のとき，$g(x+1) = \dfrac{1}{2}g(x) + 1$ となる．したがって，次がわかる：
$$g(n) = 2, \quad g(x+n) - 2 = \dfrac{g(x) - 2}{2^n} \quad (n \in \mathbb{Q}^+, \ n \in \mathbb{N}).$$
また，$(*)$ に $y = n$ を代入すると，
$$2g(x+n)g(x) = g(nx)(g(x) + 2)$$
が得られる．これらの 3 つの関係式から，$g(x) = 2 \ (x \in \mathbb{Q}^+)$ が得られる．したがって，$f(x) = \dfrac{1}{2} \ (x \in \mathbb{Q}^+)$ が結論される．

(1), (2) より，求める関数は，$f(x) = \dfrac{1}{x}$ と定値関数 $f(x) = \dfrac{1}{2}$ である．

参考 値域を実数全体にして，$f : \mathbb{Q}^+ \to \mathbb{R}$ とすると，問題の条件をみたす関数は，$f(x) = 0$, $f(x) = \dfrac{1}{2}$, $f(x) = \dfrac{1}{x}$ の3つになる．

4. 問題の条件式を (1) とする．以下，3段階に分けて，f を求める．

第1段 $f(1) = 1$ の証明．

条件式 (1) に $y = 1$ を代入し，$f(1) = a$ とおくと，次を得る．
$$f(x) + a + 2xf(x) = \frac{f(x)}{f(x+1)}.$$
$$\therefore \ f(x+1) = \frac{f(x)}{(1+2x)f(x) + a} \ \cdots \ (2)$$

したがって，次を得る：

$$f(2) = \frac{a}{4a} = \frac{1}{4}, \quad f(3) = \frac{1}{4} \bigg/ \left(\frac{5}{4} + a\right) = \frac{1}{5+4a}, \quad f(4) = \frac{1}{7+5a+4a^2}.$$

一方，(1) に $x = y = 2$ を代入して，次を得る．
$$2f(2) + 8f(4) = \frac{f(4)}{f(4)} = 1.$$

(2) より，次を得る．
$$\frac{1}{2} + \frac{8}{7+5a+4a^2} = 1.$$

この方程式を解いて，$a = 1$, i.e $f(1) = 1$ を得る．

第2段 次式の証明．
$$f(x+n) = \frac{f(x)}{(n^2 + 2nx)f(x) + 1} \quad (n = 1, 2, 3, \cdots) \ \cdots \ (3)$$

数学的帰納法で証明する．(2) により，$n = 1$ のときは (3) は正しい．$n = k \geq 1$ のときに (3) は正しいと仮定すると，次を得る．

$$f(x+k+1) = \frac{f(x+k)}{(1+2(x+k))f(x+k) + 1}$$
$$= \left(\frac{f(x)}{(k^2+2kx)f(x)+1}\right) \bigg/ \left(\frac{(1+2(x+k))f(x)}{(k^2+2kx)f(x)+1} + 1\right)$$
$$= \frac{f(x)}{((k+1)^2 + 2(k+1)x)f(x) + 1}.$$

$n = k+1$ のときも正しいことが示されたので，帰納法により，(3) は証明された．

(3) より，次式を得る：
$$f(n+1) = \frac{f(1)}{(n^2+2n)f(1)+1} = \frac{1}{(n+1)^2}.$$
したがって，次を得る：$f(n) = \dfrac{1}{n^2}\ (n = 1, 2, 3, \cdots)$．

第 3 段 次式の証明．
$$f\left(\frac{1}{n}\right) = n^2 \quad (n = 1, 2, 3, \cdots) \quad \cdots (4)$$
(3) に $x = \dfrac{1}{n}$ を代入して，次を得る：
$$f\left(n+\frac{1}{n}\right) = f\left(\frac{1}{n}\right)\Big/(n^2+2)f\left(\frac{1}{n}\right)+1.$$
また，(1) に $y = \dfrac{1}{x}$ 代入して，次を得る：
$$f(x) + f\left(\frac{1}{x}\right) + 2 = 1\Big/f\left(x+\frac{1}{x}\right).$$
$$\therefore\ f(n) + f\left(\frac{1}{n}\right) + 2 = 1\Big/f\left(n+\frac{1}{n}\right) = n^2 + 2 + 1\Big/f\left(\frac{1}{n}\right).$$
この結果，$f(n) = \dfrac{1}{n^2}$ を得る．よって，$f\left(\dfrac{1}{n}\right) = n^2$ である．

第 4 段 任意の $q \in \mathbb{Q}^+$ について，$f(q) = \dfrac{1}{q^2}$ であることの証明．

$m, n \in \mathbb{N}$, $\mathrm{GCD}(m, n) = 1$ を用いて，$q = \dfrac{n}{m}$ と表す．(1) に $x = n, y = \dfrac{1}{m}$ を代入して，次を得る．
$$f\left(\frac{1}{m}\right) + f(n) + \frac{2n}{m}f\left(\frac{n}{m}\right) = f\left(\frac{n}{m}\right)\Big/f\left(n+\frac{1}{m}\right).$$
また，(3) に $x = \dfrac{1}{m}$ を代入して，次を得る．
$$f\left(n+\frac{1}{m}\right) = f\left(\frac{1}{m}\right)\Big/\left(n^2+\frac{2n}{m}\right)f\left(\frac{1}{m}\right)+1 = 1\Big/\left(n^2+\frac{2n}{m}+\frac{1}{m^2}\right).$$

$$\therefore \quad \frac{1}{n^2} + m^2 + \frac{2n}{m} f\left(\frac{n}{m}\right) = \left(n + \frac{1}{m}\right)^2 f\left(\frac{n}{m}\right).$$

$$f(q) = f\left(\frac{n}{m}\right) = \left(\frac{1}{n^2} + m^2\right) \bigg/ \left(n^2 + \frac{1}{m^2}\right) = \left(\frac{m}{n}\right)^2 = \frac{1}{q^2}.$$

結論 $f(x) = \dfrac{1}{x^2}$ が問題の条件式 (1) をみたすことは容易に確かめられる. したがって,求める関数は次のようになる: $f(x) = \dfrac{1}{x^2}$ $(\forall x \in \mathbb{Q}^+)$.

5. 非負整数 c について,$f(x) = x + c$ とすると,
$$(f(m) + n)(m + f(n)) = (m + n + c)^2$$
となるから,$f(x)$ はこの形となることを示す. そのためには,すべての正の整数 k に対して,$f(k+1) - f(k) = 1$ となることを示せばよい. 2つの補題に分けて証明する.

> **補題 1** 任意の正整数 k について,$f(k+1) - f(k) = \pm 1$ である.

(証明) 背理法で証明する. 補題が誤りであると仮定し,ある素数 p のべき p^α $(\alpha \in \mathbb{N})$ が $f(k+1) - f(k)$ をちょうど割り切ったとして矛盾を導く.

補助的に正整数 n を,$\alpha > 1$ ならば,$f(k+1) - f(k)$ がちょうど p で割り切れるような数 n をとる. また,$\alpha = 1$ ならば,$f(k+1) - f(k)$ がちょうど p^3 で割り切れるような数 n をとる. このとき仮定より,
$$(f(k+1) + n)(k + 1 + f(n))$$
は平方数となり,p の偶数乗で割り切れる. ところが,$f(k+1) + n$ はちょうど p の奇数乗で割り切れるから,$k + 1 + f(n)$ は p で割り切れる.

また,n の取り方から,$f(k) + n = (f(k+1) + n) - (f(k+1) - f(k))$ は,右辺の一方がちょうど p で割り切れ,他方が p^2 で割り切れるから,ちょうど p で割り切れる. ところが,$(f(k) + n)(k + f(n))$ は平方数であり,p の偶数乗で割り切れるから,$k + f(n)$ は p で割り切れる.

よって,$(k + 1 + f(n)) - (k + f(n)) = 1$ が p で割り切れ,矛盾が生ずる. よって,任意の正整数 k について,$f(k+1) - f(k) = \pm 1$ となる. (証明終)

> **補題2** 任意の正整数 k について，$f(k+1) - f(k) = 1$ である．

（証明）背理法で証明する．$f(k+1) - f(k) = -1$ となる k が存在したとする．
f は正整数に正整数を対応させる関数だから，$f(k+1) - f(k) = 1$ となる k が有限個しかなければ，十分大きな x に対して $f(x) < 0$ となり，矛盾である．したがって，$f(k+1) - f(k) = 1$ となる k が無限個ある．そこで，$f(k+1) - f(k) = -1$ となる k があったとすると，k より大きな正整数 m で，$f(m+1) - f(m) = 1$ となるものがあり，$f(k+1) - f(k)$ の符号が変わるところを k に選ぶと，

$$f(k+1) - f(k) = -1, \quad f(k+2) - f(k+1) = 1$$

となり，次を得る：

$$f(k+2) - f(k) = 0.$$

このとき，任意の奇素数 p は $f(k+1) - f(k)$ を割り切る．そこで，$f(k+2) + n$ が p でちょうど割り切れる正整数 n を補助に取ると，上と同様にして $k+2+f(n)$ が p で割り切れることがわかる．また，$f(k) + n = (f(k+2) + n) - (f(k+2) - f(k))$ も p でちょうど割り切れるから，$k + f(n)$ も p で割り切れる．よって，$(k+2+f(n)) - (f(k) + n) = 2$ が p で割り切れる．これは矛盾であるから，$f(k+1) - f(k) = 1$ となる． （証明終）

上の2つの補題により，求める関数 f は，次のようになる：

非負整数 c について，$\quad f(x) = x + c$.

6. 恒等関数 $f(x) = x$ $(\forall x \in \mathbb{N})$ が題意をみたす唯一の解である．以下で，このことを証明する．

まず，$f(x) = x$ が題意をみたすことを示す．任意の正整数 x, y について，与えられる3つの長さは，$x, y = f(y), z = f(y + f(x) - 1) = x + y - 1$ である．$x \geq 1, y \geq 1$ であるから，

$$z \geq \max\{x, y\} > |x - y|, \quad z < x + y$$

が成り立ち，これから，この3つの長さをもつ非退化な三角形が存在することがわかる．

次に，他には題意をみたす関数が存在しないことを，4段階に分けて示す．

第1段階 $f(1) = 1$ である．

（証明）$f(1) = 1 + m$ であるとすると，3辺の長さが $1, f(y), f(y+m)$ であるような非退化な三角形を考えれば，$f(y+m) = f(y)$ がすべての y に対して成り立たなければならないことがわかる．したがって，f は m を周期とする周期関数であり，有界である．そこで，B を $f(x) \leq B$ がすべての x に対して成り立つような定数とすると，$x > 2B$ をみたすような x とすべての y に対して，$x > 2B \geq f(y) + f(y + f(x) - 1)$ となるから，仮定に矛盾する．したがって，$f(1) = 1$ でなければならない． （証明終）

第2段階 $f(f(z)) = z \ (\forall z \in \mathbb{N})$.
（証明）$x = z, y = 1$ とすると，第1段階から $f(1) = 1$ だから，$z, 1, f(f(z))$ を辺の長さとする非退化な三角形が存在することになるから，$f(f(z)) < z + 1, z < f(f(z)) + 1$ がともに成り立つが，$z, f(f(z))$ はともに正整数であるから，$f(f(z)) = z$ が成り立つ． （証明終）

第3段階 $f(z) \leq z \ (\forall z \in \mathbb{N})$.
（証明）背理法で証明する．ある $z \in \mathbb{N}$ に対して，$z < f(z) = w + 1$ であると仮定する．第1段階の結果から，$w \geq z \geq 2$ であることがわかる．
$M = \max\{f(1), f(2), \cdots, f(w)\}$ とおいたとき，任意の正整数 $t \in \mathbb{N}$ について，
$$f(t) \leq \frac{z-1}{w} \cdot t + M \ \cdots \ (*)$$
が成り立つことを示そう．もし，この不等式が成り立たないような正整数が存在したとして，その最小のものを t_0 とすると，M の定義から，$t_0 > w$ である．$x = z, y = t_0 - w$ とすると，$t_0 - w + f(z) - 1 = t_0$ であるから，三角不等式によって，
$$z + f(t_0 - w) > f((t_0 - w) + f(z) - 1) = f(t_0)$$
が成り立ち，したがって，
$$f(t_0 - w) \geq f(t_0) - (z - 1) > \frac{z-1}{w}(t_0 - w) + M$$
を得るが，これは t_0 の最小性と矛盾する．ゆえに，不等式 $(*)$ が，すべての正整数について成り立つことがわかった．第3段階の主張の証明に戻ると，$z \leq w$ だから，$\frac{z-1}{w} < 1$ であるから，正整数 t を十分大きく選べば，
$$\left(\frac{z-1}{w}\right)^2 \cdot t + \left(\frac{z-1}{w} + 1\right)M < t$$

が成り立つようにできる．そのような t に対して，不等式 $(*)$ を 2 度用いると，
$$f(f(t)) \leq \frac{z-1}{w}f(t) + M \leq \frac{z-1}{w}\left(\frac{z-1}{w}t + M\right) + M < t$$
が得られるが，これは第 2 段階の主張に矛盾する．したがって，第 3 段階の主張が正しいことが示された． （証明終）

第 4 段階 $f(z) = z \ (\forall z \in \mathbb{N})$.
（証明） 第 2 段階と第 3 段階の主張を用いれば，すべての正整数 z に対して，
$$z = f(f(z)) \leq f(z) \leq z$$
となるので，求める結論が得られた．

◆第 11 章◆

● 初級

1. 条件式に $x = y = z = 0$ を代入して，$2f(0) + 2f(0) \geq 4f(0)f(0) + 1$ を得る．整理して，
$$4f(0) \geq 4f(0)^2 + 1. \quad \therefore \quad 4\left(f(0) - \frac{1}{2}\right)^2 \leq 0.$$
したがって，$f(0) = \frac{1}{2}$.

条件式に $x = y = z = 1$ を代入して，$2f(1) + 2f(1) \geq 4f(1)f(1) + 1$ を得る．同様にして，$4\left(f(1) - \frac{1}{2}\right)^2 \leq 0$ だから，$f(1) = \frac{1}{2}$ を得る．

条件式に $y = z = 0$ を代入して，
$$2f(0) + 2f(0) \geq 4f(x)f(0) + 1. \quad \text{よって，} \quad f(x) \leq \frac{1}{2}.$$

条件式に $y = z = 1$ を代入して，
$$2f(1) + 2f(1) \geq 4f(x)f(1) + 1. \quad \text{よって，} \quad f(x) \leq \frac{1}{2}.$$

よって，求める関数は，定値関数 $f(x) = \frac{1}{2} \ (\forall x \in \mathbb{R})$ である．

2. $a > 0$ を，$f(a) \neq 1$ なるように選び，固定する．すると，
$$f(a^{xy}) = f(a)^{f(xy)},$$

$$f(a^{xy}) = f((a^x)^y) = f(a^x)^{f(y)} = (f(a)^{f(x)})^{f(y)} = f(a)^{f(x)f(y)}$$

より，(1) $f(xy) = f(x)f(y)$ を得る．

また，
$$f(a^{x+y}) = f(a)^{f(x+y)},$$
$$f(a^{x+y}) = f(a^x a^y) = f(a^x)f(a^y) = f(a)^{f(x)}f(a)^{f(y)} = f(a)^{f(x)+f(y)}$$

だから，(2) $f(x+y) = f(x) + f(y)$ を得る．

参考 上の性質をみたす関数は，恒等関数 $f(x) = x$ ($x \in (0, \infty)$) だけである．

---

3. 与式に $(x, y) = (0, 0)$ を代入して，$f((f(0))^2) = 0$ を得る．与式に $(x, y) = (0, (f(0))^2)$ を代入して，$f((f(0))^2) = 0$ を用いると，$f(0) = 0$ となる．

任意の実数 $t \neq 0$ について，与式に $(x, y) = (t, t)$ を代入すると，
$$0 = t^2 - tf(t). \quad \therefore \quad f(t) = t.$$

これと，$f(0) = 0$ と合わせて，任意の t に対して $f(t) = t$ である．
恒等関数 $f : \mathbb{R} \to \mathbb{R}$ は条件をみたすので，これが求める関数 f のすべてである．

● **中級**

1. 任意の $x \in \mathbb{R}$ について，0 に値を取る定値関数 $f(x) = 0$ は明らかに題意をみたす．

そこで，以後では，$a \in \mathbb{R}$ が存在して，$f(a) \neq 0$ となる場合を考察する．与式の y に $-f(x)$ を代入して，次を得る：
$$-(f(x))^2 + f(-f(x)) = f(0) \quad \cdots \text{ (1)}$$

これより，$f(0) = c \in \mathbb{R}$ として，
$$f(-f(x)) = c + (f(x))^2 \quad \cdots \text{ (2)}$$

与式の y に $-f(y)$ を代入して，(1) を合わせると，
$$(f(x))^2 - 2f(y)f(x) + (f(y))^2 + c = f(f(x) - f(y))$$

となる．これを整理して，次を得る：
$$(f(x) - f(y))^2 + c = f(f(x) - f(y)) \quad \cdots \text{ (3)}$$

ここで，与式に $x = a$ を代入して，変形すると，
$$(f(a))^2 + 2yf(a) = f(y + f(a)) - f(y)$$
となるが，この式の左辺は，y を動かしたとき実数全体を動くので，x, y を動かしたとき，$f(x) - f(y)$ は実数全体を動くことがわかる．ゆえに，(3) から，任意の $x \in \mathbb{R}$ について，次が成り立つ：
$$f(x) = x^2 + c \quad (\forall c \in \mathbb{R}).$$
この $f(x) = x^2 + c$ は，実際に代入することにより，任意の定数 c に関して与式をみたすことが確かめられる．

以上より，求める関数は，定値関数 $f(x) = 0 \ (\forall x \in \mathbb{R})$ と，任意の実数 $c \in \mathbb{R}$ について，$f(x) = x^2 + c \ (\forall x \in \mathbb{R})$ である．

2. 条件をみたす関数 f は，次の 5 つである：
$$f(x) = 0, \quad x^2, \quad -x^2, \quad x^2 - 1, \quad 1 - x^2.$$
与えられた条件式に代入することで，これらが条件をみたす関数であることは容易に確かめられるので，これら以外には条件をみたすものが存在しないことを示す．

以下，$f(t) \neq 0$ なる t が存在するときを考える．

$f(a) = f(b)$ となったとする．条件式に $(x, y) = (a, t)$ を代入したものと，$(x, y) = (b, t)$ を代入したものを比較すると，$2a^2 f(t) = 2b^2 f(t)$ がわかる．$f(t) \neq 0$ より，$a^2 = b^2$，つまり，$a = \pm b$ を得る．

$f(0) = k$ とおく．条件式に $(x, y) = (0, 0)$ を代入すると，$f(k) = 0$ がわかり，条件式に $y = k$ を代入すると，$f(k^2) = 0$ がわかる．$f(k) = f(k^2)$ なので，上の議論より，$k^2 = \pm k$ であり，したがって，$k = 0, \pm 1$ である．

条件式に $x = 0$ を代入した式より，$f(k - f(y)) = f(y^2)$ なので，$k - f(y) = \pm y^2$，つまり，任意の実数 y に対し，$f(y) \in \{k + y^2, k - y^2\}$ である．

ここから，k の値によって，場合分けして考察する．

$k = 0$ の場合：

実数 $z \neq 0$, $w \neq 0$ で，$f(z) = z^2$, $f(w) = -w^2$ なるものが存在したとする．条件式に $(x, y) = (w, w)$ を代入すると，$0 = f(f(w)) + 2w^4 + f(w^2)$ がわかる．$f(f(w)) = \pm w^4$, $f(w^2) = \pm w^4$ であり，$w \neq 0$ なので，$f(z^2) = -w^4$ でなければならない．条件式に $(x, y) = (z, w)$ を代入して，

$$\pm(z^2+w^2)^2 = \pm z^4 + 2z^2w^2 - w^4$$

となるが，$z^2 > 0$, $w^2 > 0$ より，この等式が成り立つことはない（± の選び方は 4 通りあるが，そのどの場合についても容易に確かめられる）．以上より，この場合は，$f(x) = x^2$，または，$f(x) = -x^2$ である．

$k = \pm 1$ の場合：
条件式に $y = 0$ を代入して，次式を得る：

$$f(f(x) - k) = f(f(x)) - 2kx^2 + k.$$

$f(x) - k = \pm x^2$ より，$f(f(x) - k) = k \pm x^4$ であり，$f(f(x)) = k \pm f(x)^2$ だから，次を得る：

$$\pm f(x)^2 = \pm x^4 + 2kx^2 - k.$$

ここで，$k = 1$ とする．$f(c) = 1 + c^2$ なる $c \neq 0$ が存在したとすると，上の式に $x = c$ を代入して，

$$\pm(1+c^2)^2 = \pm c^4 + 2c^2 - 1$$

を得る．しかし，$c^2 > 0$ より，この等式は成立しない．

したがって，この場合は，$f(x) = 1 - x^2$ である．

$k = -1$ の場合：
$f(c) = -1 - c^2$ なる $c \neq 0$ が存在したとすると，上の式に $x = c$ を代入して，次を得る：

$$\pm(-1-c^2)^2 = \pm c^4 - 2c^2 + 1.$$

$k = 1$ の場合と同様に，この等式は成立しない．

したがって，この場合は，$f(x) = -1 + x^2$ である．

以上より，条件をみたす関数 f は，最初に挙げた 5 つしかないことが示された．

3. 0, 1 以外の実数 t に対して，

$$\frac{1}{1 - \dfrac{1}{1-t}} = \frac{t-1}{t}, \qquad \frac{1}{1 - \dfrac{t-1}{t}} = t$$

であることに注意すると，与えられた条件式に，$x = t$, $\dfrac{1}{1-t}$, $\dfrac{t-1}{t}$ を代入することにより，次を得る：

$$f(t) + f\left(\frac{1}{1-t}\right) = \frac{1}{t} \quad \cdots (1)$$

$$f\Big(\frac{1}{1-t}\Big)+f\Big(\frac{t-1}{t}\Big)=1-t \quad \cdots \text{ (2)}$$
$$f\Big(\frac{t-1}{t}\Big)+f(t)=\frac{t}{t-1} \quad \cdots \text{ (3)}$$

よって，$\dfrac{(1)+(2)+(3)}{2}$ より，$f(t)=\dfrac{t^3-t^2+2t-1}{2t(t-1)}$ を得る．

逆に，$f(x)=\dfrac{x^3-x^2+2x-1}{2x(x-1)}$ が与えられた条件をみたすことは，次のようにして確かめられる：

$$f(x)+f\Big(\frac{1}{1-x}\Big)$$
$$=\frac{x^3-x^2+2x-1}{2x(x-1)}+\frac{\big(\frac{1}{1-x}\big)^3-\big(\frac{1}{1-x}\big)^2+2\cdot\frac{1}{1-x}-1}{2\cdot\frac{1}{1-x}\cdot\big(\frac{1}{1-x}-1\big)}$$
$$=\frac{1}{x}.$$

以上より，求める関数は $f(x)=\dfrac{x^3-x^2+2x-1}{2x(x-1)}$ である．

4. 非負の整数，有理数，実数の全体の集合を，それぞれ，$\mathbb{N}_0$, $\mathbb{Q}_0$, $\mathbb{R}_0$ で表す．また，与式を $(*)$ とする．

$(*)$ において，$x=y=z=t=0$ とすると，$4\{f(0)\}^2=2f(0)$ より，$f(0)=0, \dfrac{1}{2}$ を得る．

（ⅰ）$f(0)=\dfrac{1}{2}$ のとき：

$(*)$ において，$x=z, y=t=0$ とすると，$2f(x)=2f(0)=1$ となり，$f(x)=\dfrac{1}{2}$ $(\forall x\in\mathbb{R})$（定値関数）を得る．

（ⅱ）$f(0)=0$ のとき：

$(*)$ において，$z=t=0$ とすると，$f(x)f(y)=f(xy)$ $\cdots$ $(**)$ を得る．$(**)$ において，$x=y=1$ とすると，$\{f(1)\}^2=f(1)$ より，$f(1)=0, 1$ を得る．

（ⅱ）-（1）$f(1)=0$ のとき，$(**)$ で $y=1$ とすると，$f(x)\cdot 0=f(x)$ となり，$f(x)=0$ $(\forall x\in\mathbb{R})$（定値関数）を得る．

（ⅱ）-（2）$f(1)=1$ のとき，$(*)$ で $y=z=t=1$ とすると，$2\{f(x)+1\}=f(x-1)+f(x+1)$ となり，$f(x+1)=2f(x)-f(x-1)+2$ を得る．これと，$f(0)=0, f(1)=1$ から，帰納的に，$f(x)=x^2$ $(\forall x\in\mathbb{N}_0)$ であることがわかる．

よって, (**) から, 任意の $x \in \mathbb{Q}_0$ に対して, $f(x) = x^2$ であることがわかる.

ここで, 任意の $x \in \mathbb{R}_0$ に対して, (**) より, $f(x) = \{f(\sqrt{2})\}^2 \geq 0$ であることに注意すると, 任意の実数 $0 \leq a \leq b$ に対して, (*) で $x = t = \sqrt{a}$, $z = y = \sqrt{b-a}$ とすると, $\{f(\sqrt{a}) + f(\sqrt{b-a})\}^2 = f(b)$ であるから, 次を得る:
$$f(b) \geq \{f(\sqrt{a})\}^2 = f(a) \quad (\because \ (**)).$$
よって, f は $\mathbb{R}_0$ において広義単調増加であることがわかる. したがって,

任意の $x \in \mathbb{R}_0$ に対して, $0 \leq q_1 \leq q_2 \leq \cdots \to x$ なる有理数列 $\{q_n\}$ を取ると, $f(x) \geq f(q_n)$ より,
$$f(x) \geq \lim_{n\to\infty} f(q_n) = \lim_{n\to\infty} q_n^2 = x^2$$
であることがわかり, 同様にして $f(x) \leq x^2$ であることもわかるので, $f(x) = x^2$ ($\forall x \in \mathbb{R}_0$) を得る.

ところで, (*) において, $x = 0$, $y = t = 1$ とすると, $2f(z) = f(-z) + f(z)$ となり, $f(z) = f(-z)$ ($\forall z \in \mathbb{R}$) を得る. すなわち, f が偶関数であることがわかる. よって, $f(x) = x^2$ ($\forall x \in \mathbb{R}$) である.

以上より, $f(x) = 0$, $\dfrac{1}{2}$, x^2 ($\forall x \in \mathbb{R}$) の 3 つの関数を得たが, これらが題意をみたすことは明らかなので, 求める関数 f はこの 3 つである.

5. 与式に $x = 0$ を代入して, 次を得る:
$$f(f(y)) = (f(0))^2 + y.$$
よって, f は全射であることがわかる. $f(t) = 0$ なる実数 t が存在するので, 与式に $x = t$ を代入して, 次を得る:
$$f(f(y)) = y.$$
さらに, 与式の x に $f(x)$ を代入し, 上式を用いると, 次を得る:
$$f(xf(x) + f(y)) = x^2 + y.$$
上式と与式を比較して, 次を得る:
$$(f(x))^2 = x^2.$$
よって, $f(x) = \pm x$ がすべての実数 x について成り立つ.

次に, $x \neq y$, $xy \neq 0$ のとき, $f(x) = -x$, $f(y) = y$ となるとすると,
$$f(-x^2 + y) = x^2 + y$$

が成り立つが，これは
$$f(-x^2+y) = \pm(-x^2+y)$$
に矛盾する．よって，すべての x に対して $f(x) = x$ が成り立つか，すべての x に対して $f(x) = -x$ が成り立つかのどちらかである．

また，$f(x) = x$ も $f(x) = -x$ も与式をみたすことは簡単に確かめられる．

以上より，求める関数は，$f(x) = x \ (\forall x \in \mathbb{R})$ と $f(x) = -x \ (\forall x \in \mathbb{R})$ の 2 つである．

6. $w = x = y = z = 1$ を条件式に代入すると，$(f(1))^2 = 1$ が得られるが，$f(1) > 0$ であるから，$f(1) = 1$ でなければならない．

次に，任意の数 $u \in (0, \infty)$ に対して，$w = u$, $x = 1$, $y = z = \sqrt{u}$ を条件式に代入すると，
$$\frac{(f(u))^2 + 1}{2f(u)} = \frac{u^2 + 1}{2u}$$
となるが，これから
$$(uf(u) - 1)(f(u) - u) = 0$$
が得られるので，すべての $u \in (0, \infty)$ に対して，$f(u) = u$ か $f(u) = \dfrac{1}{u}$ のいずれかが成り立つことがわかる．

恒等関数 $f(x) = x$ が題意をみたすことは明らかだが，$wx = yz$ ならば，
$$\frac{\left(\dfrac{1}{w}\right)^2 + \left(\dfrac{1}{x}\right)^2}{\left(\dfrac{1}{y^2} + \dfrac{1}{z^2}\right)} = \frac{\dfrac{w^2 + x^2}{w^2 x^2}}{\dfrac{y^2 + z^2}{y^2 z^2}} = \frac{w^2 + x^2}{y^2 + z^2}$$
が成り立つので，関数 $f(x) = \dfrac{1}{x}$ も題意をみたすことがわかる．

次に，$f(x) = x$, $f(x) = \dfrac{1}{x}$ 以外には，題意をみたす関数は存在しないことを示そう．この 2 つの関数以外の関数 f が題意をみたすとして，矛盾を導く．仮定から，$a, b \in (0, \infty)$ が存在して，$f(a) \neq a$, $f(b) \neq \dfrac{1}{b}$ となる．$f(1) = 1$ であるから，$a \neq 1$, $b \neq 1$ であることに注意する．そこで，$w = a$, $x = b$, $y = ab$, $z = 1$ を条件式に代入すると，$f(a) = \dfrac{1}{a}$, $f(b) = b$ が成り立たなければならないことから，

$$\frac{\frac{1}{a^2}}{f(a^2b^2)+1} = \frac{a^2+b^2}{a^2b^2+1} \cdots (*)$$

が成立しなければならないことになる．$f(a^2b^2) = a^2b^2$ か $f(a^2b^2) = \dfrac{1}{a^2b^2}$ のいずれかでなければならない．もし，$f(a^2b^2) = a^2b^2$ であるとすると，$(*)$ から，$a^4 = 1$ が得られるが，$a > 0$ だから，$a = 1$ でなければならなず，これは矛盾である．他方，$f(a^2b^2) = \dfrac{1}{a^2b^2}$ であるとすると，$(*)$ から，$b^4 = 1$．したがって，$b = 1$ となり，これも矛盾である．

かくして，題意をみたす関数は，$f(x) = x$, $f(x) = \dfrac{1}{x}$ ($\forall x \in (0, \infty)$) に限ることが示された．

7. 問題の条件式を $(*)$ とおく：
$$f(x+y)f(f(x)-y) = xf(x) - yf(y) \cdots (*)$$

$f(0) = a$ とおく．$(*)$ に $x = y = 0$ を代入して，
$$f(0)f(a) = 0$$
を得る．これより，$f(0) = 0$ または $f(a) = 0$ が成り立つ．$f(0) = 0$ のときは $a = 0$ なので，$f(a) = 0$ が成り立つ．よって，$f(a) = 0$ である．

t を任意の実数とし，$(*)$ に $x = a$, $y = -t$ を代入して，
$$f(a-t)f(t) = tf(-t) \cdots (1)$$
を得る．また，$(*)$ に $x = 0$, $y = t$ を代入して，次を得る：
$$f(t)f(a-t) = -tf(t) \cdots (2)$$

これより，$f(t) = 0$，または，$f(a-t) = -t$ が成り立つ．よって，$u \neq 0$, $f(u) \neq 0$ とすると，$f(a-u) = -u \neq 0$ であるから，(2) に $t = a-u$ を代入することで，
$$f(u) = u - a$$
を得る．以上より，
$$u \neq 0 \implies \text{「}f(u) = 0\text{，または，}f(u) = u - a\text{」} \cdots (3)$$
が成り立つ．

まず，任意の $u \neq 0$ に対して，$f(u) = 0$ であるときを考える．このとき，f は $(*)$ をみたすことを示す．$a = 0$ のときは，0 に値をとる定値関数 $f(x) = 0$ は確かに $(*)$ をみたす．$a \neq 0$ のときを考える．このとき，任意の実数 v に対して，

$vf(v) = 0$ となることから，(∗) の右辺は 0 となる．(∗) の左辺が 0 でない値をとるのは，$x+y = 0$ かつ $f(x) - y = 0$ が成り立つ場合に限る．ある実数 v, w に対し，$v + w = f(v) - w = 0$ が成り立つとする．$(v+w) + (f(v) - w) = 0$ より，$v + f(v) = 0$ となるが，f の定め方より，このような v は存在しないので，矛盾である．よって，(∗) の右辺も左辺も 0 となり，この f が条件をみたすことが示された．

次に，ある $u \neq 0$ に対して $f(u) \neq 0$ であるときを考える．このような u を 1 つ選び，b とする．(1), (2) より，$t \neq 0$ ならば $f(-t) = -f(t)$ が成り立つので，次を得る：

$$f(-b) = -f(b) \neq 0 \cdots (4)$$

また，(3) より，次も成り立つ：

$$f(b) = b - a, \quad f(-b) = -b - a \cdots (5)$$

(4) と (5) より，$a = 0$ を得る．よって，$f(b) = b$ である．以下，この場合は f は恒等関数 $f(x) = x$ であることを示す．そうでないとすると，$f(c) \neq c$ なる c が存在する．$f(0) = a = 0$ より，$c \neq 0$ である．よって，(3) より，$f(c) = 0$ が成り立つ．(∗) に $x = b, y = c$ を代入して，

$$f(b+c)f(b-c) = b^2 \cdots (6)$$

を得る．$b \neq 0$ より，$f(b+c) \neq 0, f(b-c) \neq 0$ である．これと，$f(0) = 0$ より，$b+c \neq 0, b-c \neq 0$ なので，$u = b+c, u = b-c$ に (3) を適用することで，$f(b+c) = b+c, f(b-c) = b-c$ を得る．これより，$f(b+c)f(b-c) = b^2 - c^2$ となるが，$c \neq 0$ より，これは (6) に反する．よって，ある $u \neq 0$ に対して，$f(u) \neq 0$ であるとき，条件をみたし得るものは $f(x) = x$ に限ることがわかり，これは確かに (∗) をみたす．

以上ですべての場合を考えたので，求める関数は次の 2 つである：

恒等関数　$f(x) = x$,

$$f(x) = \begin{cases} a & (x = 0, \ \forall a \in \mathbb{R}) \\ 0 & (x \neq 0) \end{cases}$$

8. 問題の条件式に，$x = 0, y = 0$ を代入すると，$f(0) = (f(0))^2$ が得られるから，$f(0) = 0$ または $f(0) = 1$ である．

(1) $f(0) = 0$ の場合：
条件式の x に $-x$ を，y に 0 をそれぞれ代入すると，
$$f(x) = -2x$$
が得られる．また，$f(x) = -2x$ のとき，条件式の両辺は $4xy + 2x$ であるから，条件式をみたす．

(2) $f(0) = 1$ の場合：
条件式の y に $-y$ を代入すると，
$$f(-yf(x) - x) = f(x)f(-y) = 2x \quad \cdots \ (*)$$
となる．また，条件式に $y = 0$ を代入して，$f(-x) = f(x) + 2x$ を得る．この事実を用いて $(*)$ の両辺を検証すると，
$$(*) \text{の左辺} = f(yf(x) + x) + 2yf(x) + 2x,$$
$$(*) \text{の右辺} = f(x)(f(y) + 2y) + 2x$$
であるから，
$$f(yf(x) + x) = f(x)f(y)$$
を得る．これと条件式を比較して，次を得る：
$$f(yf(x) - x) - f(yf(x) + x) = 2x.$$
ここで，x が $f(x) \neq 0$ であるような実数である場合，y が実数全体を動くことで $yf(x)$ も実数全体を動くことから，任意の実数 a に対して，$f(a-x) - f(a+x) = 2x$ が成り立つ．また，x が $f(x) = 0$ であるような実数である場合，$x \neq 0$ であり，$f(-x) = f(x) + 2x = 2x \neq 0$ である．よって，上と同様の考察を $-x$ と $f(-x)$ に対してすることで，任意の実数 a に対して，$f(a-(-x)) - f(a+(-x)) = 2(-x)$，すなわち，$f(a-x) - f(a+x) = 2x$ が成り立つ．この a, x の両方に $\dfrac{x}{2}$ を代入することで，$f(x) = 1 - x$ を得る．

また，$f(x) = 1 - 2x$ のとき，条件式の両辺は $xy + x - y + 1$ となり，条件式をみたす．

(1), (2) より，求める関数は，次の 2 つである：
$$f(x) = -2x \quad (\forall x \in \mathbb{R}), \qquad f(x) = 1 - x \quad (\forall x \in \mathbb{R}).$$

● 上級

1. $x \notin \{0, 1\}$ について,条件 (1) は次のようになる:
$$\frac{f(x+1)}{x+1} = \frac{f(x)}{x}.$$
$f(1) = k$ とおけば,帰納的に,次を得る:
$$f(n) = kn \quad (\forall n \in \mathbb{Z}).$$
また,同様の等式
$$\frac{f(x+n)}{x+n} = \frac{f(x)}{x} \quad (\forall x \in R \setminus \mathbb{Z},\ \forall n \in \mathbb{N}_0)$$
が成り立つ.よって,(2) より,次を得る:
$$|f(x+n) - f(y+n)| = \left|\frac{x+n}{x}f(x) - \frac{y+n}{y}f(y)\right|$$
$$\leq |x-y| \quad (\forall x, y \in \mathbb{R} \setminus \mathbb{Z},\ \forall n \in \mathbb{N}_0).$$
$$\left|n\left(\frac{f(x)}{x} - \frac{f(y)}{y}\right)\right| - |f(x) - f(y)|$$
$$\leq \left|f(x) - f(y) + n\left(\frac{f(x)}{x} - \frac{f(y)}{y}\right)\right|$$
$$\leq |x-y| \quad (\forall x, y \in \mathbb{R} \setminus \mathbb{Z},\ \forall n \in \mathbb{N}_0).$$

この不等式はどんな正整数についても成立するのだから,$\dfrac{f(x)}{x} - \dfrac{f(y)}{y} = 0$ でなければならない.したがって,$l \in \mathbb{R}$ が存在して,次をみたす:
$$f(x) = lx \quad (\forall x \in \mathbb{R} \setminus \mathbb{Z}).$$
$x \in \mathbb{N},\ n \in \mathbb{N}$ とすると,仮定から
$$\left|f\left(x + \frac{1}{n}\right) - f(x)\right| \leq \frac{1}{n}$$
が成り立つから,次を得る:
$$\left|lx + \frac{1}{n} - kx\right| \leq \frac{1}{n}. \quad \therefore\ \left|x(l-k) + \frac{1}{n}\right| \leq \frac{1}{n}.$$
これより,$l = k$ を得る.この結果,求める関数は,次のようになる:
$$f(x) = kx \quad (k \in \mathbb{R},\ |k| \leq 1).$$

[別解] $x > 0,\ n \in \mathbb{N}_0$ について,次を得る:

$$\frac{f(x+n)}{x+n} = \frac{f(x)}{x}.$$

したがって,
$$|f(x+n) - f(y+n)| = \left|\frac{x+n}{x}f(x) - \frac{y+n}{y}f(y)\right| \leq |x-y|.$$
または,
$$\left|f(x) - f(y) + n\left(\frac{f(x)}{x} - \frac{f(y)}{y}\right)\right| \leq |x-y| \quad (\forall x, y > 0, n \in \mathbb{N}_0).$$

これより,実数 k が存在して,次をみたす:
$$f(x) = kx \quad (\forall x \geq 0).$$
同様にして,実数 l が存在して,次をみたす:
$$f(x) = lx \quad (\forall x < 0).$$
$x \in (-1, 0)$ でつなぎ目を埋めると,等式
$$\frac{f(x+1)}{x+1} = \frac{f(x)}{x}$$
から,$k = l$ が従う.したがって,求める関数は次のようになる:
$$f(x) = kx \quad (k \in \mathbb{R}, |k| \leq 1).$$

2. まず,f が広義単調増加関数であること,つまり
$$a < b \implies f(a) \leq f(b)$$
となることを示す.

$a < b$ とすると,条件式より,$t > 0$ が存在して,$b = t^2 + a + tf(4a)$ をみたす.条件式に,$x = t$, $y = a$ を代入すると,$f(t^2) + f(a) = f(b)$ が得られる.$f(t^2) \geq 0$ より,$f(a) \leq f(b)$ であるから,これで f の広義単調増加性が示された.また,任意の $t > 0$ に対して,$f(t) > 0$ である場合は,同じ議論により,「$a < b \implies f(a) < f(b)$」がいえる.

ここで,次の 2 通りに場合分けをする:

(1) 任意の $t > 0$ に対して,$f(t) > 0$ であるとき.
(2) ある $t > 0$ が存在して,$f(t) = 0$ をみたすとき.

まず,(1) のときに f を求める.この場合,上に述べたことより,
「$a < b \implies f(a) < f(b)$」が成り立ち,特に「$f(a) = f(b) \implies a = b$」
が成り立つ(つまり,f は単射である).

さて，任意の $a, b \in \mathbb{R}_0$ について，条件式に $(x, y) = (\sqrt{a}, b), (\sqrt{b}, a)$ 代入すると，
$$f(a) + f(b) = f(a + b + \sqrt{a}f(4b)),$$
$$f(b) + f(a) = f(b + a + \sqrt{b}f(4a))$$
となり，これらを比較することで，次を得る：
$$f(a + b + \sqrt{a}f(4b)) = f(b + a + \sqrt{b}f(4a)).$$
f の単射性より，
$$a + b + \sqrt{a}f(4b) = b + a + \sqrt{a}f(4a). \quad \therefore \quad \sqrt{a}f(4b) = \sqrt{b}f(4a).$$
この式に，$a = 1, b = x/4$ $(x \in \mathbb{R}_0)$ を代入することで，$f(x) = \dfrac{f(4)}{2}\sqrt{x}$ を得る．よって，$f(x) = k\sqrt{x}$ $(k > 0)$ とおける．

このとき，条件式に $x = y = 1$ を代入することで，$2k = k\sqrt{2 + 2k}$ を得る．$k > 0$ より，$2 = \sqrt{2 + 2k}$ なので，$k = 1$ である．よって，$f(x) = \sqrt{x}$ となる．

逆に，$f(x) = \sqrt{x}$ とすれば，任意の $x, y \in \mathbb{R}_0$ について，
$$f(x^2) + f(y) = x + \sqrt{y},$$
$$f(x^2 + y + xf(4y)) = \sqrt{x^2 + y + x\sqrt{4y}} = \sqrt{(x + \sqrt{y})^2} = x + \sqrt{y}$$
となり，条件式をみたすことがわかる．

以上より，(1) の場合の解は，$f(x) = \sqrt{x}$ $(\forall x \in \mathbb{R}_0)$ である．

次に，(2) のときに f を求める．$t > 0$ が $f(t) = 0$ をみたすならば，条件式に $(x, y) = (\sqrt{t}, t)$ を代入して整理することで，$f(2t + \sqrt{t}f(4t)) = 0$ を得る．そこで，$f(t') = 0$ なる $t' > 0$ をとり，漸化式
$$t_{n+1} = 2t_n + \sqrt{t_n}f(4t_n) \quad (n = 1, 2, 3, \cdots)$$
により，$t_1, t_2, t_3, \cdots$ を定めれば，任意の正整数 n について，$f(t_n) = 0$ であることが帰納的にわかる．また，$t_{n+1} \geq 2t_n$ から，$t_n \geq 2^{n-1}t$ がわかるので，n を大きくしていくと，t_n はいくらでも大きくなる．

よって，任意の $x \in \mathbb{R}_0$ に対して，$x < t_n$ となるような n が存在する．f の広義単調増加性より，$f(x) \leq f(t_n) = 0$ なので，$f(x) = 0$ である．x は任意なので，$f(x) = 0$ であることが必要である．

逆に，0 に値をとる定値関数 $f(x) = 0$ $(\forall x \in \mathbb{R}_0)$ が条件式をみたすことは容易に確かめられる．

(1), (2) より，求める関数は，次の 2 つである：
$$f(x) = \sqrt{x}, \quad f(x) = 0 \quad (\forall x \in \mathbb{R}_0).$$

3. $A = \{f(x) \mid x \in \mathbb{R}\}$
とする．また，$c = f(0) \in A$ とする．
$x = y = 0$ を条件式に代入すると，$f(-c) = f(c) + c - 1$. ∴ $c \neq 0$.
次に，条件式で，$x = f(y)$ とおくと，
$$c = 2f(f(y)) + (f(y))^2 - 1.$$
これより，この関数は，任意の $x \in A$ について，
$$f(x) = \frac{c+1}{2} - \frac{x^2}{2} \cdots (1)$$
ここで，$A - A$ とは，$x = y_1 - y_2$ $(y_1, y_2 \in A)$ の形に表せる実数全体であると定義する；$A - A = \{y_1 - y_2 \mid y_1, y_2 \in A\}$. すると，$A - A = \mathbb{R}$ である．実際，条件式で $y = 0$ とおくと，$c \neq 0$ より，
$$\{f(x-c) - f(x) \mid x \in \mathbb{R}\} = \{cx + f(c) - 1 \mid x \in \mathbb{R}\} = \mathbb{R}$$
が成り立つからである．

これより，任意の実数 $x \in \mathbb{R}$ は，ある $y_1, y_2 \in A$ を用いて，$x = y_1 - y_2$ の形に書けるので，次がわかる：$x \in \mathbb{R}$ について，
$$f(x) = f(y_1 - y_2) = f(y_2) - y_1 y_2 + f(y_1) - 1$$
$$= \frac{c+1}{2} - \frac{y_2^2}{2} + y_1 y_2 + \frac{c+1}{2} - \frac{y_1^2}{2} - 1 \quad (\because (1))$$
$$= c - \frac{(y_1 - y_2)^2}{2} = c - \frac{x^2}{2} \cdots (2)$$
(1) と (2) より，（特に $x \in A$ のときを考えて）$c = 1$ が結論される．よって，
$$f(x) = 1 - \frac{x^2}{2} \quad (\forall x \in \mathbb{R})$$
が得られる．

この関数 f が条件式をみたすことは，簡単な計算によりわかるので，この f が題意をみたす（唯一の）関数である．

4. f が定値関数であるならば，条件式の左辺は定値であるが，一方右辺はそうではないので，矛盾する．したがって，f は定値関数ではない．
条件式に $x = 0$ を代入すると，$f(-1) + f(0)f(y) = -1$ を得るから，$f(0)f(y)$

は y に関して定値である. f は定値関数ではないので, $f(0) = 0$ がわかり, したがって, $f(-1) = -1$ である.

条件式に $x = y = 1$ を代入すると, $f(0) + f(1)^2 = 1$ となるから, $f(1) = 1$ または, $f(1) = -1$ である.

$x \neq 0$ について, $y = 1 + \dfrac{1}{x}$ を条件式に代入すると, $f(x+1-1) = f(x) = f(x)f\left(1 + \dfrac{1}{x}\right) = 2x + 2 - 1 = 2x - 1$ だから, 次を得る:
$$f(x)f\left(1 + \dfrac{1}{x}\right) = 2x + 1 - f(x) \quad (x \neq 0) \cdots (1)$$

$x \neq 0$ について, $y = \dfrac{1}{x}$ を条件式に代入すると, $f(1-1) + f(x)f\left(\dfrac{1}{x}\right) = 2 - 1$ だから, 次を得る:
$$f(x)f\left(\dfrac{1}{x}\right) = 1 \quad (x \neq 0) \cdots (2)$$

さらに, $y = 1$, $x = z+1$ を条件式に代入すると, $f(z+1-1) + f(z+1) = 2z+2-1$ だから, 次を得る:
$$f(z) + f(z+1)f(1) = 2z + 1 \quad (z \in \mathbb{R}).$$

この式に $z = \dfrac{1}{x}$, $x \neq 0$ を代入し, 両辺に $f(x)$ を掛けると, 次が得られる:
$$f(x)f\left(\dfrac{1}{x}\right) + f\left(\dfrac{1}{x} + 1\right)f(1)f(x) = \dfrac{2}{x}f(x) + f(x) \quad (x \neq 0).$$

(1) と (2) を用いて, この式を書き換えると, 次のようになる:
$$1 + 2xf(1) + f(1) - f(x)f(1) = \dfrac{2}{x}f(x) + f(x) \quad (x \neq 0).$$

$x \neq 0$, $\dfrac{2}{x} + 1 + f(x) \neq 0$ のとき, 次を得る:
$$f(x) = \dfrac{1 + 2xf(1) + f(1)}{\dfrac{1}{x} + 1 + f(1)} \quad \cdots (3)$$

ところで, 初めに記したように, $f(1) = \pm 1$ であったから, ここで場合分けする.

(i) $f(1) = 1$ のとき:

(3) は次のようになる:
$$f(x) = \dfrac{2 + 2x}{\dfrac{2}{x} + 2} = x \quad \left(x \neq 0, \ \dfrac{2}{x} + 2 \neq 0\right).$$

$\dfrac{2}{x} + 2 = 0$ が成立するのは, $x = -1$ だけであることに注意する. すでに調べた

ように, $f(-1) = -1$, $f(0) = 0$ であるから, すべての $x \in \mathbb{R}$ について, $f(x) = x$, すなわち, $\mathbb{R}$ 上の恒等関数である. これが問題の条件式をみたすことは, 容易に確かめられる.

(ii) $f(1) = -1$ のとき:
(3) は次のようになる:
$$f(x) = \frac{-2x}{\dfrac{2}{x}} = -x^2 \quad \left(x \neq 0, \ \frac{2}{x} \neq 0\right).$$

ところが, $\dfrac{2}{x} = 0$ は成立しないし, $f(0) = 0$ であるから, すべての $x \in \mathbb{R}$ について, $f(x) = -x^2$ と結論される. これが問題の条件式をみたすことは, 容易に確かめられる.

(i), (ii) より, 求める関数は, 次の2つである:
$$f(x) = x \quad (\forall x \in \mathbb{R}), \qquad f(x) = -x^2 \quad (\forall x \in \mathbb{R}).$$

5. 与えられた条件式を
$$f(x+y) \leq yf(x) + f(f(x)) \ \cdots \ (1)$$
とし, $a = f(0)$, $b = f(a) = f(f(0))$ とおく. (1) に $x = 0$ を代入すると,
$$f(y) \leq ay + b \ \cdots \ (2)$$
が成り立つ. また, (2) で $y = f(x)$ とすると, $f(f(x)) \leq af(x) + b$ となるから, これを (1) に代入して, 次を得る:
$$f(x+y) \leq (y+a)f(x) + b \ \cdots \ (3)$$
(3) に $y = -a$ を代入すると, $f(x-a) \leq b$ となるから, 任意の x について,
$$f(x) \leq b \ \cdots \ (4)$$
が成り立つ. また, (3) において, $y = 0$, $x = a$ とおいて, 次を得る:
$$ab \geq 0 \ \cdots \ (5)$$

さらに, (3) において, $y = -x$ とすると, $a \leq (a-x)(ax+b) + b$ となるが, (4) より, $x \leq a$ ならば, $a \leq (a-x)b + b$ となる. この不等式は, x を $-\infty$ に近づけても成り立つから, $a-x$ の係数を考えると, 次がわかる:
$$b \geq 0 \ \cdots \ (6)$$

同様に, (2) より, $x \leq a$ ならば, $a \leq (a-x)(ax+b) + b$ となる. よって, x

を $-\infty$ に近づけると，x^2 の係数より，次がわかる：
$$a \leq 0 \cdots (7)$$

(5), (6), (7) より，$ab = 0$ となり，$a = 0$，または，$b = 0$ となる．もし，$b = 0$ ならば，(1) において，$x = a$, $y = 0$ とおくと，$f(a) \leq f(f(a))$ となるが，$f(a) = b = 0$ だから，この式は $0 \leq a$ となり，(7) より，$a = 0$ となる．

よって，$f(0) = a = 0$ が成り立つから，$b = f(a) = f(0) = 0$ となり，(4) より，任意の x について，次が成り立つ：
$$f(x) \leq 0 \cdots (8)$$
また，(3) において，$y = -x$ とおくと，$f(0) = a = b = 0$ だから，
$$-xf(x) \geq 0 \cdots (9)$$
となる．したがって，$x < 0$ ならば $f(x) \geq 0$ となり，(8) より $f(x) = 0$ となる．

6. 関数 $f(x) = x$ および $f(x) = 2 - x$ が題意をみたすことは明らかである．実際，前者の場合，両辺がともに $2x + y + xy$ となり，後者の場合，両辺がともに $2 + y - xy$ になる．この他に解が存在しないことを示そう．

実数 a で，$f(a) = a$ をみたすものを，f の**固定点**とよぶことにする．

与えられた条件式
$$f(x + f(x + y)) + f(xy) = x + f(x + y) + yf(x) \cdots (1)$$
に $y = 1$ を代入して整理すると，
$$f(x + f(x + 1)) = x + f(x + 1) \cdots (2)$$
を得る．よって，任意の実数 x について，$x + f(x + 1)$ は f の固定点である．

(1) に $x = 0$ を代入して，次を得る：
$$f(f(y)) + f(0) = f(y) + yf(0) \cdots (3)$$

以下，$f(0)$ の値に応じて場合分けを行う．

CASE 1：$f(0) \neq 0$ の場合：

上の (2) で示したように，f の固定点が存在するので，a を f の固定点とすると，(3) に $y = a$ を代入して $f(0) = af(0)$ を得る．いま，$f(0) \neq 0$ と仮定しているので，$a = 1$ である．よって，(2) より，$x + f(x + 1) = 1$ が任意の実数 x について成り立ち，この x を $x - 1$ に置き換えれば，$f(x) = 2 - x$ を得る．

CASE 2：$f(0) = 0$ の場合：

(1) で $y=0$ を代入し，x を $x+1$ で置き換えて，次を得る：
$$f(x+f(x+1)+1) = x+f(x+1)+1 \cdots (4)$$
(1) に $x=1$ を代入して，
$$f(1+f(y+1))+f(y) = 1+f(y+1)+yf(1) \cdots (5)$$
(2) に $x=-1$ を代入して，$f(-1)=-1$ $\cdots$ (6)
(5) に $y=-1$ を代入して，$f(1)=1$ $\cdots$ (7)
を得る．したがって，(5) は次のようになる：
$$f(1+f(y+1))+f(y) = 1+f(y+1)+y \cdots (8)$$
この式から，a と $a+1$ がともに f の固定点であるとき，($y=a$ を代入して) $a+2$ も f の固定点であることがわかる．よって，(2), (4) より，
$$f(x+f(x+1)+2) = x+f(x+1)+2$$
であり，この x に $x-2$ を代入して，次を得る：
$$f(x+f(x-1)) = x+f(x-1) \cdots (9)$$
一方，(1) に $y=-1$ を代入して，次を得る：
$$f(x+f(x-1))+f(-x) = x+f(x-1)-f(x) \cdots (10)$$
(9) と (10) を比較して，任意の実数 x について，$f(-x)=-f(x)$ である（f は奇関数である）ことがわかる．

(1) で (x,y) に $(-1,-y)$ を代入し，さらに (6) $f(-1)=-1$ を用いると，
$$f(-1+f(-y-1))+f(y) = -1+f(-y-1)+y$$
を得る．ところが f は奇関数であるから，この式は次のように書き換えられる：
$$-f(1+f(y+1))+f(y) = -1-f(y+1)+y \cdots (11)$$
(8) と (11) を辺々加えて，$2f(y)=2y$ を得る．これより，$f(x)=x$ である．

覚書 CASE 2 については，いくつかの解法があるが，いずれも上の解答と同様に相当に難解である．問題の条件式において，$f(xy)$ の項だけが f の中が 2 次式になっている点に着目すると，x や y に 1 や -1 を代入した式が基本になる．

---

7. 与式に $a=b=c=0$ を代入して，$P(0)=0$ を得る．

与式に $a = b = 0$ を代入して, $P(0)+P(-c)+P(c) = 2P(c)$ から, $P(c) = P(-c)$ を得る. これより, $P(x)$ を多項式関数とみると, 偶関数であることがわかる.

$ab + bc + ca = 0$ をみたす実数の組 (a, b, c) を 1 つ固定し, (at, bt, ct) (t は実数) を与式に代入すると,

$$P((a-b)t) + P((b-c)t) + P((c-a)t) = 2P((a+b+c)t).$$

これは t についての恒等式なので, $P(x)$ の $2k$ 次の係数を p_{2k} として, 各次の係数を比較することにより, 次を得る:

$$p_{2k}((a-b)^{2k} + (b-c)^{2k} + (c-a)^{2k} - 2(a+b+c)^{2k}) = 0.$$

よって,

$$(a-b)^{2k} + (b-c)^{2k} + (c-a)^{2k} - 2(a+b+c)^{2k} = 0$$

が $ab+bc+ca = 0$ をみたす任意の実数 a, b, c について成立していれば, p_{2k} は任意で, そうでなければ, $p_{2k} = 0$ である.

ここで, $k \geq 3$ とすると, $(a, b, c) = (3, 6, -2)$ に対して,

$$3^{2k} + 8^{2k} + 5^{2k} = 2 \times 7^{2k}$$

であるが,

$$2 < \frac{262144}{117649} = \frac{8^{2k}}{7^{2k}} = 2 - \frac{3^{2k} + 5^{2k}}{7^{2k}} < 2$$

となって, 矛盾する.

一方, $k=1$ については,

$$(a-b)^2 + (b-c)^2 + (c-a)^2 = 2(a^2+b^2+c^2) = 2(a+b+c)^2$$

より, 成立している. また,

$$p = a-b, \quad q = b-c, \quad r = c-a$$

とすると, $p+q+r = 0$ に注意して,

$$\begin{aligned}
&(a-b)^4 + (b-c)^4 + (c-a)^4 \\
&= p^4 + q^4 + r^4 \\
&= (p+q+r)(p^3+q^3+r^3) - pq(p^2+q^2) - qr(q^2+r^2) - rp(r^2+p^2) \\
&= -pq(r^2 - 2pq) - qr(p^2 - 2qr) - rp(q^2 - 2rp) \\
&= -pqr(p+q+r) + 2(p^2q^2 + q^2r^2 + r^2p^2) \\
&= 2(pq+qr+rp)^2 - 4pqr(p+q+r)
\end{aligned}$$

$$= \frac{1}{2}\{(p+q+r)^2 - (p^2+q^2+r^2)\}^2$$
$$= \frac{1}{2}\{(a-b)^2 + (b-c)^2 + (c-a)^2\}^2$$
$$= 2(a^2+b^2+c^2)^2$$
$$= 2(a+b+c)^4$$

より，$k=2$ についても成立する．

以上より，求める多項式は，次のようになる：
$$P(x) = sx^4 + tx^2 \quad (\forall s,\ t \in \mathbb{R}).$$

索引

AM – GM 不等式　51
$\arg(z)$　34

$b \mid a$　18
$b \nmid a$　18

$g(x) \mid f(x)$　20
$g(x) \nmid f(x)$　20
GCD$(f(x), g(x))$　21

Weighted AM – GM 不等式　52

余り　17

一般項　62
イェンセン (Jensen) の不等式　50
因子　20
因数　18, 20
因数定理　21
因数分解　3

上に凸　50

解　9
階差数列　63
解と係数の関係　9
解の公式　10
ガウス平面　34
加重相加平均　53
加重相加平均 – 加重相乗平均の不等式　52
加重相乗平均　53
可約　20
関数　77

幾何平均　51
既約　20
逆写像　77
共通因子　20
共役複素数　34
虚軸　34
虚数　33

虚部　33

係数　1
原始 n 乗根　35
原始 3 乗根　35

項　1, 62
公差　62
コーシー – シュワルツ (Cauchy-Schwarz) の
　不等式　48
恒等写像　77
合成写像　77
公比　62
降冪順　2
公約数　20
根　9

最大公約数　20
三角不等式　48
算術平均　51

指数　70
次数 (degree)　1, 2, 8
指数関数　71
指数法則　70
自然対数の底　72
下に凸　50
実軸　34
実部　33
写像　76
シュアー (Schur) の不等式　51
終域　76
重根　9
純虚数　33
商　17, 20
昇冪順　2
剰余　17, 20
剰余の定理　21
初項　62
除法の定理　17

真数　71

整商　17
斉次型　2
絶対値　33
漸化式　63
全射　76
全単射　76
相加平均　51
相加平均–相乗平均の不等式　51
相乗平均　51

対数　71
代数学の基本定理　8
対数関数　71
互いに素　20
多項式　1
単項式　1
単射　76

値域　76
チェビシェフ (Chebyshev) の不等式　53
重複度　9
調和平均　51
調和数列　62

底　71
定義域　76
定値写像　76
展開公式　3

等差数列　62
等差中項　62
同次型　2
等比数列　62
等比中項　63
ド・モアブルの定理　35
同類項　2

判別式　10
倍数　18, 20

複素数　33
複素 (数) 平面　34
分数式　17

平方平均　51
ヘルダー (Hölder) の不等式　49
偏角　34

末項　62
無限数列　62

約数　18, 20

ユークリッドの互除法　24
有限数列　62
有理式　17

累乗　70
累乗根　70

割り切る　20
割り切れる　18, 20

鈴木晋一（すずき・しんいち）
略歴
1941 年　北海道釧路市に生まれる．
1965 年　早稲田大学理工学部数学科を卒業．
1967 年　早稲田大学大学院理工学研究科を修了．
　　　　その後，上智大学，神戸大学を経て，早稲田大学教育学部教授．
2011 年　早稲田大学を定年退職．名誉教授．
　　　　理学博士．専門はトポロジー．
現　在　公益財団法人数学オリンピック財団理事．2014 年 6 月—2018 年 6 月 理事長．
主な著書・訳書
『曲面の線形トポロジー』上下，槇書店，1986 年-1987 年．
『結び目理論入門』サイエンス社，1991 年．
N. ハーツフィールド，G. リンゲル『グラフ理論入門』サイエンス社，1992 年．
『幾何の世界』朝倉書店，2001 年．
『集合と位相への入門——ユークリッド空間の位相』サイエンス社，2003 年．
『位相入門——距離空間と位相空間』サイエンス社，2004 年．
『理工基礎 演習 集合と位相』サイエンス社，2005 年．
『数学教材としてのグラフ理論』編著，学文社，2012 年．
『平面幾何パーフェクト・マスター』編著，日本評論社，2015 年．
『初等整数パーフェクト・マスター』編著，日本評論社，2016 年．
『組合せ論パーフェクト・マスター』編著，日本評論社，2019 年．
など．

代数・解析パーフェクト・マスター——めざせ，数学オリンピック
2017 年 5 月 25 日　第 1 版第 1 刷発行
2025 年 5 月 25 日　第 1 版第 4 刷発行

編著者……………………鈴木晋一 ©
発行所……………………株式会社 日本評論社
　　　　　〒170-8474 東京都豊島区南大塚 3-12-4
　　　　　TEL：03-3987-8621［販売］　https://www.nippyo.co.jp/
企画・制作………………亀書房［代表：亀井哲治郎］
　　　　　〒264-0032 千葉市若葉区みつわ台 5-3-13-2
　　　　　TEL & FAX：043-255-5676　E-mail: kame-shobo@nifty.com
印刷所……………………三美印刷株式会社
製本所……………………株式会社難波製本
装　訂……………………銀山宏子
組版・図版………………亀書房編集室
ISBN 978-4-535-79811-3　　Printed in Japan

平面幾何 パーフェクト・マスター
鈴木晋一 [編著]

めざせ,数学オリンピック

日本の中・高生が学ぶ《平面幾何》は、質量ともに、世界標準に比べて極端に少ない。強い腕力をつけるための最良・最上の精選問題集。　　　　　◆A5判／定価2,420円(税込)

初等整数 パーフェクト・マスター
鈴木晋一 [編著]

めざせ,数学オリンピック

数学オリンピックで多数出題される《初等整数》の基礎から上級までを網羅した最良・最上の精選問題集。だれにも負けない腕力を身につけよう！　　　◆A5判／定価2,420円(税込)

組合せ論 パーフェクト・マスター
鈴木晋一 [編著]

めざせ,数学オリンピック

《組合せ論》の問題には定番の解決法がなく、知識と数学的センスを総動員しなければならない。多種・多彩な問題に取り組んで、センスを磨こう！　　◆A5判／定価2,640円(税込)

ジュニア 数学オリンピック 2020-2025

◆A5判／予価2,420円(税込)　《※2025年7月中旬刊》

数学オリンピック財団 [編]

数学好きの中学生・小学生達が腕を競い合う「日本ジュニア数学オリンピック(JJMO)」。過去5回分の全問題[予選・本選]と詳細な解答を収録。

日本評論社　https://www.nippyo.co.jp/